现代医学电子仪器原理与设计

（实践版）

主编：余学飞　陈昕

副主编：董磊　张宁　熊馨　方向林　许庆　李洁

电子工业出版社
Publishing House of Electronics Industry
北京·BEIJING

内 容 简 介

"现代医学电子仪器原理与设计"是生物医学工程、智能医学工程、医疗器械工程、康复工程等专业的核心课程。本书作为课程配套的实践教材,旨在帮助读者掌握医学电子仪器的基本原理,并将理论与实际应用紧密结合。通过设计体温、心电、呼吸、血氧饱和度和血压测量系统,本书为读者构建了关于现代医学电子仪器原理与设计的完整知识体系。

本书基于 LY-E501 医学电子学开发平台,以体温、心电、呼吸、血氧饱和度、血压测量电路设计为主线,按照电路设计、仿真验证和实测分析的顺序递进式展开,所有电路设计均通过实测验证,确保理论与实践的统一。本书详细介绍了电路设计中使用的基本元器件、基本电路和基本仪器仪表,提供了 Multisim 等仿真软件的安装与使用指南,帮助读者掌握工具的应用。

书中配有丰富的图表和实例,内容翔实、思路清晰,便于读者快速掌握现代医学电子仪器设计的各项必备技能。

本书既可作为高等院校相关专业的教材,也可供从事医学电子仪器设计与开发的工程技术人员参考。

未经许可,不得以任何方式复制或抄袭本书之部分或全部内容。
版权所有,侵权必究。

图书在版编目(CIP)数据

现代医学电子仪器原理与设计:实践版 / 余学飞,陈昕主编. -- 北京:电子工业出版社,2025.6.
ISBN 978-7-121-50382-5

Ⅰ.TH772

中国国家版本馆 CIP 数据核字第 20250ZH430 号

责任编辑:张小乐　　文字编辑:张淮舸
印　　刷:河北鑫兆源印刷有限公司
装　　订:河北鑫兆源印刷有限公司
出版发行:电子工业出版社
　　　　　北京市海淀区万寿路 173 信箱　邮编 100036
开　　本:787×1 092　1/16　印张:12.5　字数:320 千字
版　　次:2025 年 6 月第 1 版
印　　次:2025 年 6 月第 1 次印刷
定　　价:65.00 元

凡所购买电子工业出版社图书有缺损问题,请向购买书店调换。若书店售缺,请与本社发行部联系,联系及邮购电话:(010)88254888,88258888。
质量投诉请发邮件至 zlts@phei.com.cn,盗版侵权举报请发邮件至 dbqq@phei.com.cn。
本书咨询联系方式:(010)88254462,zhxl@phei.com.cn。

前　言

"现代医学电子仪器原理与设计"是生物医学工程、智能医学工程、医疗器械工程、康复工程等专业的核心课程。本书作为课程配套的实践教材，旨在帮助读者掌握医学电子仪器的基本原理，并将理论与实际应用紧密结合。通过设计体温、心电、呼吸、血氧饱和度和血压测量系统，本书为读者构建了关于现代医学电子仪器原理与设计的完整知识体系。

全书共 9 章：第 1 章主要介绍医学电子仪器电路设计常用的基本元器件及其选型原则；第 2 章主要介绍医学电子仪器的基本电路，包括电源电路、运算放大器电路、滤波电路、惠斯通电桥和正弦波振荡电路；第 3 章主要介绍在电路测量调试中常用的基本电子仪器仪表的使用方法；第 4 章主要介绍 Multisim 14.0、Microsoft.NET Frame Work 4.5.2 和 USB 串口驱动程序的安装步骤；第 5～9 章分别介绍体温、心电、呼吸、血氧饱和度、血压测量电路的设计，包括测量原理、电路设计、仿真和实测分析。

本书的学习可以分为三个阶段。第一阶段：通过学习五种典型生理参数的测量原理，深刻理解其测量电路的设计原理及电路性能参数的设计方法。第二阶段：通过设计实践（包括电路设计、仿真、实测分析），掌握医学电子仪器电路系统设计的基本方法。第三阶段：自行设计带有单片机的测量系统，并通过调整关键参数，提升测量精度和系统性能，从而掌握智能医学电子仪器系统设计及调试的基本技能。第一阶段和第二阶段属于必学环节，第三阶段属于选学环节。

本书具有以下特点。

（1）每章均设有"本章任务"和"本章习题"，读者可以通过"本章任务"巩固所学知识，并通过"本章习题"检验学习效果。

（2）理论与实践相结合。本书以体温、心电、呼吸、血氧饱和度、血压测量电路设计为主线，按照电路设计、仿真验证和实测分析的顺序递进式展开，帮助读者通过实践加深对理论的理解。

（3）重点突出。本书详细介绍体温、心电、呼吸、血氧饱和度和血压测量电路涉及的知识点，未涉及的内容不予赘述，帮助读者快速掌握核心知识。

（4）配套资源丰富。本书提供丰富的学习资源，包括体温、心电、呼吸、血氧饱和度、血压测量电路的原理图及仿真文件，配套软件及其驱动文件，针对重点、难点的讲解视频及仿真演示视频，以及 PPT 课件等。上述资源会持续更新，可在本书配套的学习网站（扫描封底二维码）或华信教育资源网获取。

余学飞和陈昕总体策划了本书的编写思路和大纲，并参与部分章节的编写，以及对全书进行统稿；董磊、张宁、熊馨、方向林、许庆、李洁协助完成统稿工作，并参与部分章节的编写。本书得到了南方医科大学生物医学工程学院、深圳大学生物医学工程学院、昆明理工大学信息工程与自动化学院、广东医科大学生物医学工程学院和广东药科大学医药信息工程学院的大力支持；本书涉及的实验基于深圳市乐育科技有限公司的 LY-E501 型医学电子学开发平台，该公司提供了充分的技术支持；本书的出版还得到了电子工业出版社的鼎力支持，在此一并致以衷心的感谢！

由于编者水平有限，书中难免有不成熟和错误的地方，恳请读者批评指正。读者反馈问题、获取相关资料或遇实验平台技术问题，可发邮件至邮箱：ExcEngineer@163.com。

目 录

第1章 基本元器件 ·················· 1
1.1 电阻 ······························· 1
1.1.1 电阻选型参数 ············ 1
1.1.2 电阻的用途 ··············· 2
1.2 电容 ······························· 4
1.2.1 电容选型参数 ············ 4
1.2.2 电容的用途 ··············· 5
1.3 电感 ······························· 6
1.3.1 电感选型参数 ············ 6
1.3.2 电感的用途 ··············· 7
1.4 二极管 ···························· 8
1.4.1 二极管选型参数 ········· 8
1.4.2 二极管的用途 ············ 9
1.5 晶体管 ···························· 11
1.5.1 晶体管选型参数 ········· 11
1.5.2 晶体管的用途 ············ 12
1.6 MOS 管 ··························· 13
1.6.1 MOS 管选型参数 ········ 13
1.6.2 MOS 管的用途 ··········· 13
1.7 运算放大器 ······················ 13
1.7.1 运算放大器选型参数 ··· 15
1.7.2 运算放大器的用途 ······ 26
本章任务 ······························· 26
本章习题 ······························· 26

第2章 基本电路 ······················ 27
2.1 电源电路 ·························· 27
2.1.1 6V 转 5V 电路 ············ 27
2.1.2 −6V 转−5V 电路 ········· 27
2.1.3 5V 转 3.3V 电路 ·········· 28
2.1.4 5V 转 2.5V 电路 ·········· 28
2.2 运算放大器电路 ················· 29
2.2.1 反相比例运算电路 ······ 30

2.2.2 同相比例运算电路 ······ 31
2.2.3 差分比例运算电路 ······ 31
2.2.4 电压跟随器电路 ········· 33
2.2.5 电压比较器 ··············· 34
2.2.6 仪器仪表放大电路 ······ 38
2.3 滤波电路 ·························· 40
2.3.1 无源滤波电路 ············ 40
2.3.2 一阶有源滤波电路 ······ 40
2.4 惠斯通电桥 ······················ 41
2.5 正弦波振荡电路 ················· 42
2.5.1 RC 串并联选频网络 ····· 43
2.5.2 文氏桥振荡电路 ········· 44
本章任务 ······························· 45
本章习题 ······························· 45

第3章 基本电子仪器仪表 ·········· 46
3.1 万用表 ···························· 46
3.1.1 直流电压测量 ············ 46
3.1.2 通断测试 ·················· 47
3.2 示波器 ···························· 47
本章任务 ······························· 50
本章习题 ······························· 50

第4章 软件安装与使用 ············· 51
4.1 Multisim 14.0 的安装 ·········· 51
4.1.1 Multisim 14.0 安装过程 ··· 51
4.1.2 Multisim 14.0 配置 ······ 51
4.2 Microsoft.NET Framework 4.5.2 的安装 ························· 52
4.3 USB 串口驱动程序安装 ······· 53
本章任务 ······························· 53
本章习题 ······························· 53

第5章 体温测量电路 ················ 54
5.1 学习目标 ·························· 54

5.2 体温测量原理 … 54
  5.2.1 热敏电阻 … 55
  5.2.2 体温探头 … 55
  5.2.3 温度特性曲线 … 55
5.3 体温测量电路设计 … 56
  5.3.1 体温测量电路设计思路 … 56
  5.3.2 电源电路 … 56
  5.3.3 体温通道选择电路 … 56
  5.3.4 电压跟随器电路 … 59
  5.3.5 探头连接检测电路 … 59
  5.3.6 体温信号处理电路 … 61
5.4 体温测量电路仿真 … 63
  5.4.1 NMOS晶体管控制电路仿真 … 63
  5.4.2 钳位二极管电路仿真 … 63
  5.4.3 同相比例运算电路仿真 … 65
  5.4.4 施密特触发器电路仿真 … 65
5.5 体温测量电路实测分析 … 66
  5.5.1 电源电路实测分析 … 66
  5.5.2 LY-E501医学信号采集软件
       （体温模块） … 68
  5.5.3 采样通道选择 … 70
  5.5.4 电压跟随器电路实测分析 … 70
  5.5.5 探头连接检测 … 71
  5.5.6 体温参数计算 … 72
  5.5.7 体温信号处理 … 73
本章任务 … 75
本章习题 … 76

第6章 心电测量电路 … 77
6.1 学习目标 … 77
6.2 心电测量原理 … 77
  6.2.1 心电图 … 77
  6.2.2 心电图导联 … 79
  6.2.3 心电信号特点 … 84
  6.2.4 心电放大器要求 … 84
6.3 心电测量电路设计 … 85
  6.3.1 心电测量电路设计思路 … 85
  6.3.2 电源电路 … 86
  6.3.3 无源低通滤波电路 … 86
  6.3.4 电压跟随器电路 … 86
  6.3.5 仪器仪表放大电路 … 87

  6.3.6 信号放大滤波电路 … 88
  6.3.7 右腿驱动电路 … 90
  6.3.8 导联脱落检测电路 … 91
6.4 心电测量电路仿真 … 91
  6.4.1 无源低通滤波电路仿真 … 91
  6.4.2 电压跟随器电路仿真 … 93
  6.4.3 仪器仪表放大电路仿真 … 93
  6.4.4 右腿驱动电路仿真 … 96
  6.4.5 信号放大滤波电路仿真 … 98
  6.4.6 导联脱落检测电路仿真 … 104
6.5 心电测量电路实测分析 … 104
  6.5.1 电源电路实测分析 … 104
  6.5.2 LY-E501医学信号采集软件
       （心电模块） … 105
  6.5.3 仪器仪表放大电路实测分析 … 108
  6.5.4 信号放大滤波电路实测分析 … 108
  6.5.5 导联脱落检测实测分析 … 109
本章任务 … 109
本章习题 … 110

第7章 呼吸测量电路 … 111
7.1 学习目标 … 111
7.2 呼吸测量原理 … 111
  7.2.1 生物组织的电学特性 … 112
  7.2.2 生物组织的阻抗特性 … 114
  7.2.3 阻抗式呼吸检测方法 … 114
7.3 呼吸测量电路设计 … 115
  7.3.1 呼吸测量电路设计思路 … 115
  7.3.2 电源电路 … 116
  7.3.3 载波电路 … 116
  7.3.4 仪器仪表放大电路 … 119
  7.3.5 检波解调电路 … 119
  7.3.6 基线调节电路 … 120
  7.3.7 反相比例运算电路 … 121
  7.3.8 同相比例运算电路 … 121
  7.3.9 无源低通滤波电路和钳位
       二极管电路 … 122
  7.3.10 导联脱落检测电路 … 122
7.4 呼吸测量电路仿真 … 123
  7.4.1 载波电路仿真 … 123
  7.4.2 仪器仪表放大电路仿真 … 128

7.4.3 检波解调电路仿真 ………………… 129
7.4.4 基线调节电路仿真 …………………… 130
7.4.5 反相比例运算电路仿真 ……………… 131
7.4.6 同相比例运算电路仿真 ……………… 131
7.4.7 导联脱落检测电路仿真 ……………… 133
7.5 呼吸测量电路实测分析 ………………………… 134
7.5.1 电源电路实测分析 …………………… 134
7.5.2 LY-E501 医学信号采集软件（呼吸模块）………………………… 135
7.5.3 载波信号实测分析 …………………… 137
7.5.4 基线调节电路实测分析 ……………… 138
7.5.5 反相比例运算电路实测分析 ………… 139
7.5.6 同相比例运算电路实测分析 ………… 139
7.5.7 导联脱落检测电路实测分析 ………… 141
本章任务 …………………………………………… 141
本章习题 …………………………………………… 142

第8章 血氧饱和度测量电路 ………… 143
8.1 学习目标 ………………………………………… 143
8.2 血氧饱和度测量原理 …………………………… 143
8.2.1 脉搏信号 ……………………………… 144
8.2.2 脉搏血氧饱和度测量方法 …………… 144
8.2.3 朗伯-比尔定律 ……………………… 147
8.3 血氧饱和度测量电路设计 ……………………… 151
8.3.1 血氧饱和度测量电路设计思路 …………………………………… 151
8.3.2 电源电路 ……………………………… 152
8.3.3 血氧探头发光二极管驱动电路 …… 152
8.3.4 参考电压输出电路 …………………… 155
8.3.5 信号放大滤波电路 …………………… 155
8.4 脉搏血氧饱和度测量电路仿真 ………………… 156
8.4.1 压控恒流源电路仿真 ………………… 156
8.4.2 血氧探头发光二极管驱动电路仿真 …………………………… 157
8.4.3 参考电压输出电路仿真 ……………… 157
8.4.4 信号放大滤波电路仿真 ……………… 158
8.5 血氧饱和度测量电路实测分析 ………………… 159
8.5.1 电源电路实测分析 …………………… 159
8.5.2 LY-E501 医学信号采集软件（血氧模块）………………………… 160
8.5.3 压控恒流源电路与血氧探头发光二极管驱动电路实测分析 ……… 161

8.5.4 参考电压输出电路实测分析 ………… 162
8.5.5 信号放大滤波电路实测分析 ………… 163
8.5.6 脉搏波信号实测分析 ………………… 163
本章任务 …………………………………………… 165
本章习题 …………………………………………… 165

第9章 血压测量电路 ……………………… 166
9.1 学习目标 ………………………………………… 166
9.2 血压测量原理 …………………………………… 166
9.2.1 压力传感器 MPS3117 ……………… 166
9.2.2 示波法 ………………………………… 168
9.3 血压测量电路设计 ……………………………… 169
9.3.1 血压测量电路设计思路 ……………… 169
9.3.2 电源电路 ……………………………… 170
9.3.3 基准电压电路 ………………………… 170
9.3.4 压力传感器驱动电路 ………………… 171
9.3.5 仪器仪表放大电路 …………………… 172
9.3.6 无源低通滤波电路 …………………… 173
9.3.7 有源低通滤波电路 …………………… 173
9.3.8 反相比例运算电路 …………………… 173
9.4 血压测量电路仿真 ……………………………… 174
9.4.1 基准电压电路仿真 …………………… 174
9.4.2 压力传感器驱动电路仿真 …………… 175
9.4.3 仪器仪表放大电路仿真 ……………… 176
9.4.4 无源低通滤波电路仿真 ……………… 177
9.4.5 有源低通滤波电路仿真 ……………… 177
9.4.6 反相比例运算电路仿真 ……………… 178
9.5 血压测量电路实测分析 ………………………… 179
9.5.1 电源电路实测分析 …………………… 179
9.5.2 基准电压电路实测分析 ……………… 179
9.5.3 LY-E501 医学信号采集软件（血压模块）………………………… 179
9.5.4 仪器仪表放大电路实测分析 ………… 185
9.5.5 袖带压实测分析 ……………………… 186
9.5.6 反相比例运算电路实测分析 ………… 186
本章任务 …………………………………………… 187
本章习题 …………………………………………… 187

附录A 体温探头阻值表 ………………………… 188
参考文献 …………………………………………… 191

第 1 章　基本元器件

电子元器件是电子产品的基础组成部分,常用的电子元器件有电阻、电容、电感、二极管、晶体管和运算放大器等。了解常用电子元器件的参数,并能够正确选型是学习电子技术的基本要求。本章将介绍常用电子元器件的选型参数和用途,学习完本章后,读者将能够掌握它们的用途、选型和在电路设计中的应用。

1.1　电阻

1.1.1　电阻选型参数

电阻在选型过程中必须考虑的参数有阻值、封装和精度,有时还需考虑品牌、价格、销量和库存等因素。

1. 阻值

电阻上所标示的阻值为标称阻值。

2. 封装

应根据电路板的空间选择合适的封装。例如,手机电路板的空间有限,工作电压低,因此可以选用 0402 封装。在空间充足的情况下,优先选择 0603 和 0805 封装。封装越小的元器件对电路板贴装的要求越高,需要考虑电路板贴装机器的精度,而且小封装元器件也不便于电路板维修和手工焊接。

电阻的封装大小与功率有关,功率越大,电阻的体积越大,即封装越大。额定功率是指在某个温度下最大允许使用的功率,通常指环境温度为 70℃时的功率。当电流通过电阻时,电阻因消耗功率而发热,电阻所能承受的发热是有限度的,如果电阻上所加的电功率大于电阻所能承受的最大电功率,电阻就会烧坏。

表 1-1 列举了常用电阻封装与功率、电压的关系。最高工作电压是指允许加载在电阻两端的最高电压。

表 1-1　常用电阻封装与功率、电压的关系

封　　装	功率/W	最高工作电压/V
0402	1/16	50
0603	1/10	50
0805	1/8	150

3. 精度

电阻的实际阻值不可能与标称阻值绝对相等,两者之间会存在一定的偏差,阻值偏差代表电阻的精度。阻值偏差越小,精度越高,稳定性也越好,但生产成本相对较高,价格也贵。通常,普通电阻的允许偏差(精度)为±5%、±10%、±20%,高精度电阻的允许偏差为±1%、±0.5%、±0.001%。

在电路设计中,不要盲目追求精度,应根据实际情况选择。一般电路使用的电阻允许偏差为±(5%～10%),除非有特殊需求,例如在第5章的体温测量电路中起参考作用的14.7kΩ±0.1%贴片电阻,就需要使用精度为±0.1%的高精度电阻,而且精度越高,参考值越精确。

除了以上三个参数,有时还需要根据实际应用场合考虑电阻的噪声、温漂、工作温度范围和材质类别等参数。除技术参数外,还要考虑品牌、供货商、成本等因素。常用的电阻品牌有厚声、风华和国巨等;要确保货源正规、稳定和充足;在性能参数合适的情况下,选择性价比高的元器件。

1.1.2 电阻的用途

1. 上拉/下拉电阻

上拉是指将不确定的信号通过电阻固定在高电平,下拉是指将不确定的信号通过电阻固定在低电平,电阻同时起限流作用。上拉时,电流流入元器件,下拉时,电流由元器件流出。

在图1-1(a)所示电路中,当轻触开关KEY_1按下时,GPIOx输入低电平;当KEY_1未按下时,GPIOx的输入电平未知。

在图1-1(b)所示电路中,当轻触开关KEY_2按下时,GPIOx输入低电平,由于GPIOx接了上拉电阻,当KEY_2未按下时,上拉电阻R决定了GPIOx为高电平,不存在未知电平。

在图1-2(a)所示电路中,当轻触开关KEY_1按下时,GPIOx输入高电平;当KEY_1未按下时,GPIOx的输入电平未知。

在图1-2(b)所示电路中,当轻触开关KEY_2按下时,GPIOx输入高电平,但由于GPIOx接了下拉电阻,当KEY_2未按下时,下拉电阻R决定了GPIOx为低电平,不存在未知电平。

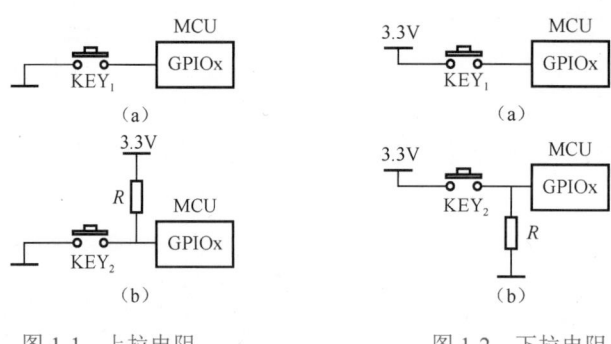

图1-1 上拉电阻　　　　图1-2 下拉电阻

上拉/下拉电阻主要起到以下作用。

(1)作为单键触发使用。如果芯片本身没有内接电阻,为了使单键维持不被触发的状态或触发后回到原状态,必须在芯片外部接一个电阻,保持芯片引脚为高电平(或低电平),当单击按键时就会给引脚一个低电平(或高电平)触发。

(2)数字电路有三种状态(高电平、低电平和高阻状态),有些应用场合不希望出现高阻状态，可以通过连接上拉/下拉电阻的方式使其处于稳定状态。

（3）连接上拉/下拉电阻可以防止引脚悬空，使引脚具有确定的电平状态。上拉/下拉电阻可以提高总线的抗电磁干扰能力，因为引脚悬空容易受到外界的电磁干扰。在 CMOS 芯片上，为了防止静电造成损坏，未使用的引脚不能悬空，一般连接上拉电阻以降低输入阻抗，提供泄荷通路。

（4）通过上拉或下拉电阻来增大或减小驱动电流。当总线驱动能力不足时，上拉电阻可以为其提供电流；下拉电阻是用来吸收电流的，也就是通常所说的灌电流，可以减弱外部电流对芯片产生的干扰。

（5）上拉电阻常用于 TTL 与 CMOS 电路之间的电平匹配，通过调整电位来确保信号的正确传输。当 TTL 电路驱动 CMOS 电路时，如果 TTL 输出的高电平低于 CMOS 电路所需的最低高电平（通常为 3.5V），则需要在 TTL 输出端添加一个上拉电阻，以提升输出高电平值。选择上拉电阻连接电源时，需确保该电源电压不低于 CMOS 电路的最低高电平要求。同时，还需要考虑到 TTL 电路的最大输入或输出电流限制，以避免过载。

（6）为 OC 门（集电极开路门）提供电流。OC 门电路必须加上拉电阻才能使用。

（7）在长线传输中，电阻不匹配容易引起反射波干扰，加上拉/下拉电阻可使电阻匹配，能够有效地抑制反射波干扰。

2．分压

用电器通常都有额定的电压值，如果电源电压比用电器的额定电压高，就会损坏用电器。在这种情况下，可以给用电器串联一个合适阻值的电阻，让它分担一部分电压。

3．分流

当电路的干路上需要同时接入几个额定电流不等的用电器时，可以在额定电流较小的用电器两端并联一个电阻，该电阻起到分流作用。

4．限流

通过用电器的电流应不超过额定值或实际工作需要的规定值，可以将用电器与一个可变电阻串联，以保证用电器正常工作。当改变可变电阻的阻值大小时，电流的大小也随之改变。这种可以限制电流大小的电阻称为限流电阻。

5．阻抗匹配

在信号传输过程中，为了获得最大功率输出，会在线路中加入电阻以改变阻抗，使负载阻抗与激励源内部阻抗相互适配。在这种情况下，电阻起到阻抗匹配的作用。

6．偏置作用

偏置电阻可以使晶体管获得一个基本的工作电流，并工作在线性放大区，以避免放大信号失真。

7．滤波

电阻可与电容组成 RC 滤波电路，具体可分为低通、高通和带通滤波电路。

8．将电能转化为内能

电流通过电阻时，会把电能转化为内能。把电能转化为内能的用电器称为电热器，如电烙铁、电炉、电饭煲、取暖器等。

9．0Ω 电阻

电路设计中经常见到 0Ω 电阻（导线），为什么需要专门设计 0Ω 电阻？其实 0Ω 电阻在电路中的作用很大，主要表现为以下几点。

（1）在电路中没有任何功能，只为调试方便或兼容设计而使用。

（2）用作跳线。如果某段线路不使用，直接不焊接该电阻即可将该段线路隔离（不影响电路板外观）。

（3）匹配电路参数不确定时，先用 0Ω 电阻代替，在实际调试时，确定参数后再用具体数值的元器件代替。

（4）测量某部分电路的耗电流时，可以去掉 0Ω 电阻，接上电流表进行测量。

（5）在高频信号下充当电感或电容。其中，用作电感主要是解决电磁兼容问题，如地与地、电源与芯片引脚之间。

（6）单点接地（指保护接地、工作接地、直流接地在设备上相互分开，各自成为独立的系统）。

（7）跨接时用于电流回路。当电路的地平面被分割后，信号的最短回流路径可能被切断，迫使信号回路绕道而行，从而形成较大的环路面积。较大的环路面积会增强电场和磁场的影响，使电路更容易受到外界干扰或成为干扰源。在这种情况下，在分割区域上跨接一个 0Ω 电阻，可以提供一个较短的回流路径，从而减小干扰。

（8）不同封装的 0Ω 电阻允许通过的电流不同，通常 0603 封装电阻允许通过 1A 电流，0805 封装电阻允许通过 2A 电流，因此需要根据电流大小选用不同封装的 0Ω 电阻。

1.2 电容

1.2.1 电容选型参数

电容的选型参数与电阻类似，不同的是，电容选型还需考虑电容的耐压值和介质材料。

1．容值

电容上所标示的容值为标称容值。

2．封装

电容封装优先选择 0603 封装和 0805 封装。对于铝电解电容或钽电容等，要根据实际情况选择封装。

3．精度

精度与电容的介质材料及容值大小有关，容值越小，精度越高。常用的精度有±5%、±10% 和±20%。

4．耐压值

电容的耐压值也称为额定电压，是指电容在规定的温度范围内连续正常工作时所能承受的最高电压。在实际应用中，电容的工作电压应低于电容上标注的额定电压值，否则会造成电容因过压而击穿损坏。例如，3.3V 和 5V 工作电压系统电容取 10V 额定电压，12V 工作电压系统电容取 25V 额定电压，24V 工作电压系统电容取 50V 额定电压，48V 工作电压系统电容取 100V 额定电压。在实际电路中，可以用高耐压值电容替代低耐压值电容，例如电路中需要一个 10V 的 1μF 电容，可以用 16V 的 1μF 电容替代。

5. 介质材料

根据温度稳定性和容量特性，介质材料可分为两类：Ⅰ类陶瓷电容器和Ⅱ类陶瓷电容器。NPO 型电容器属于Ⅰ类，以其出色的稳定性和精确度著称；而 X7R 和 Y5V 等则属于Ⅱ类，它们的特点是在相同体积下能够提供更大的电容量，但温度稳定性相对较差。

NPO 型电容器使用铷、钐及其他稀有氧化物作为填充介质，是电容量和介质损耗最稳定的类型之一，适用于需要高稳定性的精密电路。

X7R 型电容器的稳定性不如 NPO 型电容器，但在相同体积下能提供更大的电容量，容量精度约为±10%，适合一般工业应用。

Y5V 型电容器稳定性最低，容量精度约为±20%，并且对温度变化较为敏感，适用于温度变化不大且对容量稳定性要求不高的场景。

此外，在电容器的品牌选择上，建议优先考虑村田、风华、国巨和三星等知名厂商的产品，这些品牌的电容以其卓越的质量和可靠性受到广泛认可。在电路设计中还应根据实际需求，综合考虑电容器的寿命、极性、电容类型、交流阻抗（ESR）和交流感抗（ESL）等其他参数。

1.2.2 电容的用途

在电路中，电容既用来"通交流，隔直流"，也用来存储和释放电荷，作为滤波器平滑输出信号。小容量的电容通常在高频电路中使用，如收音机、发射机和振荡器；大容量的电容往往用于滤波和存储电荷。

电容极板间建立电压，积蓄电能的过程称为充电，充好电的电容两端具有一定的电压。电容存储的电荷向电路释放的过程称为放电。只有在电容充电过程中，电路中才有直流电流流过，充电结束后，电容不能通过直流电流，即起到"隔直流"的作用。电容在电路中起到的耦合、旁路、滤波等功能，都是利用它"通交流，隔直流"的特性。

下面介绍电容的几种常见用途。

1. 滤波

滤波是电容非常重要的功能之一，几乎所有的电源电路都会使用电容来实现滤波。电容通过将电压变化转化为电流变化，实现对电压波动的缓冲。频率越高，产生的峰值电流越大，从而有效地平滑了电压波动。滤波本质上是一个充、放电的过程。理论上，电容值越大，其阻抗越小，能够通过的频率范围也越广。但在实际应用中，超过 1μF 的电容多为电解电容，它们包含较高的电感成分，这导致在高频条件下电容的阻抗反而增大。因此，在抑制高频干扰的电源滤波电路中，常常会在电路中引入一个大电容与一个小电容的并联组合，从而确保电路具有良好的高频通过性能。

2. 旁路

旁路电容一般接在信号端与地之间，主要功能是产生一个交流分路，从而消除进入易感区的不需要的能量。旁路电容一般作为高频旁路元器件来减小对电源模块瞬态电流的需求。铝电解电容和钽电容较适合用作旁路电容，其电容值取决于电路板上对瞬态电流的需求，一般为 10~470μF。如果电路板上有很多集成电路、高速开关电路和具有长引线的电源，则应选择大容量的电容。旁路电容是可以提供能量的储能元器件，它能使稳压器的输出均匀化，降低负载需求。就像小型可充电电池一样，旁路电容既能被充电，也能向元器件放电。

为尽量减小阻抗，在元器件布局时，旁路电容要尽量靠近负载元器件的供电电源引脚和地引脚，从而防止输入电流过大而导致地电位被抬高，还可以减小噪声。

3. 去耦

去耦电容是根据电容使用的实际效果来命名的，一般接在电源线和地线之间，主要起到滤波和蓄能的作用。

（1）将电源引进电路时，电源电压不是恒定的，而是处在一个相对稳定的状态，其中掺杂着大量噪声，如果这些噪声进入电路中，会对电路造成影响，一方面影响对电压敏感的元器件（这些元器件对电路电压的稳定性要求较高），另一方面影响作为参考电压的电源（噪声会影响其精确性）。而引入去耦电容能够保证电路的线性关系。其原理可以简单地理解为，当电压高时，去耦电容充电；当电压低时，去耦电容放电，从而使电压保持在一个平衡稳定的状态。

（2）有源器件在开、关时会产生高频开关噪声，并沿着电源线传导。此时，去耦电容可为有源器件提供局部直流电源，以减少开关噪声在电源线上的传导，并将噪声接引到地。

（3）空间中存在着非常多的电磁波，它们干扰芯片工作的稳定性，芯片周围的去耦电容可以有效地滤除这些电磁波干扰。

（4）在高频电路中，导线产生的电感效应对电流的阻碍作用非常大，会导致电流不足，当芯片需要足够大的电流驱动时，不能及时供给。这时，去耦电容释放储存的能量，可以确保芯片正常工作。

在电路中，去耦电容和旁路电容都起到抗干扰的作用，电容所处位置不同，称呼也不同，二者的本质区别是，旁路是把输入信号中的干扰作为滤除对象；去耦是把输出信号中的干扰作为滤除对象，防止干扰信号返回电源。

4. 储能

储能型电容通过整流器收集电荷，并将储存的能量通过变换器引线传送至电源的输出端。

1.3 电感

1.3.1 电感选型参数

电感的选型参数主要有电感值、精度、额定电流和自谐振频率。在实际选型时，还需要考虑电路的特性，例如，在工作电流较大的电路中，主要考虑电感的额定电流，额定电流过小会导致电感因过电流而损坏；在振荡器电路中，主要考虑电感的精度，因为精度将影响振荡器的振荡频率。

1. 电感值

电感值的大小与主线圈的圈数（匝数）、绕制方式、有无磁芯及磁芯的材料等有关。通常，匝数越大，绕制的线圈越密集，电感值就越大；有磁芯的线圈比无磁芯的线圈电感值大；磁芯磁导率越大的线圈，电感值也越大。

2. 精度

精度（又称允许偏差）是指电感上标称的电感值与实际电感值的偏差。用在振荡或滤波电路中的电感，对精度要求较高，允许偏差为±(0.2%～0.5%)；用于耦合及高频扼流的电感，对精度要求不高，允许偏差为±(10%～15%)。

3. 额定电流

额定电流是指电感在正常工作时允许通过的最大电流值。若工作电流超过额定电流，电感会因发热而使性能参数改变，甚至会因过流而烧毁。电源电路中的滤波电感因工作电流较大，加上电源电路的故障率较高，所以滤波电感容易烧坏。

4. 自谐振频率

当应用频率大于电感的自谐振频率时，电感感抗开始减小，电感的应用效果不佳，因此，应用频率应小于电感的自谐振频率。

除以上参数外，还需考虑电感的品质因数 Q。常用的电感品牌有村田、TDK 和 SUMIDA。

1.3.2 电感的用途

电感在电路中的主要作用是"通直流，隔交流"，因此可用于滤波、振荡、延迟、陷波等。在电路中，电感可与电阻、电容组成高通或低通滤波器、移相电路及谐振电路等。

1. 滤波

在直流电路中，当有电流流过电感时，线圈内瞬间产生感应磁场，而磁场又会感应出电流，感应电流与流过线圈的电流方向相反，会阻碍外部电流流过，一旦电流稳定下来，感应磁场则不再发生变化，从而可以让直流电流顺利通过。从这一过程可以看出来，电感其实是阻碍电流变化的，当通过交流电时，由于交流电的电流时刻变化，因此电感总是不停地阻碍变化，即阻碍交流电流的通过。

电感对交流电流的阻碍作用称为感抗，它与交流电的频率及电感量有关，频率越高，电感越大，感抗就越大。在电源滤波电路中正是利用电感的这一特性来抑制小波动，从而输出更加纯正的直流电。

2. 振荡

电感与电容串联便构成了 LC 振荡电路。LC 振荡电路用于产生高频正弦波信号，常见的 LC 振荡电路有变压器反馈式 LC 振荡电路、电感三点式 LC 振荡电路和电容三点式 LC 振荡电路。LC 振荡电路的辐射功率与振荡频率的 4 次方成正比，为了让 LC 振荡电路向外辐射足够强的电磁波，必须提高振荡频率。

LC 振荡电路利用了电容和电感的储能特性，让电、磁两种能量交替转化，即电能和磁能都会有一个最大/最小值，从而振荡。不过这只是理想情况，实际上所有的电子元器件都会有损耗，能量在电容、电感之间进行转化的过程中要么被损耗，要么被泄漏至外部，因此实际的 LC 振荡电路需要一个元器件（如晶体管、集成运算放大器等）进行放大，通过信号反馈方法使不断被消耗的振荡信号被反馈放大，最终输出一个幅值和频率较稳定的信号。

3. 延迟

由楞次定律可知，当电流增大时，感应电流的方向与电流方向相反。电感线圈刚通电时，电流变化很快，感应电流很大，它与原电流相叠加，使得线圈中的电流只能从零开始增大，直到电流变化趋于零，这时线圈中的电流才能达到最大。所以说，电感线圈有延迟作用。

4. 陷波

陷波是指在某一个频率点迅速衰减输入信号，以达到阻碍此频率信号通过的滤波效果。从通过信号的频率范围角度讲，陷波滤波器属于带阻滤波器的一种，只是它的阻带非常狭窄。

既然陷波滤波器属于带阻滤波器，那么它的阶数必须为二阶（含二阶）以上。最简单的（二阶）陷波滤波器是 RLC 串联电路。

1.4 二极管

1.4.1 二极管选型参数

二极管的主要参数有 4 个：最大整流电流、最大反向工作电压、最大反向电流和最高工作频率。在不同应用场合下，对各项参数的要求也不同。对于整流电路中的整流二极管，主要考虑最大整流电流和最大反向工作电压；对于开关电路中的开关二极管，主要考虑开关速度；对于高频电路中的二极管，主要考虑最高工作频率和结电容等参数。

1. 最大整流电流

最大整流电流（I_m）是指二极管在长时间正常工作下，允许通过二极管的最大正向电流值。不同用途的二极管对这一参数的要求不同，作为检波二极管时，因为工作电流很小，所以对这一参数的要求不高；作为整流二极管时，流过二极管的电流较大，此时，I_m 就是一个非常重要的参数。当正向电流通过二极管时，二极管会发热，电流越大，温度越高，当二极管发热温度达到一定程度时会被烧坏，所以 I_m 限制了二极管的正向工作电流，使用时应控制二极管中流过的电流不超过最大整流电流。在一些大电流的整流电路中，为了帮助整流二极管散热，还会给其加上散热片。

2. 最大反向工作电压

最大反向工作电压（U_{rm}）是指二极管正常工作时所能承受的最大反向电压值，约等于反向击穿电压的一半。在应用中，U_{rm} 应大于正常工作电压。反向击穿电压是指给二极管施加反向电压，使二极管击穿时的电压值。为了保证二极管安全工作，实际的反向电压不能大于最大反向工作电压。

对于二极管而言，过压（指工作电压大于规定电压值）比过流（工作电流大于规定电流值）更容易损坏二极管，因为电压稍稍增大，电流就会增大许多。

3. 最大反向电流

反向电流是指当给二极管施加反向电压时，通过二极管的电流。最大反向电流（I_{co}）反映了二极管单向导电性能的好坏。理论上，理想的二极管在施加反向电压时不会有电流通过，但实际中所有二极管都会有少量的反向电流流过。反向电流从二极管的负极流向正极，正常情况下应尽可能小，因为较大的反向电流会导致二极管失去单向导电特性，影响其功能。

不同材料的二极管有不同的反向电流，例如，硅二极管的反向电流通常较小，约为 1μA 或更低；锗二极管的反向电流较大，可能达到几百微安。因此，现代应用中更倾向于使用硅二极管。

二极管未发生反向击穿时，I_{co} 基本保持不变。只要反向电压不超过反向击穿电压，反向电流几乎不会变化，因此反向电流又称为反向饱和电流。

4. 最高工作频率

二极管既可以用于直流电路，也可以用于交流电路。在交流电路中，交流信号的频率对二极管的正常工作有影响，信号频率高时要求二极管的工作频率也要高，否则二极管就不能很好地起作用。二极管因受材料、结构和制造工艺等的影响，当工作频率超过一定值后，将失去良好的工作特性。二极管保持良好工作特性的最高频率称为二极管的最高工作频率（f_m）。高频电路通常对这一参数有要求。

1.4.2 二极管的用途

1. 检波二极管

在通信系统中，源信息通常需要通过发射装置或调制器进行处理，以便将其转换为适合在通信信道上传输的形式。在接收端则通过相应的处理将原始信号予以恢复。每个通信信道都有一个特定的频率范围，在这个范围内传输信号最为有效；一旦超出这个范围，信号传输将受到严重干扰，甚至无法实现。例如，大气层对音频范围（10～20kHz）的信号有显著衰减，而高频信号可以传播很远。因此，为了实现在大气层中传输音频信号（如语音或音乐），必须在发射机中将音频信号嵌入较高频率的载波信号中。常用的载波信号是高频正弦波或脉冲信号。

在测量系统中，传感器输出的微弱测量信号中常常混杂着各种噪声。从包含噪声的信号中分离出有用的测量信号是测量电路的一项重要任务。为此，需要给测量信号赋予一定的特征，即将测量信号嵌入载波信号中，这一过程称为调制。调制的方式包括乘法器调制、开关电路调制和信号相加式调制等。为了确保解调时能够有效地分离测量信号和载波信号，载波信号的频率必须远高于测量信号的变化频率。

如图 1-3 所示，低频测量信号与高频载波信号通过乘法器进行调制，生成已调信号。在这一调制过程中，低频测量信号控制高频载波信号的幅值，即高频载波信号的幅值根据低频测量信号的线性函数变化。

解调（或称检波）是指从已调信号中提取原始测量信号的过程。对于幅值调制（AM，简称调幅），已调信号的幅值随测量信号的变化而变化，因此调幅信号的包络线形状与测量信号一致。通过检测这个包络线，可以实现解调，这种方法称为包络检波。例如，在图 1-3 中，连接已调信号峰值的平滑曲线（虚线）就是已调信号的包络线，它近似于原始测量信号。

检波二极管具有结电容低、工作频率高和反向电流小等特点，常用于检波解调电路。如图 1-4 所示，其中 R、C 作为负载的同时也起到低通滤波作用。该电路利用二极管的单向导电特性和负载 R、C 的充放电过程，有效地从已调信号中提取出原始的测量信号。

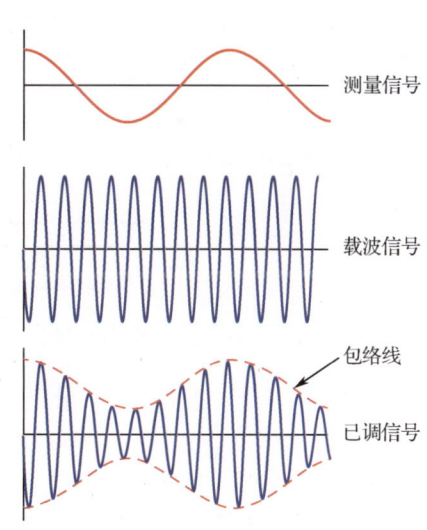

图 1-3 信号调制过程示意图

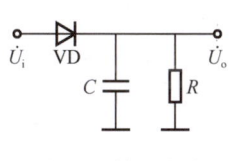

图 1-4 检波电路

已调信号通过检波二极管，由于检波二极管的单向导电特性，信号的负半轴被截去，仅保留正半轴，随后，在每个信号周期内取平均值（通过低通滤波器进行滤波），可以去除高频载波成分，提取出原始的低频测量信号，从而实现了解调（检波）功能，如图 1-5 所示。

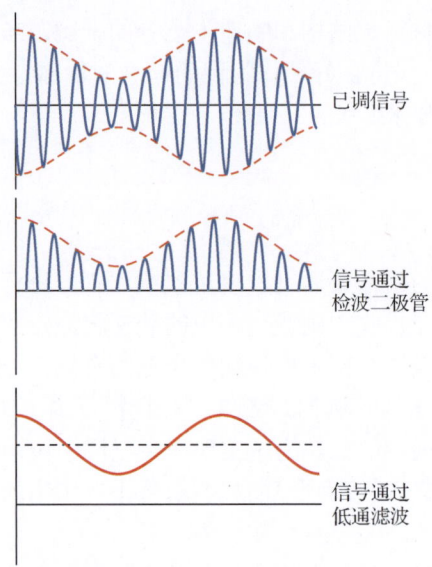

图 1-5 信号解调过程示意图

2. 整流二极管

整流二极管是一种用于将交流电转换为直流电的半导体器件。其结构如图 1-6 所示。P 区的载流子是空穴，N 区的载流子是电子，在 P 区和 N 区之间形成一定的势垒。当外加电压使 P 区相对于 N 区为正时，势垒降低，导致在势垒两侧附近产生储存载流子，允许大电流通过，并且具有较低的电压降（典型值为 0.7V），这种状态称为正向导通状态。若施加相反的电压，使得 P 区相对 N 区为负，则势垒增加，可承受高的反向电压，仅有很小的反向电流通过（称为反向漏电流），这种状态称为反向阻断状态。整流二极管因此具有明显的单向导电特性。

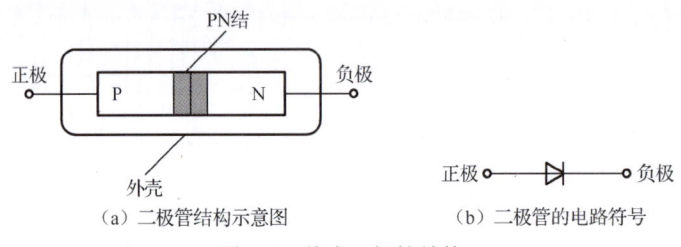

图 1-6 整流二极管结构

在开关电源整流和脉冲整流应用中，通常选用工作频率较高、反向恢复时间较短的整流二极管。选择整流二极管时，主要考虑其最大整流电流、最大反向工作电压、截止频率及反向恢复时间等参数。

3. 稳压二极管

稳压二极管利用 PN 结在反向击穿状态下的特性——即使电流在很大范围内变化，电压也能基本保持不变。其伏安特性曲线的正向特性和普通二极管相似，但在反向电压低于击穿电压时，反向电阻很大且漏电流极小。当反向电压接近击穿电压时，反向电流骤然增大（击穿），导致反向电阻骤降，从而实现稳压功能。

选择稳压二极管时，需注意稳定电压值应与应用电路的基准电压值相同，最大稳定电流应高于应用电路的最大负载约 50%，稳压二极管工作时的实际功率应小于额定功率的一半。

4. 开关二极管

开关二极管在导通时相当于开关闭合，截止时相当于开关打开。常用型号如 1N4148。由于二极管具有单向导电性，在正向偏压下导通电阻很小（约为几十至几百欧），而在反向偏压下呈高阻态（硅二极管电阻通常大于 10MΩ，锗二极管电阻约为几十至几百千欧）。利用这一特性，二极管在电路中可起到控制电流接通或关断的作用，成为一个理想的电子开关。对于开关二极管，其最重要的特点是其在高频条件下的表现。高频条件下，势垒电容表现出极低的阻抗（且与二极管并联），这会影响开关性能，在极端条件下会使二极管短路，高频电流不再通过二极管，而是绕路势垒电容通过，即意味着二极管失效。而开关二极管的势垒电容非常小，相当于阻断了从势垒电容通道，从而确保了在高频条件下仍能保持良好的单向导电性。

5. 肖特基二极管

肖特基二极管的特点是正向压降小，反向恢复时间短，适用于高频应用。它的开启电压低、电荷存储效应小，在相同电流下正向压降比普通二极管小得多。此外，它还具有损耗小、噪声低、检波灵敏度高、稳定可靠等特点。肖特基二极管的缺点是反向耐压较低，通常不高于 60V，最高仅为 100V，因此不适合用于高反向电压的电路。

肖特基二极管主要用作整流二极管、续流二极管、保护二极管，常用于低电压大电流电路，如驱动器、开关电源、变频器等。选择肖特基二极管时，应根据同电流等级中反向电压最高的原则进行选择，例如，选择 SS14 而非 SS12。

6. TVS 二极管

TVS 二极管又称瞬态抑制二极管，是一种高效的电路保护器件，具有极快的响应时间（亚纳秒级）和极高的浪涌吸收能力。当受到瞬间高能量冲击时，TVS 二极管能迅速将两端之间的阻抗从高阻抗变为低阻抗，吸收瞬时大电流，并将两端电压钳制在一个预定水平，从而保护后端电路免受瞬态高压脉冲的影响。

双向 TVS 二极管可在正反两个方向吸收瞬时大脉冲功率，适合交流电路；单向 TVS 二极管则适用于直流电路。选择 TVS 二极管时，最大反向工作电压应大于正常工作电压，最大钳位电压应小于最大安全工作电压。例如，在常规 CMOS 电路中，若电源电压为 3~18V，击穿电压为 22V，则应选择最大钳位电压为 18~22V 的 TVS 二极管。

在选用双向 TVS 二极管时，推荐品牌包括 NXP 和 ON。

1.5 晶体管[①]

1.5.1 晶体管选型参数

常用的晶体管分为 NPN 型和 PNP 型两种。如图 1-7 所示，晶体管有三个引脚：基极（b）、集电极（c）和发射极（e）。

晶体管是电流控制型元件，正常工作时需要一定的基极电流驱动。

NPN 型晶体管的电流从基极和集电极流向发射极，适用于发射极接地的应用。NPN 型晶体管在 $U_{be} > 0.7V$ 且 $I_b > 0$ 时导通，在 $U_{ce} > 0.2V$

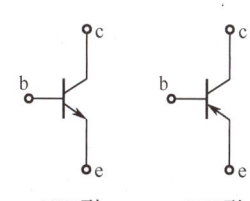

图 1-7 晶体管

---

① 本书中的"晶体管"特指"双极型晶体管"（BJT）。

时处于放大状态，在 U_{ce} < 0.2V 时处于饱和状态，在 U_{be} < 0.7V 时截止。

PNP 型晶体管的电流从发射极流向基极和集电极，适用于发射极接电源的应用。PNP 型晶体管在 U_{eb} > 0.7V 且 I_b > 0 时导通，在 U_{ec} > 0.2V 时处于放大状态，在 U_{ec} < 0.2V 时处于饱和状态，在 U_{eb} < 0.7V 时截止。

晶体管可以由锗材料或硅材料制成。它们的主要区别在于导通电压不同：锗管的 PN 结导通电压约为 0.2V，而硅管的 PN 结导通电压为 0.6～0.7V。在放大电路中，二者可以互换使用，但需调整基极偏置电压。但在脉冲电路和开关电路中，不同材料的晶体管是否能互换必须具体分析，不能盲目代换。

晶体管的主要参数如下。

1. 集电极最大允许电流 I_{cm}

集电极最大允许电流是指晶体管在正常工作条件下，集电极能够安全通过的最大电流值。在实际应用中，集电极电流应小于 I_{cm} 的 70%。

2. 集电极-发射极反向击穿电压 $U_{(BR)ceo}$

集电极-发射极反向击穿电压是指晶体管基极开路时，集电极与发射极之间的反向击穿电压。若超过此电压，晶体管内将产生很大的集电极电流，导致晶体管击穿。晶体管击穿后会造成永久性损坏或性能下降。小功率晶体管的 $U_{(BR)ceo}$ 应大于电路最高电压的 70%。

3. 集电极最大允许耗散功率 P_{cm}

集电极最大允许耗散功率是指晶体管在正常工作条件下，集电结能够安全耗散的最大功率。晶体管在工作时，集电极电流产生的热量可能导致晶体管发热。若耗散功率过大，将导致晶体管被烧坏。为了确保晶体管的可靠性和稳定性，实际应用中的耗散功率应控制在 P_{cm} 的 70% 以内。

4. 特征频率 f_T

随着工作频率的升高，晶体管的放大能力将会下降，对应于 β = 1 时的频率 f_T 称为晶体管的特征频率。工程设计中通常要求 f_T 大于实际工作频率的 3 倍，可以按照此要求来选择晶体管的特征频率 f_T。

建议选用大品牌的贴片封装器件，如 NXP、DIODE、ST、TI 等。

1.5.2 晶体管的用途

晶体管主要用于控制电流的大小，这是其最基本和最重要的特性。以共发射极接法为例（信号从基极输入，从集电极输出，发射极接地），当基极电压 U_b 有一个微小变化时，基极电流 I_b 也会随之产生较小变化，而受基极电流 I_b 的控制，集电极电流 I_c 将产生很大的变化。这便是晶体管的电流放大作用。这种电流放大作用的关键参数是电流放大系数 β。当晶体管的基极上加一个微小电流时，在集电极上可以获得一个 β 倍的电流（集电极电流）。根据晶体管的作用分析，它可以把微弱的电信号转换成具有一定强度的信号，当然这种转换仍然遵循能量守恒定律，它只是把电源的能量转换成信号的能量罢了。

此外，晶体管还可以用作电子开关，配合其他元器件构成振荡器，并具有稳压功能。

1.6 MOS 管

1.6.1 MOS 管选型参数

MOS 管（MOSFET）是电子电路中的基础元件，分为 NMOS 和 PMOS 两种类型，如图 1-8 所示，其中 G 表示门极（栅极），D 表示漏极，S 表示源极。

正确选择 MOS 管对于确保电路的效率和成本至关重要。了解 MOS 管的关键选型参数，并选择合适的器件，可以充分发挥其"螺丝钉"的作用，确保设备得到高效、稳定和持久的应用效果。

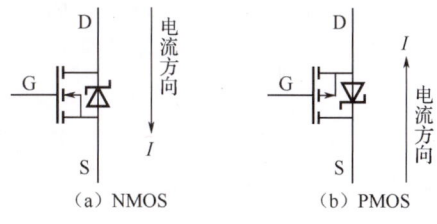

图 1-8 MOS 管

1. NMOS 管和 PMOS 管的选择

MOS 管是电压控制电流型器件，必须满足 U_{GS}（栅极到源极电压）的要求才能导通。

NMOS 管的主回路电流方向为 D→S（从漏极流向源极），导通条件为 U_{GS} 大于门槛电压，适用于源极 S 接地的情况（低端驱动）。电路中常用的是 NMOS 管，因其导通电阻小且容易制造。

PMOS 管的主回路电流方向为 S→D（从源极流向漏极），导通条件为 U_{GS} 小于门槛电压，适用于源极 S 接电源的情况（高端驱动）。尽管 PMOS 管方便用于高端驱动，但由于其导通电阻大、价格较高且替换种类少，在高端驱动中通常优先使用 NMOS 管。

2. 最大漏源电压

选择 MOS 管时，必须确定漏极至源极间可能承受的最大电压，即最大漏源电压。MOS 管在工作时，不能超过这一电压值，以提供足够的保护，避免失效。基本原则是，在实际工作环境中，最大峰值漏源电压不应超过规格书中标称漏源击穿电压的 90%。

3. 最大漏极电流

最大漏极电流是指 MOS 管正常工作时允许通过的最大漏极电流。选择的 MOS 管必须能够承受系统产生尖峰电流时的需求。电流的确定需考虑连续模式和脉冲尖峰两种情况。在连续模式下，MOS 管处于稳态，此时电流连续通过 MOS 管。脉冲尖峰是指大量电涌或尖峰电流流过，一旦确定了这些条件下的最大电流，就要选择能够承受该最大电流的 MOS 管。基本原则是，实际工作环境中的最大峰值漏极电流或漏极脉冲电流峰值不应超过规格书中标称的最大漏极电流的 90%。

1.6.2 MOS 管的用途

MOS 管因其优良的开关性能和快速的开关速度，主要用于电源或驱动方面。此外，它还具有放大、阻抗变换、振荡等功能。

1.7 运算放大器

运算放大器（简称运放），英文全称为 Operational Amplifier，通常简写为 OA 或 OPA。理想运算放大器符号如图 1-9 所示。

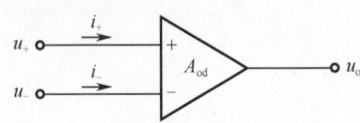

图 1-9 运算放大器符号

其中，u_+ 和 u_- 分别表示理想运算放大器的同相和反相输入端电压，u_o 为输出端电压，A_{od} 为理想运算放大器的开环电压增益，它们之间的关系为

$$u_o = A_{od}(u_+ - u_-) \tag{1-1}$$

理想运算放大器具有以下特征：① A_{od} 是无穷大的，其下限截止频率为0Hz，上限截止频率为∞Hz；② 两个输入端均具有无穷大的输入阻抗，即流进或流出 u_+ 和 u_- 的电流始终为零；③ 输出端的输出阻抗为零。

根据集成度（单个芯片上集成的运算放大器数量），运算放大器可以分为单运放、双运放和四运放。如图 1-10 所示，SGM8521 为单运放，有两种封装类型；SGM8522 为双运放；SGM8524 是四运放，也有两种封装类型。不同型号或封装的运算放大器，其输入、输出和电源引脚可能位于不同的引脚编号上，因此，在使用前应仔细阅读数据手册以了解各个引脚的功能。

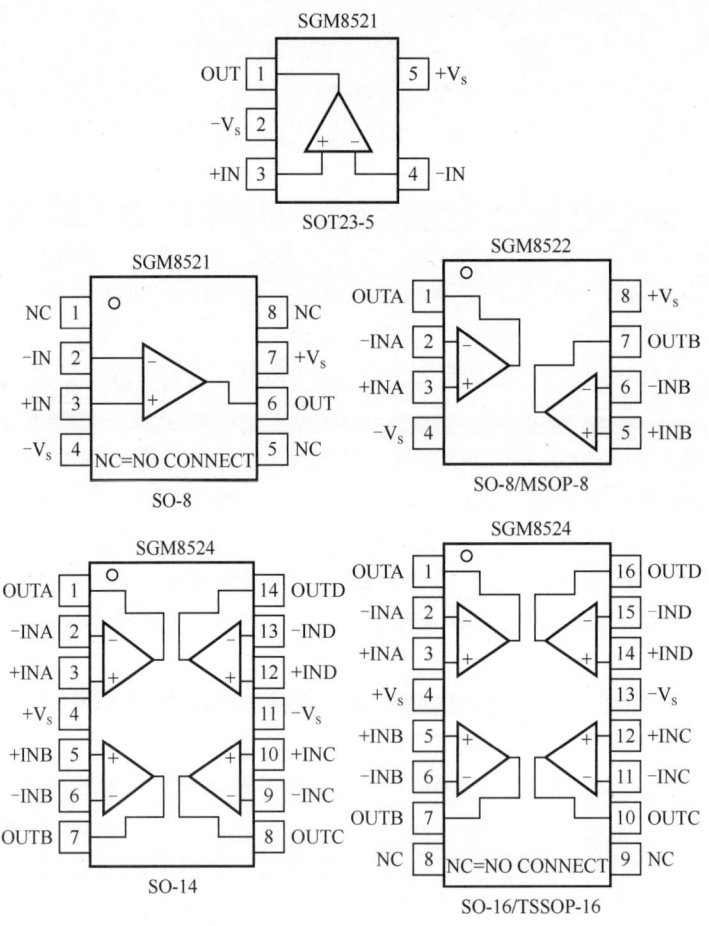

图 1-10 单运放、双运放和四运放

按照功能分类，运算放大器可以分为通用型和特殊型。通用型运算放大器适用于无特殊要求的电路中，而特殊型运算放大器则针对特定需求设计，在某方面具有突出的性能特点，如高阻型、高速型、高精度型和低功耗型等。常用的通用型运算放大器有 LM321、LM324、

LM358、LMV321、LMV324、LMV358、TL06X（X=1/2/4，表示芯片集成的运算放大器数量）、TL07X、TL08X、SGM321、SGM324、SGM358 等。运算放大器的品牌众多，如 TI、ADI、Maxim、ST、ON、瑞萨、NXP、Microchip、SGMICRO、3PEAK、润石、富满等。

1.7.1 运算放大器选型参数

1. 单电源和双电源供电

运算放大器至少有 5 个引脚，其中两个为电源引脚，在数据手册中，通常将电源引脚标识为 VCC+/VCC−、V+/V−、+V_s/−V_s 或 VCC+/GND，如图 1-11 所示。

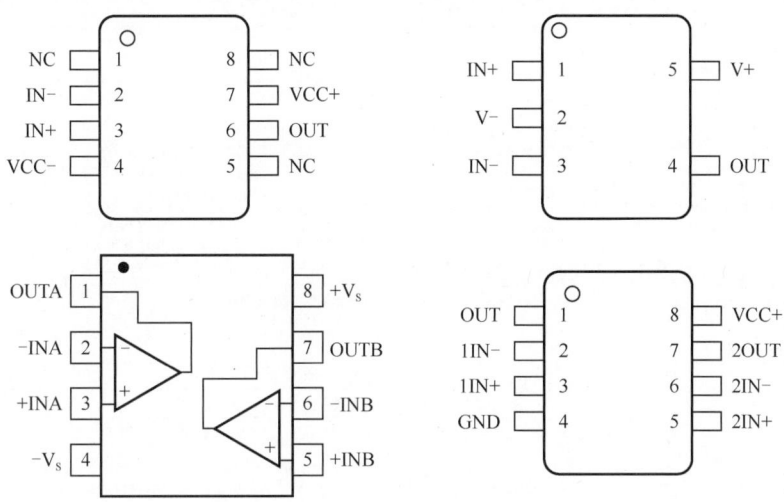

图 1-11　运算放大器电源引脚标识

运算放大器有两种主要的供电方式：单电源供电和双电源供电，如图 1-12 所示。在单电源供电电路中，运算放大器的电源引脚连接正电源（如+5V、+12V、+15V）和地（GND）；在双电源供电电路中，运算放大器的电源引脚连接正电源和负电源，通常正、负电源的电压绝对值相等，常用的组合有±5V、±12V 和±15V，当然，也有正、负电源电压绝对值不相等的情况。

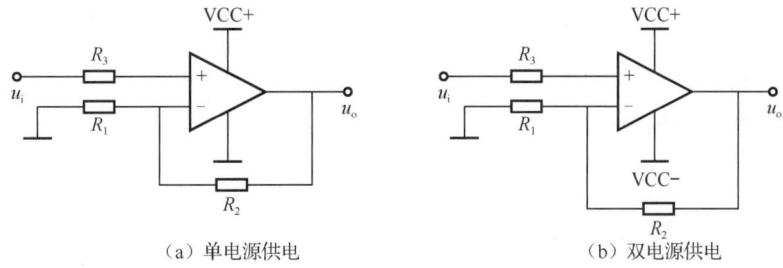

图 1-12　单电源和双电源供电

所有运算放大器都可以使用单电源或双电源供电，但通常优先考虑使用双电源供电。无论使用哪种供电方式，在使用前都需要查看数据手册，了解运算放大器的电源电压范围。

在数据手册的 Absolute Maximum Ratings 和 Operating Conditions 部分，可以查看运算放大器的最大电源电压和工作电压范围，关键词包括 Supply voltage、Operating voltage range 和

Supply voltage range。注意，在实际应用中，为了确保产品的稳定性，不要使用电源电压的极限值，设计要留有一定的裕量。

例如，LMV358 的最大电源电压为 5.5V（见图 1-13）。单电源供电时，可使用的供电电压范围为 2.7～5.5V。

6 Specifications

6.1 Absolute Maximum Ratings

over operating free-air temperature range (unless otherwise noted) (1)

			MIN	MAX	UNIT
V_{CC}	Supply voltage(2)			5.5	V
V_{ID}	Differential input voltage(3)		–5.5	5.5	V
V_I	Input voltage (either input)		–0.2	5.7	V
	Duration of output short circuit (one amplifier) to ground(4)	At or below T_A = 25°C, V_{CC} ≤ 5.5 V	Unlimited		
T_J	Operating virtual junction temperature			150	°C
T_{stg}	Storage temperature		–65	150	°C

(1) Stresses beyond those listed under *Absolute Maximum Ratings* may cause permanent damage to the device. These are stress ratings only, and functional operation of the device at these or any other conditions beyond those indicated under *Recommended Operating Conditions* is not implied. Exposure to absolute-maximum-rated conditions for extended periods may affect device reliability.
(2) All voltage values (except differential voltages and V_{CC} specified for the measurement of I_{OS}) are with respect to the network GND.
(3) Differential voltages are at IN+ with respect to IN–.
(4) Short circuits from outputs to V_{CC} can cause excessive heating and eventual destruction.

6.2 ESD Ratings

			VALUE	UNIT
$V_{(ESD)}$	Electrostatic discharge	Human-body model (HBM), per ANSI/ESDA/JEDEC JS-001, all pins(1)	±2000	V
		Charged-device model (CDM), per JEDEC specification JESD22-C101, all pins(2)	±1000	

(1) JEDEC document JEP155 states that 500-V HBM allows safe manufacturing with a standard ESD control process.
(2) JEDEC document JEP157 states that 250-V CDM allows safe manufacturing with a standard ESD control process.

6.3 Recommended Operating Conditions(1)

			MIN	MAX	UNIT
V_{CC}	Supply voltage (single-supply operation)		2.7	5.5	V
T_A	Operating free-air temperature	I temperature (LMV321, LMV358, LMV324, LMV321IDCK)	–40	125	°C
		Q temperature	–40	125	

(1) All unused control inputs of the device must be held at V_{CC} or GND to ensure proper device operation. See *Implications of Slow or Floating CMOS Inputs*.

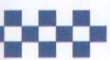

图 1-13　LMV358 数据手册（电源电压）①

TL062 使用双电源供电时，最大电源电压为±18V（见图 1-14）。电源电压范围为 6～36V，即双电源供电时，电源电压范围为±(3～18)V，通常可使用±5V、±10V、±12V、±15V；使用单电源供电时，最小供电电压为 6V，最大供电电压为 36V。

双电源供电相对简单，因为大多数信号源和负载都以地为基准。在这种情况下，输入信号源、输出负载和运算放大器都具有相同的基准点。电源电压决定运算放大器的工作点，通常工作点位于电源的中间电压值，因为运算放大器在中间电压工作时，被处理信号的输入动态范围和输出摆幅最大。双电源供电仿真电路如图 1-15 所示，输入峰值为 1V、频率为 1Hz 的正弦波信号，经过运算放大器放大 2 倍后输出。在±5V 双电源供电的情况下，输入、输出信号的工作点为 0V，即输入、输出端信号都是基于 0V 产生正负波动的，且瞬时电压介于−5～

① 为便于读者实践应用，本书直接引用了原始元器件数据手册内容，部分技术参数的表述方式可能与国家标准存在差异。

+5V 的供电电压范围内，运算放大器正常工作。注意，电路中的输入、输出信号都是根据参考地给出的。

Table 1. Absolute maximum ratings

Symbol	Parameter	Value	Unit
V_{CC}	Supply voltage(1)	±18	V
V_i	Input voltage(2)	±15	V
V_{id}	Differential input voltage(3)	±30	V
P_{tot}	Power dissipation	680	mW
	Output short-circuit duration(4)	Infinite	

Table 2. Operating conditions

Symbol	Parameter	TL062I, AI, BI	TL062C, AC, BC	Unit
V_{CC}	Supply voltage range	6 to 36		V
T_{oper}	Operating free air temperature range	-40 to +105	0 to +70	°C

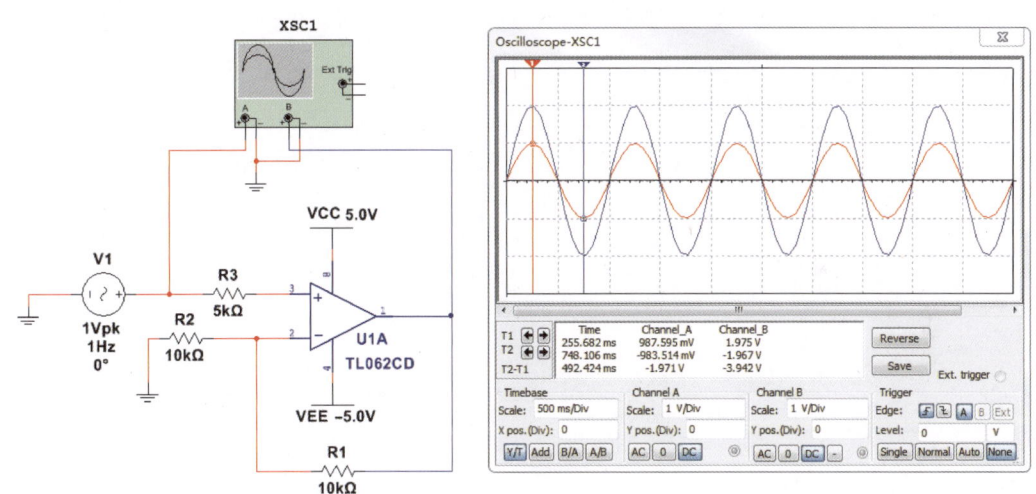

图 1-14　TL062 数据手册（电源电压）

图 1-15　双电源供电仿真电路

有时为了节约成本，不另外产生负电压，这就需要使用单电源供电。然而，单电源供电无法直接放大信号的负半周，如图 1-16 所示，将同样的信号源作为输入信号，经过单电源供电的运算放大器后，输出信号出现了异常。当输入信号大于 0V 时，被正常放大 2 倍后输出；而当输入信号小于 0V 时，输出信号变为 0V，无法产生负值。这是因为该电路的工作点为 0V，在+5V 和 GND 单电源供电的情况下，无法输出小于 0V 的值。

因此使用单电源供电时，需要建立一个新的工作点。如图 1-17 所示，输入信号连接一个 1V 的直流信号，为交流信号提供合适的偏置电压。或者如图 1-18 所示，设置信号源 V_1 的 Voltage offset 为 1V，使输入信号自带偏置电压。此时两种电路输入信号的工作点都为 1V，输出信号的工作点为 2V，且输出信号的动态范围在电源电压范围内，运算放大器工作正常。实际上，偏置的结果就是把供电所采用的单电源相对地变成“双电源”，与双电源供电相同，只是输出信号的电压范围仅为双电源的一半，输出电压幅度相应地变小。

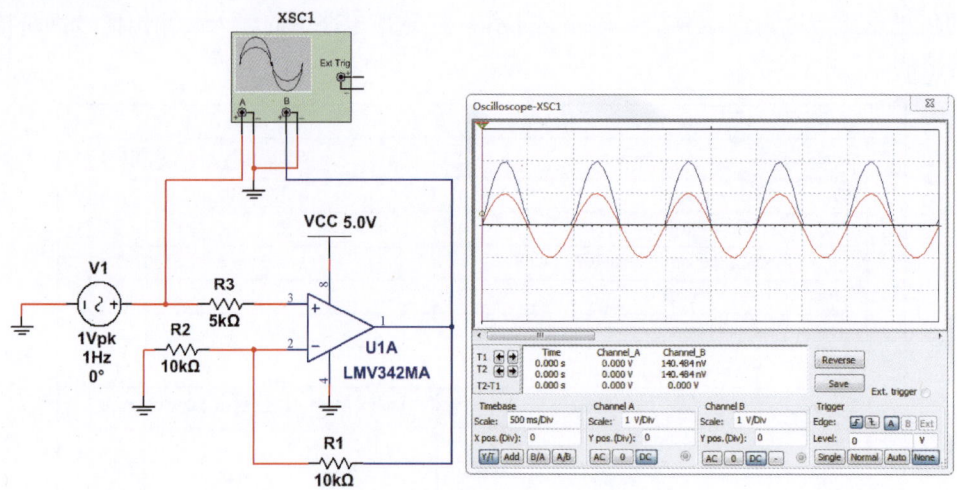

图1-16 单电源供电仿真电路1

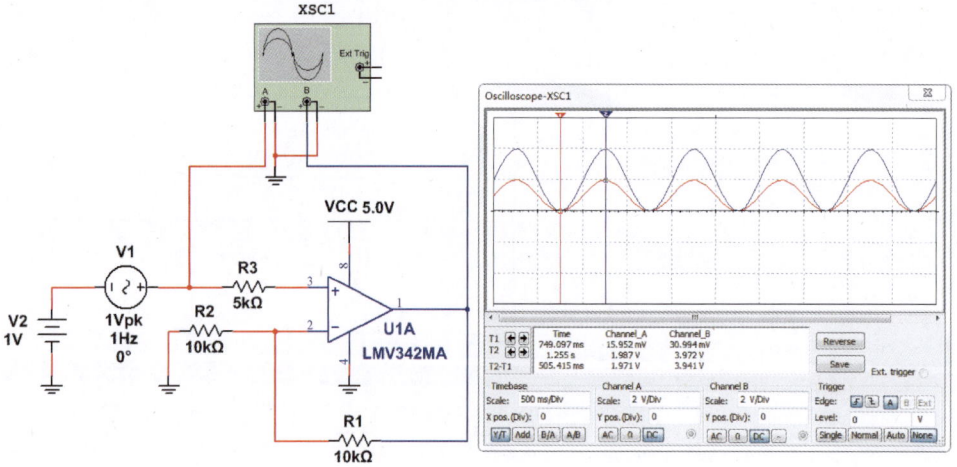

图1-17 单电源供电仿真电路2

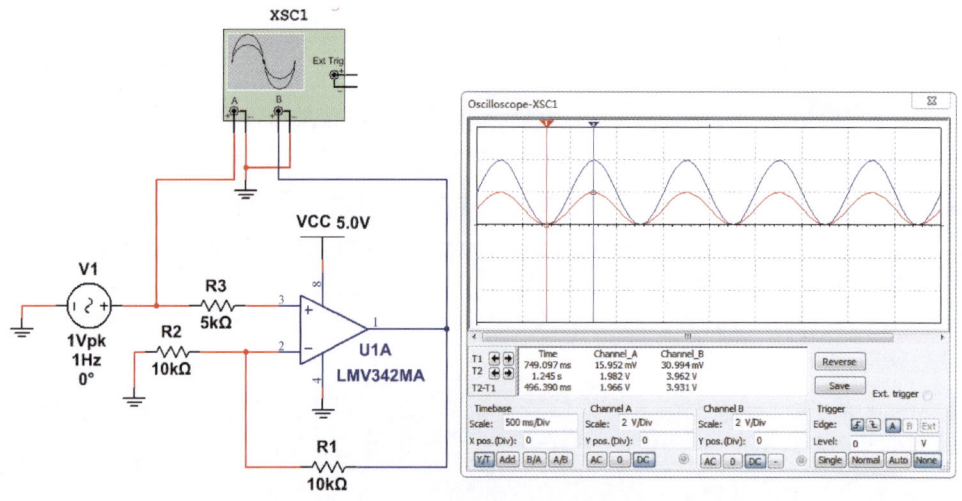

图1-18 单电源供电仿真电路3

此外，还可以在反相端添加直流偏置电压，改变输出信号的工作点。如图 1-19 所示，在反相端接入-2.5V 的直流偏置电压，输出信号的工作点为 2.5V，且输出信号的动态范围在电源电压范围内，运算放大器工作正常。

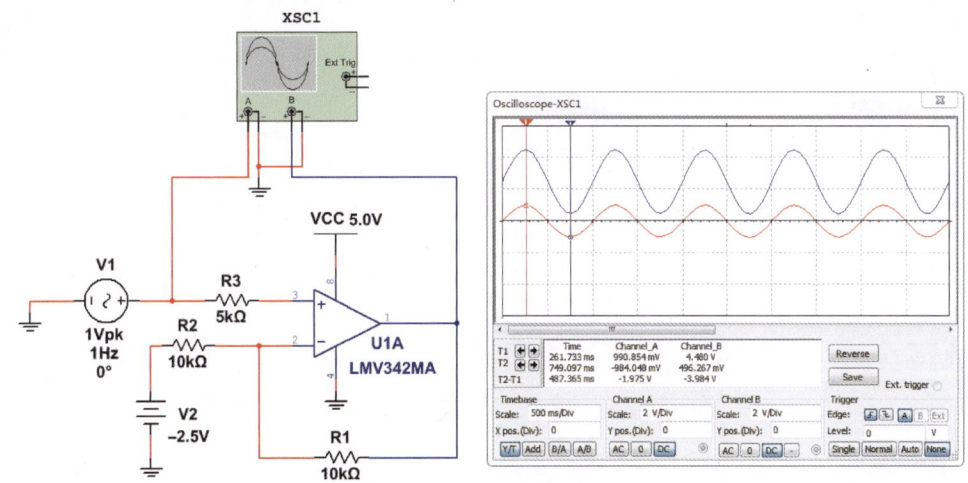

图 1-19　单电源供电仿真电路 4

2. 输入电压范围和输出电压范围

输入电压范围（Input Voltage Range）是指保证运算放大器正常工作的最大输入电压范围，也称为共模输入电压范围（Common Mode Input Voltage Range）。

输入电压范围在数据手册中有两种表示形式：① 直接提供输入电压范围。如图 1-20 所示，LMV358 在 5V 供电条件下，输入电压范围的典型值为-0.2～4.2V。

6.8 Electrical Characteristics: V_{CC+} = 5 V

V_{CC+} = 5 V, at specified free-air temperature (unless otherwise noted)

PARAMETER		TEST CONDITIONS	MIN	TYP(1)	MAX	UNIT
V_{IO}	Input offset voltage	T_A = 25°C		1.7	7	mV
		T_A = -40°C to +125°C			9	
α_{VIO}	Average temperature coefficient of input offset voltage	T_A = 25°C		5		μV/°C
I_{IB}	Input bias current	T_A = 25°C		15	250(2)	nA
		T_A = -40°C to +125°C			500(2)	
I_{IO}	Input offset current	T_A = 25°C		5	50(2)	nA
		T_A = -40°C to +125°C			150(2)	
CMRR	Common-mode rejection ratio	V_{CM} = 0 to 4 V, T_A = 25°C	50	65		dB
k_{SVR}	Supply-voltage rejection ratio	V_{CC} = 2.7 V to 5 V, V_O = 1 V, V_{CM} = 1 V, T_A = 25°C	50	60		dB
V_{ICR}	Common-mode input voltage range	CMRR ≥ 50 dB, T_A = 25°C	0	-0.2		V
				4.2	4	

图 1-20　LMV358 数据手册（输入电压范围）

② 以供电电源轨为参考的输入电压范围。如图 1-21 所示，LMC6482 的共模输入电压范围为 $V^- - 0.3\text{V} \sim V^+ + 0.3\text{V}$。其中，$V^-$ 表示负电源供电电压，V^+ 表示正电源供电电压。当电源电压 $V^+ = 5\text{V}$，$V^- = 0\text{V}$ 时，输入电压范围为-0.3～5.3V。

DC Electrical Characteristics

Unless otherwise specified, all limits guaranteed for T_J = 25°C, V^+ = 5V, V^- = 0V, V_{CM} = V_O = $V^+/2$ and R_L > 1M. **Boldface** limits apply at the temperature extremes.

Symbol	Parameter	Conditions	Typ (Note 5)	LMC6482AI Limit (Note 6)	LMC6482I Limit (Note 6)	LMC6482M Limit (Note 6)	Units
V_{OS}	Input Offset Voltage		0.11	0.750 **1.35**	3.0 **3.7**	3.0 **3.8**	mV max
TCV_{OS}	Input Offset Voltage Average Drift		1.0				µV/°C
I_B	Input Current	(Note 13)	0.02	**4.0**	**4.0**	**10.0**	pA max
I_{OS}	Input Offset Current	(Note 13)	0.01	**2.0**	**2.0**	**5.0**	pA max
C_{IN}	Common-Mode Input Capacitance		3				pF
R_{IN}	Input Resistance		>10				TeraΩ
CMRR	Common Mode Rejection Ratio	0V ≤ V_{CM} ≤ 15.0V, V^+ = 15V	82	70 **67**	65 **62**	65 **60**	dB min
		0V ≤ V_{CM} ≤ 5.0V, V^+ = 5V	82	70 **67**	65 **62**	65 **60**	dB min
+PSRR	Positive Power Supply Rejection Ratio	5V ≤ V^+ ≤ 15V, V^- = 0V, V_O = 2.5V	82	70 **67**	65 **62**	65 **60**	dB min
-PSRR	Negative Power Supply Rejection Ratio	-5V ≤ V^- ≤ -15V, V^+ = 0V, V_O = -2.5V	82	70 **67**	65 **62**	65 **60**	dB min
V_{CM}	Input Common-Mode Voltage Range	V^+ = 5V and 15V For CMRR ≥ 50 dB	V^- - 0.3 V^+ + 0.3V	-0.25 **0** V^+ + 0.25 **V^+**	-0.25 **0** V^+ + 0.25 **V^+**	-0.25 **0** V^+ + 0.25 **V^+**	V max V min

图 1-21 LMC6482 数据手册（输入电压范围）

如果输入信号超出运算放大器的输入电压范围，可能导致削顶或削底（统称为削波）现象。例如，如图 1-22 所示的电压跟随器电路，当电源电压为±5V 时，输入峰值为 6V 的正弦波信号会导致输出信号失真——在波峰处被削平了。

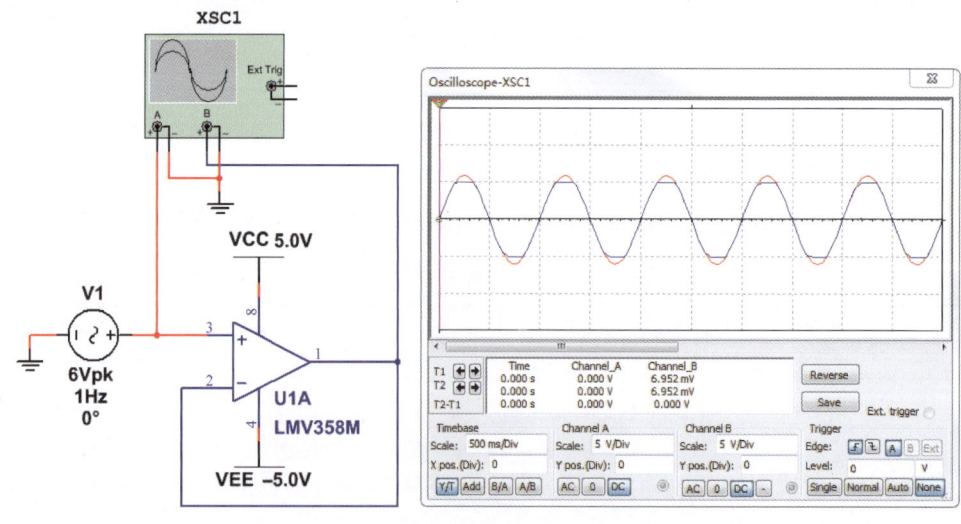

图 1-22 削波失真

输出电压范围(Output Voltage Swing From Rail)是指在给定电源电压和负载的情况下,运算放大器能够输出的最高与最低电压。

该参数在数据手册中有两种表示形式:① 直接提供高、低输出电压值。如图 1-23 所示,SGM324 在 5V 供电,驱动 100kΩ 负载时,低输出电压典型值 V_{OL} 为 5mV,高输出电压典型值 V_{OH} 为 4.997V;驱动 10kΩ 负载时,低输出电压典型值 V_{OL} 为 8mV,高输出电压典型值 V_{OH} 为 4.992V。

Output Voltage Swing from Rail	V_{OH}	R_L = 100kΩ		4.997	4.980	4.970	V	MIN
	V_{OL}	R_L = 100kΩ		5	20	30	mV	MAX
	V_{OH}	R_L = 10kΩ		4.992	4.970	4.960	V	MIN
	V_{OL}	R_L = 10kΩ		8	30	40	mV	MAX

图 1-23 SGM324 数据手册(输出电压范围)

② 以电源轨供电电压为参考的输出电压摆幅。如图 1-24 所示,LMV358 在输出负载为 2kΩ 时,高输出电压典型值为 $V_{CC} - 40\text{mV}$,低输出电压典型值为 120mV。其中,V_{CC} 表示电源供电电压。如果电源电压为 5V,则低输出电压为 0.12V,高输出电压为 4.96V。

V_O	Output swing	R_L = 2 kΩ to 2.5 V, high level, T_A = 25°C	V_{CC} – 300	V_{CC} – 40	
		R_L = 2 kΩ to 2.5 V, high level, T_A = –40°C to +125°C	V_{CC} – 400(2)		
		T_A = 25°C, low level		120	300
		T_A = –40°C to +125°C, low level			400(2)
		R_L = 10 kΩ to 2.5 V, high level, T_A = 25°C	V_{CC} – 100	V_{CC} – 10	
		R_L = 10 kΩ to 2.5 V, high level, T_A = –40°C to +125°C	V_{CC} – 200(2)		mV
		T_A = 25°C, low level		65	180
		T_A = –40°C to +125°C, low level			280(2)

图 1-24 LMV358 数据手册(输出电压范围)

当运算放大器的最大输入电压范围接近电源电压范围时(如相差 0.1V),可以称为"轨到轨输入"(Rail-to-Rail Input,RRI)运算放大器。当运算放大器的输出电压范围与电源电压范围非常接近时(如相差几十毫伏),可以称为"轨到轨输出"(Rail-to-Rail Output,RRO)运算放大器。轨的定义示意图如图 1-25 所示。

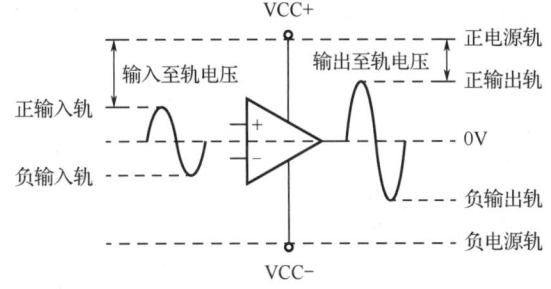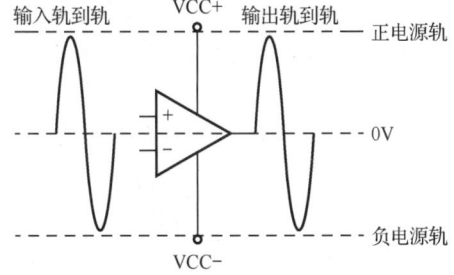

图 1-25 轨的定义示意图

使用轨到轨运算放大器时需要注意以下几点:① 信号到正、负电源轨的绝对值可能不一致。② 信号到电源轨与负载大小有关,负载电阻越大(负载电流越小),到轨压差越小。③ 信号与电源轨之间存在电压差，通常为数十毫伏。注意，轨到轨不代表信号与电源轨完全一致，尤其在单电源供电且输入信号很小时，可能导致信号放大不正确，误差非常大。因此，在微弱信号检测时尽可能使用双电源供电。

部分运算放大器的数据手册会在首页标注轨到轨的描述，如图 1-26、图 1-27 所示，LMV358 为"轨到轨输出"运算放大器，SGM324 为"轨到轨输入/输出"运算放大器。

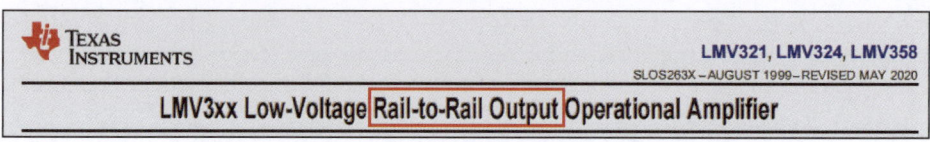

图 1-26 LMV358 数据手册（轨到轨）

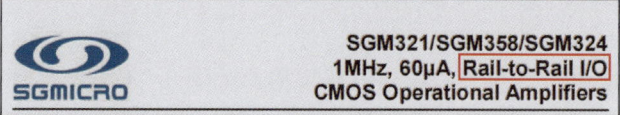

图 1-27 SGM324 数据手册（轨到轨）

3. 增益带宽积（GB）和压摆率（SR）

运算放大器的输出电压与输入电压之比称为电压放大倍数（A_u）。当用分贝（dB）表示时，该值称为增益（Gain）。增益与电压放大倍数的转换关系为 Gain(dB) = $20\lg(A_u)$。例如，−3dB 对应于放大倍数 0.707，10dB 对应于放大倍数 3.1，20dB 对应于放大倍数 10，40dB 对应于放大倍数 100。

带宽是用来衡量一个运算放大器能够有效放大的信号频率范围，带宽越高，意味着运算放大器能处理的信号频率越高，即高频特性越好，可减少失真，特别是对于小信号而言。在处理大信号时，通常使用压摆率来衡量放大器的性能，这里的"大小"指的是信号的幅值。

增益带宽积（Gain Bandwidth Product，GBP）是衡量运算放大器性能的一个重要参数，它等于增益（实际采用线性参数电压放大倍数）和带宽的乘积，表达式为

$$\text{GBP} = A_u \times f \tag{1-2}$$

其中，f 为带宽频率。在一定频率范围内，GBP 保持恒定；一旦超出此范围，上述等式不再适用。

例如，把一个频率为 1MHz 的信号放大 10dB，理论 GBP 的计算如下。

信号放大 10dB，即放大倍数为 3.1，那么理论 GBP 为

$$\text{GBP} = A_u \times f = 3.1 \times 1\text{MHz} = 3.1\text{MHz} \tag{1-3}$$

压摆率（Slew Rate，SR）是指运算放大器输出电压的最大变化速率，反映了放大器对快速变化信号的响应能力，常用单位有 V/s、V/ms、V/μs 和 V/ns。例如，一个运算放大器的压摆率为 0.3V/μs，表示它可以在 1μs 内将电压从 0V 提升到 0.3V。选择压摆率的经验公式如下：

$$\text{SR} \geq 2\pi f U_{om} \tag{1-4}$$

其中，U_{om} 为输出电压幅值，单位为 V；f 的单位为 Hz；SR 的单位为 V/s。

例如，把一个幅值为 1V、频率为 1MHz 的正弦波信号放大 10 倍，SR 的计算如下：

$$\text{SR} \geq 2\pi f U_{om} = 2 \times 3.14 \times 1\text{MHz} \times 1\text{V} \times 10 = 62.8\text{V/μs}$$

选择适合的运算放大器需要考虑其 GBP 和 SR，具体步骤如下。

① 确定单级放大倍数，尽量避免单级放大倍数过大。可以采用多级级联放大的形式来降低单级放大倍数，例如需要放大 100 倍，可以采用两级放大，第一级放大 10 倍，第二级再放大 10 倍。

② 根据频率和单级放大倍数计算理论增益带宽积（GBP）。

③ 根据理论 GBP 选择运算放大器（GBP 可以在数据手册中查到）。为了确保信号不失真，所选运算放大器的实际 GBP 应至少为理论值的 2 倍。对于大信号，还需确认理论压摆率（可以在数据手册中查到），并确保所选运算放大器的 SR 不低于理论值。

例如，要将幅值为 0.1V、频率为 50kHz 的信号放大 5 倍，理论 GBP 为 0.25MHz，理论 SR 为 0.157V/μs。可以选择一个 GBP 为 1MHz、SR 为 1V/μs 的运算放大器。若其他条件不变，幅值电压增至 1V，则 SR 变为 1.57V/μs，此时再选择 SR 为 1V/μs 的运算放大器就不合适了，SR 不够大会导致输出信号失真。

GBP 和 SR 的值可在运算放大器的数据手册中查找，关键词分别为 "Gain Bandwidth Product" 和 "Slew Rate"。如图 1-28 所示，SGM324 在 25℃时的典型 GBP 值为 1MHz，即当频率为 1MHz 时，运算放大器的放大倍数降至 1，意味着运算放大器最高可以在 1MHz 的频率上工作而不引起信号失真。由于 GBP 是确定的，因此当信号需要放大 10 倍时，该信号最高只能以 100kHz 的频率工作。由图 1-28 可知，SR 的典型值为 0.52V/μs。

Gain-Bandwidth Product	GBP		1	MHz	TYP
Slew Rate	SR	G = +1, 2V Output Step	0.52	V/μs	TYP

图 1-28 SGM324 数据手册（GBP 和 SR）

再如图 1-29 所示，LMV358 在 25℃时的单位增益带宽积典型值也为 1MHz。单位增益带宽积是指在闭环放大倍数为 1 时，当运算放大器输出端测得的闭环电压增益下降到-3dB（输入信号的 0.707）时所对应的信号频率（也称-3dB 频率），乘以闭环放大倍数 1 所得的增益带宽积。SR 的典型值为 1V/μs。

B_1	Unity-gain bandwidth	C_L = 200 pF, T_A = 25°C	1	MHz
Φ_m	Phase margin	T_A = 25°C	60	°
G_m	Gain margin	T_A = 25°C	10	dB
V_n	Equivalent input noise voltage	f = 1 kHz, T_A = 25°C	39	nV/√Hz
I_n	Equivalent input noise current	f = 1 kHz, T_A = 25°C	0.21	pA/√Hz
SR	Slew rate	T_A = 25°C	1	V/μs

图 1-29 LMV358 数据手册（GBP 和 SR）

4. 共模抑制比（CMRR）

共模抑制比等于运算放大器的差模放大倍数（A_{od}）与共模放大倍数（A_{oc}）之比的绝对值，可以用倍数来表示，也可用 dB 表示：

$$\text{CMRR} = \left|\frac{A_{od}}{A_{oc}}\right| = 20\lg\left|\frac{A_{od}}{A_{oc}}\right|(\text{dB}) \tag{1-5}$$

理想运算放大器的输入/输出关系可表示为

$$u_o = A_{od}(u_+ - u_-) \tag{1-6}$$

而实际运算放大器的输入/输出关系更为复杂，共模放大倍数和差模放大倍数均会对输出信号产生影响，因此输入/输出关系可表示为

$$u_o = A_{od}(u_+ - u_-) + A_{oc}\left(\frac{u_+ + u_-}{2}\right) \quad (1-7)$$

通常情况下，差模放大倍数远大于共模放大倍数，即 CMRR 值较大，因此共模放大倍数对输出的影响可以忽略。一般运算放大器的 CMRR 在 60dB 以上，高性能运算放大器的 CMRR 值可达 140dB 以上。如图 1-30 所示，LMV358 的典型 CMRR 值为 63dB。

| CMRR | Common-mode rejection ratio | V_{CM} = 0 to 1.7 V | | 50 | 63 | | dB |

图 1-30　LMV358 数据手册（CMRR）

5. 输入失调电压

输入失调电压（U_{IO}）是指运算放大器两个输入端之间存在的微小电压差，通常在几微伏到几毫伏之间。输入失调电压越小越好，高速运算放大器或通用运算放大器的输入失调电压通常为 1～10mV，高性能运算放大器的输入失调电压可低于 1mV。在理想情况下，当运算放大器的两个输入电压相同时，输出电压应为 0V。然而，由于输入失调电压的存在，即使输入电压相同，输出端仍会产生一个微小的电压。例如，电子秤在未调校时，即使没有负载，也会显示一定的重量，这就是输入失调电压的影响。输入失调电压源于运算放大器的内部电路，难以从根本上消除，且会随温度变化而变化，这种现象称为温度漂移（温漂）。在高精度的信号处理应用（如电子秤、万用表的前端测量电路）中，需要特别注意输入失调电压和温漂的影响。

输入失调电压的值可在运算放大器的数据手册中查找，关键词为"Input offset voltage"。如图 1-31 所示，LMV358 在 25℃时的输入失调电压的典型值为 1.7mV，最大值为 7mV；当温度为-40～+125℃时，输入失调电压的最大值为 9mV。（说明：不同厂家可能使用不同的符号表示输入失调电压，例如该数据手册使用 V_{IO} 表示。）

6.8 Electrical Characteristics: V_{CC+} = 5 V

V_{CC+} = 5 V, at specified free-air temperature (unless otherwise noted)

PARAMETER		TEST CONDITIONS	MIN	TYP(1)	MAX	UNIT
V_{IO}	Input offset voltage	T_A = 25°C		1.7	7	mV
		T_A = −40°C to +125°C			9	

图 1-31　LMV358 数据手册（输入失调电压）

6. 输入偏置电流和输入失调电流

输入偏置电流（I_{IB}）是指流经（流进或流出）运算放大器同相端的输入偏置电流（I_{B+}）和流经反相端的输入偏置电流（I_{B-}）的平均值，表达式为

$$I_{IB} = \frac{I_{B+} + I_{B-}}{2} \quad (1-8)$$

I_{B+} 和 I_{B-} 的示意图如图 1-32 所示。

输入失调电流（I_{IO}）是指两个输入偏置电流的差值，反映了同相端和反相端偏置电流的不一致性，表达式为

$$I_{IO} = |I_{B+} - I_{B-}| \quad (1-9)$$

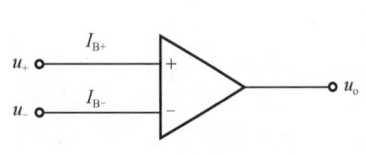

图 1-32　I_{B+} 和 I_{B-} 的示意图

输入偏置电流和输入失调电流的值可在数据手册中查找,关键词分别为"Input bias current"和"Input offset current"。如图 1-33 所示,LMV358 在为 25℃时的输入偏置电流和输入失调电流的典型值分别为 15nA 和 5nA,最大值分别为 250nA 和 50nA;在-40~+125℃时的输入偏置电流和输入失调电流的最大值分别为 500nA 和 150nA。

6.8 Electrical Characteristics: V_{CC+} = 5 V

V_{CC+} = 5 V, at specified free-air temperature (unless otherwise noted)

	PARAMETER	TEST CONDITIONS	MIN	TYP(1)	MAX	UNIT
V_{IO}	Input offset voltage	T_A = 25°C		1.7	7	mV
		T_A = −40°C to +125°C			9	
$α_{VIO}$	Average temperature coefficient of input offset voltage	T_A = 25°C		5		μV/°C
I_{IB}	Input bias current	T_A = 25°C		15	250(2)	nA
		T_A = −40°C to +125°C			500(2)	
I_{IO}	Input offset current	T_A = 25°C		5	50(2)	nA
		T_A = −40°C to +125°C			150(2)	

图 1-33 LMV358 数据手册(输入偏置电流和输入失调电流)

运算放大器的输入失调电压、输入偏置电流、输入失调电流均为直流量,它们的值越小越好。这些参数共同作用,会在运算放大器的输出端产生几十毫伏的电压偏移,当运算放大器的输入为 0 时,输出端仍会有几十毫伏的电压,这会在正常输出信号上叠加一个误差。误差的影响取决于输出信号的大小:当输出信号较大时,误差可忽略;但当输出信号较小且对精度要求较高时,则必须考虑误差的影响。

减小误差的方法主要有 3 种:① 选择高精度的运算放大器,即选择输入失调电压较小的型号;② 选择输入偏置电流较小的运算放大器;③ 通过匹配外部电阻,使同相端和反相端的等效电阻相等,从而抵消输入偏置电流的影响。匹配电阻的示意图如图 1-34 所示。

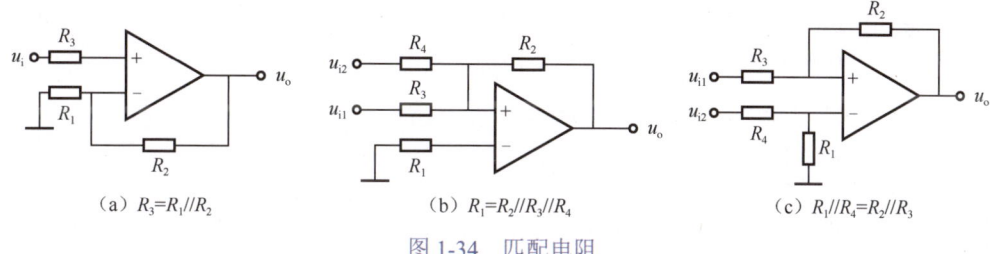

(a) $R_3=R_1//R_2$ (b) $R_1=R_2//R_3//R_4$ (c) $R_1//R_4=R_2//R_3$

图 1-34 匹配电阻

7. 噪声

运算放大器的噪声性能主要由电压噪声和电流噪声两个参数决定。电压噪声是指在没有外界噪声干扰的情况下,运算放大器输入短路时出现在输入端的电压波动。电流噪声是指在没有外界噪声干扰的情况下,运算放大器输入开路时出现在输入端的电流波动。噪声越小,运算放大器的性能越好,尤其是在放大小信号时,低噪声运算放大器能有效减少信号干扰。

如图 1-35 所示,LMV358 在频率为 1kHz 时的典型电压噪声为 $46\text{nV}/\sqrt{\text{Hz}}$,典型电流噪声为 $0.17\text{pA}/\sqrt{\text{Hz}}$。

V_n	Equivalent input noise voltage	f = 1 kHz	46	nV/√Hz
I_n	Equivalent input noise current	f = 1 kHz	0.17	pA/√Hz

图 1-35 LMV358 数据手册(噪声)

8. 静态电流

静态电流（I_Q）是指运算放大器在无负载情况下的待机电流或静态工作点电流。静态电流越小，运算放大器的功耗越低，但其他性能参数可能会有所下降，因此，在设计低功耗应用（如电池供电的便携式设备）时，需优先选择静态电流较小的运算放大器。常见的低功耗设备如指夹式血氧仪、掌式血氧仪、指环式血氧仪、电子血压计、便携式血糖仪、便携式心电监护仪等。

如图 1-36 所示，SGM324 在 25℃时的典型静态电流为 60μA。

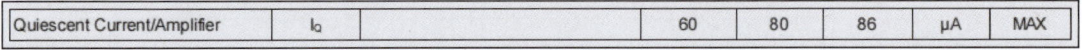

图 1-36　SGM324 数据手册（静态电流）

1.7.2　运算放大器的用途

运算放大器主要用于对信号进行放大和运算处理，还可与反馈电路等外围元器件组成功能模块，常见运算放大器电路将在第 2 章详细介绍。

本章任务

查找各类元器件的相关电路，通过 Multisim 软件搭建简单的电路，并测量其特性。

本章习题

1. 简述电阻和电容的主要参数及用途。
2. 简述二极管和晶体管的主要参数及用途。
3. 简述 MOS 管的种类及它们之间的区别。
4. 简述运算放大器的发展历程。
5. 简述运算放大器的主要参数。
6. LM321 和 LMV321、LM324 和 LMV324、LM358 和 LMV358 的区别是什么？

本章学习资源

第 2 章　基本电路

电路是由各种电气设备和元器件以特定方式连接组成的系统,它为电流提供了流通路径,也被称为电子线路或电气回路。本章将介绍一些常用的基本电路模块,这些模块是构建复杂电路系统的基础。

2.1　电源电路

2.1.1　6V 转 5V 电路

SPX2945M3-5.0 是一款低功耗电压调节器,其主要特点包括：输出电流可达 400mA,输出电压为 5V,静态电流低至 100μA,外围电路简单。

如图 2-1 所示,在 6V 转 5V 电路中,电容 C_1 和 C_2 分别用于电源输入和输出滤波,以提高稳压芯片 U_1 的工作稳定性。电容 C_3 起稳压作用：当输出电压高于电容两端电压时,电容充电;当输出电压低于电容两端电压时,电容放电。这一过程使得电容两端的电压保持稳定,不随电源电压的变化而变化。

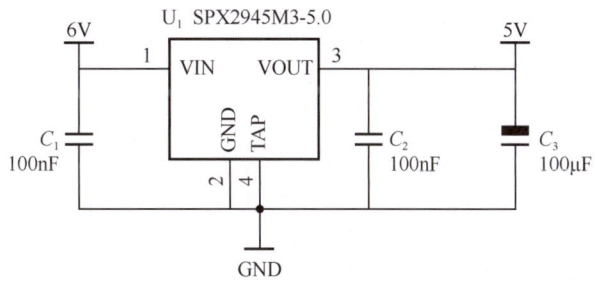

图 2-1　6V 转 5V 电路

2.1.2　-6V 转-5V 电路

XC62KN5002 是一款高精度、低功耗的负电压调节器,主要由高精度基准电压、纠错电路和限流输出驱动器组成。该芯片能够在较小的输入输出压差下实现高输出电流,最大输出电流可达 100mA,输出电压精度为 2%。电路如图 2-2 所示,电容 C_1 通过充放电过程维持输出电压稳定,电容 C_2、C_3、C_4 用于输出滤波。

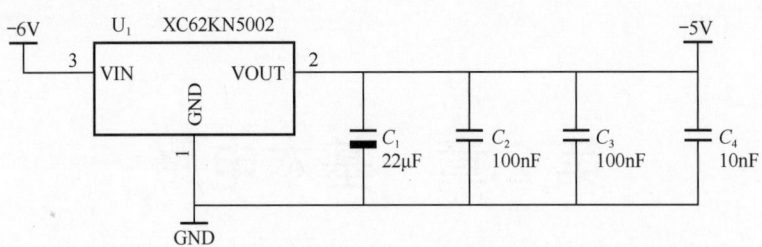

图 2-2　-6V 转 -5V 电路

2.1.3　5V 转 3.3V 电路

AMS1117-3.3 是一款低压差线性稳压器（LDO），其主要特点包括：固定输出电压为 3.3V，输出电流为 1A，最大压降为 1.3V，最大输入电压为 15V。

将该芯片用于 5V 转 3.3V 的电路中，如图 2-3 所示。电容 C_1 和 C_3 分别用于电源输入和输出滤波，以提高稳压芯片 U_1 的工作稳定性。电容 C_2 通过充放电过程维持输出电压的稳定。

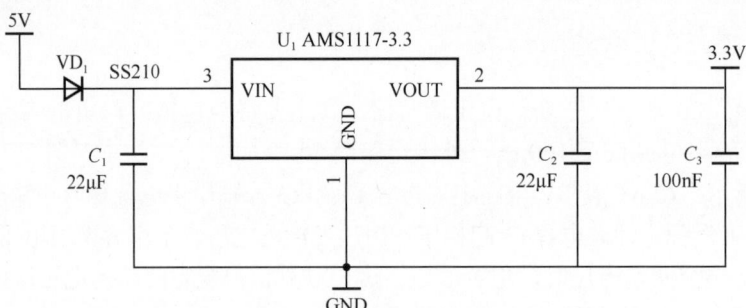

图 2-3　5V 转 3.3V 电路

2.1.4　5V 转 2.5V 电路

5V 转 2.5V 电路如图 2-4 所示。电容 C_1、C_2、C_3 为滤波电容。电阻 R_1 为限流电阻。U_1（CJ431）为电压基准芯片，其特性曲线如图 2-5 所示。由图 2-5 可以看出，常温下，当流过 CJ431 的电流大于 500μA 时，CJ431 的电压稳定在 2.5V。

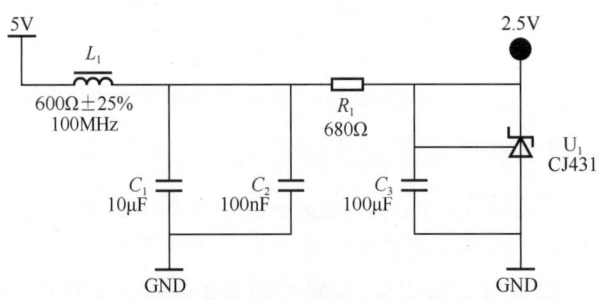

图 2-4　5V 转 2.5V 电路

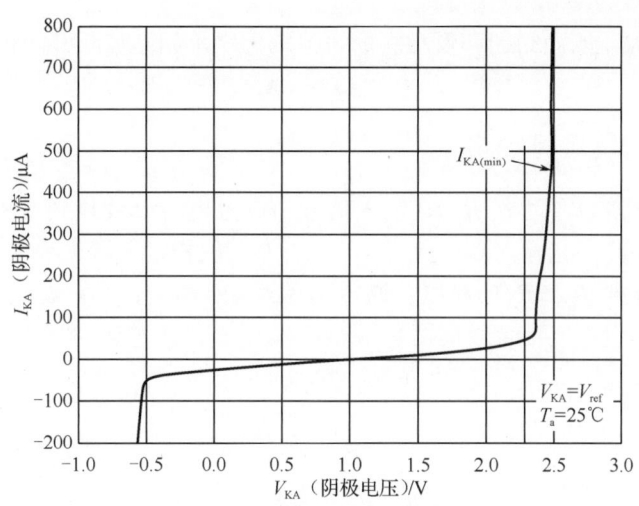

图 2-5　电压基准芯片特性曲线图

2.2　运算放大器电路

运算放大器是一种具有极高放大倍数的电路单元。在实际电路中，通常与反馈网络结合，构成各种功能模块。它是一种带有特殊耦合电路及反馈的放大器，其输出信号可以是输入信号加、减、微分或积分等数学运算的结果。运算放大器的工作范围可分为两种情况：① 线性区。输出电压与输入电压之间存在线性放大关系，如式（1-1）所示。② 非线性区。当输入电压幅度较大时，运算放大器的工作范围超出线性区，输入输出电压之间不再满足线性关系。

理想运算放大器工作在线性区时具有两个重要特点。

（1）理想运算放大器的差模输入电压为零（虚短）。

由于理想运算放大器的 $A_{od}=\infty$，由式（1-1）可得

$$u_+ - u_- = \frac{u_o}{A_{od}} = 0 \tag{2-1}$$

因此

$$u_+ = u_- \tag{2-2}$$

即运算放大器的同相端、反相端电压相等，如同将两端短路一样，但并未真正短路，故将这种现象称为"虚短"。

实际运算放大器的 $A_{od} \neq \infty$，因此 u_+ 和 u_- 不可能完全相等。但是当 A_{od} 足够大时，运算放大器的差模输入电压值很小，与电路中的其他电压相比可以忽略不计。例如，在线性区内，当 $u_o=10V$ 时，若 $A_{od}=10^5$，则 $u_+ - u_- = 0.1mV$；若 $A_{od}=10^7$，则 $u_+ - u_- = 1\mu V$。由此可见，在一定的 u_o 值下，运算放大器的 A_{od} 越大，差模输入电压值越小，将两端视为"虚短"所带来的误差也越小。

（2）理想运算放大器的输入电流为零（虚断）。

由于理想运算放大器两输入端的输入阻抗无穷大，因此输入端无电流，即在图 1-9 中，

$$i_+ = i_- = 0 \tag{2-3}$$

此时，运算放大器的同相端和反相端的电流均为零，如同被断开一样，这种现象被称为"虚断"。

2.2.1 反相比例运算电路

反相比例运算电路如图 2-6 所示，输入信号 u_i 经过电阻 R 连接到反相输入端，输出信号 u_o 经过电阻 R_F 反馈到反相输入端，此时 $u_+ = u_- = 0$，反相输入端可视为"虚地"。在电路设计时，要注意选择电阻 R 和 R_F 的精度，通常选择±1%或±0.1%。

根据图 2-6 所示电路，结合"虚短""虚断"和"虚地"原理可以得出

$$u_- = u_+ = 0 \tag{2-4}$$

$$i_- = i_+ = 0 \tag{2-5}$$

由此可得 $i_R = i_F$，即

$$\frac{u_i - u_-}{R} = \frac{u_- - u_o}{R_F} \tag{2-6}$$

由 $u_- = 0$ 可得

$$u_o = -\frac{R_F}{R} u_i \tag{2-7}$$

同相输入端加直流电压 U_S 的反相比例运算电路如图 2-7 所示。由于单片机在 ADC 采样时不能采集到负压信号，因此在实际电路中一般通过直流电压 U_S 抬高输出信号的基线，使原本在 0V 基线处波动的信号被抬高到在 $\left(1 + \frac{R_F}{R}\right) U_S$ 基线处波动，这样即可保证输出信号为正，使单片机能够采集到完整的信号。

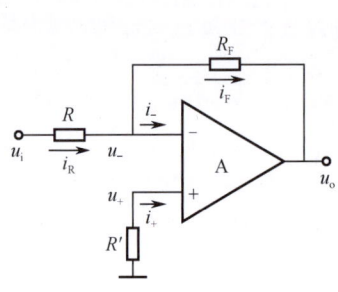
图 2-6　反相比例运算电路 1

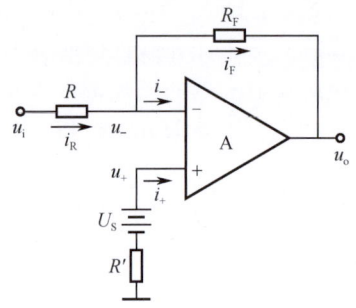
图 2-7　反相比例运算电路 2

根据图 2-7 所示电路，结合"虚短"和"虚断"原理可以得出

$$u_- = u_+ = U_S \tag{2-8}$$

$$i_- = i_+ = 0 \tag{2-9}$$

由此可得 $i_R = i_F$，于是可列出以下两式：

$$\frac{u_i - u_-}{R} = \frac{u_- - u_o}{R_F} \tag{2-10}$$

$$\frac{u_i - U_S}{R} = \frac{U_S - u_o}{R_F} \tag{2-11}$$

整理得到

$$u_o = \left(1 + \frac{R_F}{R}\right)U_S - \frac{R_F}{R}u_i \tag{2-12}$$

2.2.2 同相比例运算电路

同相比例运算电路如图 2-8 所示，输入信号 u_i 经过电阻 R' 连接到同相输入端，输出信号 u_o 经过电阻 R_F 反馈到反相输入端，形成负反馈。

根据图 2-8 所示电路，结合"虚短"和"虚断"原理，有

$$u_- = u_+ = u_i \tag{2-13}$$

说明运算放大器存在共模输入电压，净输入电流为 0，因此 $i_R = i_F$，即

$$\frac{u_- - 0}{R} = \frac{u_o - u_-}{R_F} \tag{2-14}$$

由式（2-13）、式（2-14）可得

$$u_o = \left(1 + \frac{R_F}{R}\right)u_- = \left(1 + \frac{R_F}{R}\right)u_+ = \left(1 + \frac{R_F}{R}\right)u_i \tag{2-15}$$

反相输入端加直流电压 U_S 的同相比例运算电路如图 2-9 所示。直流电压 U_S 通常为负压，同样用于抬高信号的基线，防止放大后的输出信号出现底部截止失真。

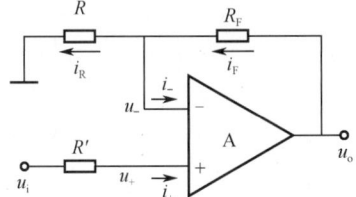
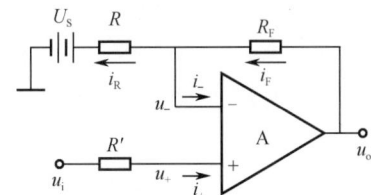

图 2-8 同相比例运算电路 1　　　　图 2-9 同相比例运算电路 2

根据"虚短"和"虚断"原理可得，运算放大器的净输入电压为零，即

$$u_- = u_+ = u_i \tag{2-16}$$

说明运算放大器存在共模输入电压，净输入电流为零，因此 $i_R = i_F$，即

$$\frac{u_- - U_S}{R} = \frac{u_o - u_-}{R_F} \tag{2-17}$$

由式（2-16）、式（2-17）可得

$$u_o = -\frac{R_F}{R}U_S + \left(1 + \frac{R_F}{R}\right)u_i \tag{2-18}$$

2.2.3 差分比例运算电路

在介绍差分比例运算电路之前，首先介绍叠加定理。叠加定理指出，在由线性电阻和多个电源组成的线性电路中，任何一个支路的电压（或电流）等于各个电源单独作用时在该支路产生的电压（或电流）的代数和。下面以电压叠加为例进行说明。

在图 2-10 所示电路中，当 u_{i1} 单独作用时 u_{i2} 可视为接地，此时电路相当于一个反相比例运算电路，可得

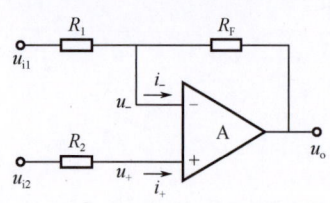

$$u_{o1} = -\frac{R_F}{R_1}u_{i1} \qquad (2\text{-}19)$$

当 u_{i2} 单独作用时 u_{i1} 可视为接地，此时电路相当于一个同相比例运算电路，可得

$$u_{o2} = \left(1 + \frac{R_F}{R_1}\right)u_{i2} \qquad (2\text{-}20)$$

图 2-10 叠加定理应用电路

根据叠加定理，该运算电路的输出 u_o 等于 u_{i1} 和 u_{i2} 分别单独作用时产生的 u_{o1} 和 u_{o2} 的代数和，即

$$u_o = u_{o1} + u_{o2} = -\frac{R_F}{R_1}u_{i1} + \left(1 + \frac{R_F}{R_1}\right)u_{i2} \qquad (2\text{-}21)$$

未加直流电压的差分比例运算电路如图 2-11 所示。

根据"虚短"和"虚断"原理可以得出

$$u_- = u_+ = \frac{R'}{R_2 + R'}u_{i2} \qquad (2\text{-}22)$$

$$\frac{u_{i1} - u_-}{R_1} = \frac{u_- - u_o}{R_F} \qquad (2\text{-}23)$$

将式（2-23）改写为

$$u_o = \left(1 + \frac{R_F}{R_1}\right)u_- - \frac{R_F}{R_1}u_{i1} \qquad (2\text{-}24)$$

将式（2-22）代入式（2-24），可得

$$u_o = \frac{R'(R_1 + R_F)}{R_1(R_2 + R')}u_{i2} - \frac{R_F}{R_1}u_{i1} \qquad (2\text{-}25)$$

假设 $R_1 = R_2 = R$，$R_F = R'$，即可得到差分比例运算电路，如图 2-12 所示。

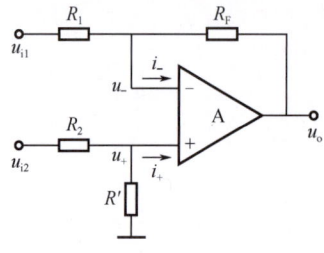

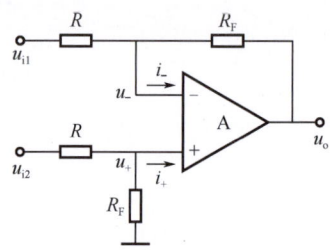

图 2-11 未加直流电压的差分比例运算电路　　图 2-12 差分比例运算电路 1

将 $R_1 = R_2 = R$、$R_F = R'$ 代入式（2-25），可得

$$u_o = \frac{R_F}{R}(u_{i2} - u_{i1}) \qquad (2\text{-}26)$$

在图 2-11 所示电路中增加一个直流电压 U_S，如图 2-13 所示。U_S 用于抬高信号的基线。根据叠加定理以及"虚短"和"虚断"原理，可得

$$u_- = u_+ = \frac{R'}{R_2 + R'}u_{i2} + \frac{R_2}{R_2 + R'}U_S \qquad (2\text{-}27)$$

$$\frac{u_{i1}-u_-}{R_1}=\frac{u_--u_o}{R_F} \tag{2-28}$$

将式（2-28）改写为

$$u_o=\left(1+\frac{R_F}{R_1}\right)u_- -\frac{R_F}{R_1}u_{i1} \tag{2-29}$$

将式（2-27）代入式（2-29），可得

$$u_o=\frac{R_2(R_1+R_F)}{R_1(R_2+R')}U_S+\frac{R'(R_1+R_F)}{R_1(R_2+R')}u_{i2}-\frac{R_F}{R_1}u_{i1} \tag{2-30}$$

假设 $R_1=R_2=R$，$R_F=R'$，即可得到差分比例运算电路，如图 2-14 所示。

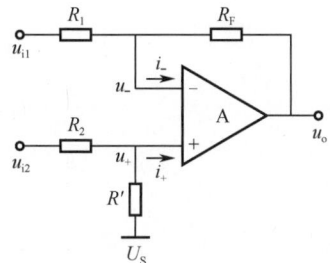
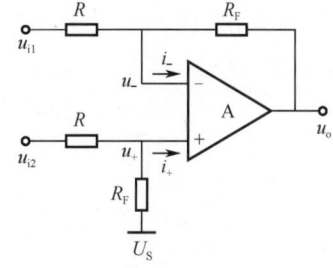

图 2-13　加直流电压的常规运算电路　　图 2-14　差分比例运算电路 2

将 $R_1=R_2=R$、$R_F=R'$ 代入式（2-30），可得

$$u_o=\frac{R_F}{R}(u_{i2}-u_{i1})+U_S \tag{2-31}$$

2.2.4　电压跟随器电路

电压跟随器电路如图 2-15 所示，由图可得

$$u_+=u_i \tag{2-32}$$
$$u_-=u_o \tag{2-33}$$

根据"虚短"原理，即 $u_+=u_-$，可得

$$u_o=u_i \tag{2-34}$$

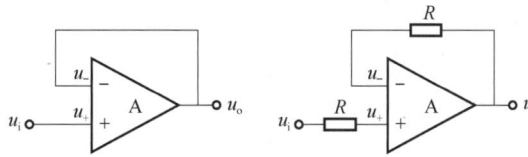

图 2-15　电压跟随器电路

电压跟随器的输出电压与输入电压不仅幅值相等，而且相位相同，二者之间是一种"跟随"关系。

电压跟随器的输入阻抗高（通常为兆欧级别），输出阻抗低（通常为几十欧姆）。由于其高输入阻抗、低输出阻抗的特点，电压跟随器具有缓冲、隔离和提高带载能力的作用，常用于阻抗匹配。

缓冲作用：电压跟随器常作为中间级，用于"隔离"前后级电路的影响，如图 2-16 所示。

电压跟随器作为整个电路的高阻抗输入级,可以减少对信号源的影响;作为低阻抗输出级,可以提高带负载的能力。

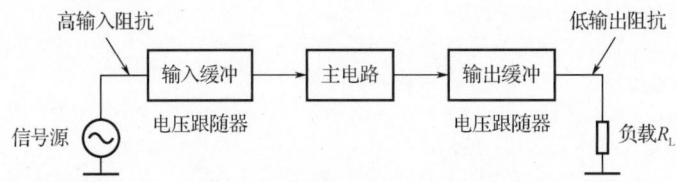

图 2-16 电压跟随器的缓冲作用

隔离作用:电压跟随器的高输入阻抗使其几乎不从信号源汲取电流,相当于对前级电路开路;同时,其低输出阻抗使其在向负载输出电流时几乎不产生内部压降,相当于对后级电路提供一个稳定的电压源,即输出电压不受后级电路阻抗的影响,等效电路如图 2-17 所示。

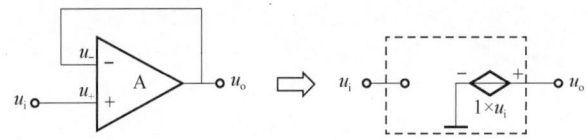

图 2-17 电压跟随器等效电路——隔离作用

假设需要将一个电压源 U_S 连接到负载 R_L 上,如果信号源是理想的,可以直接用导线连接。然而,实际信号源存在内阻 R_S,如图 2-18(a)所示,此时 R_S 和 R_L 构成分压电路,负载电压 U_L 会小于 U_S,这是因为在 R_S 上产生了压降。若使用电压跟随器代替导线,如图 2-18(b)所示,由于高输入阻抗,输入端不存在加载,因此 $u_i = U_S$;由于低输出阻抗,输出端也不存在加载,因此负载电压 $U_L = u_o = u_i = U_S$,即 R_L 接收了全部电压且无任何损失。另外,可以观察到电压源没有输出任何电流,因此不存在功率损耗,负载 R_L 所吸收的电流和功率均由运算放大器提供,并且从运算放大器的电源中获取。

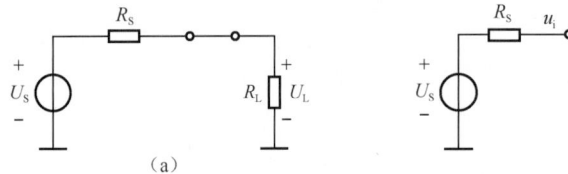

图 2-18 电压跟随器应用举例

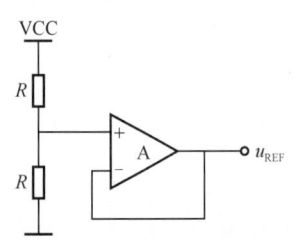

图 2-19 电压跟随器应用于分压电路

因此,电压跟随器常用于分压电路中,如图 2-19 所示,其输出电压 U_{REF} 常用于为运算放大器提供偏置电压或基准电压。注意,该电路的输出电流受限于运算放大器的输出电流能力,运算放大器的输出电流很小,因此不适合用于需要大电流的系统供电电路。

2.2.5 电压比较器

电压比较器是一种用来比较输入信号电压与参考电压(或基准电压)大小,并将比较结果以高电平或低电平形式输出的信号处理电路,广泛应用于波形变换、A/D 转换、数字仪表、自动检测与控制等领域。电压比较器可分为单门限电压比较器和多门限电压比较器。

1．单门限电压比较器

单门限电压比较器只有一个参考电压。如图 2-20 所示，当运算放大器的一个输入端接地时，只要另一个输入端的信号电压大于地（零电平），则输出为高电平；反之，输出为低电平。这种电路称为零电平比较器。U_{OH} 和 U_{OL} 分别为电压比较器的高电平输出和低电平输出。

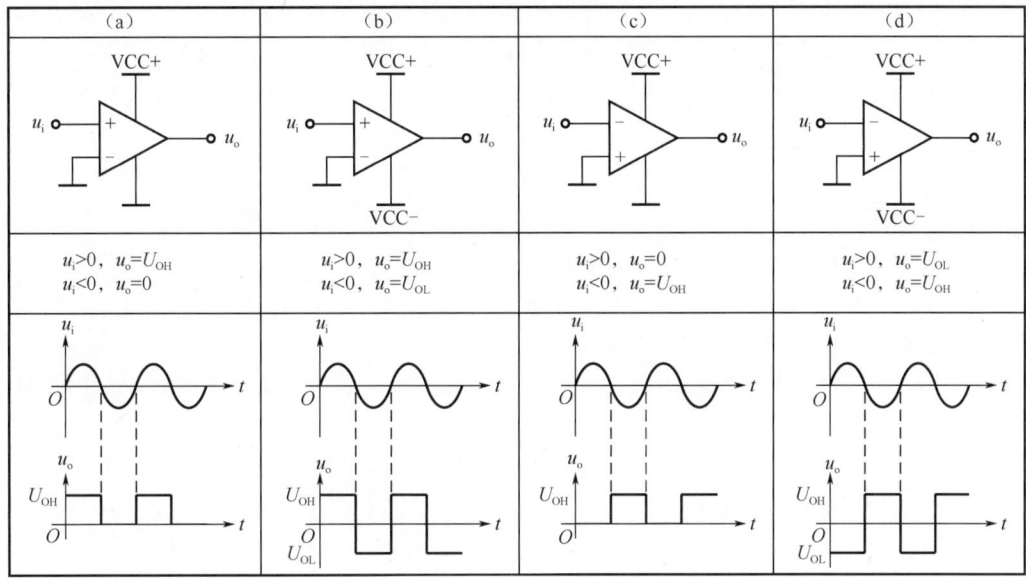

图 2-20 零电平比较器

如图 2-21 所示，在运算放大器的一个输入端接入固定参考电压 U_T，即可构成非零电平比较器。

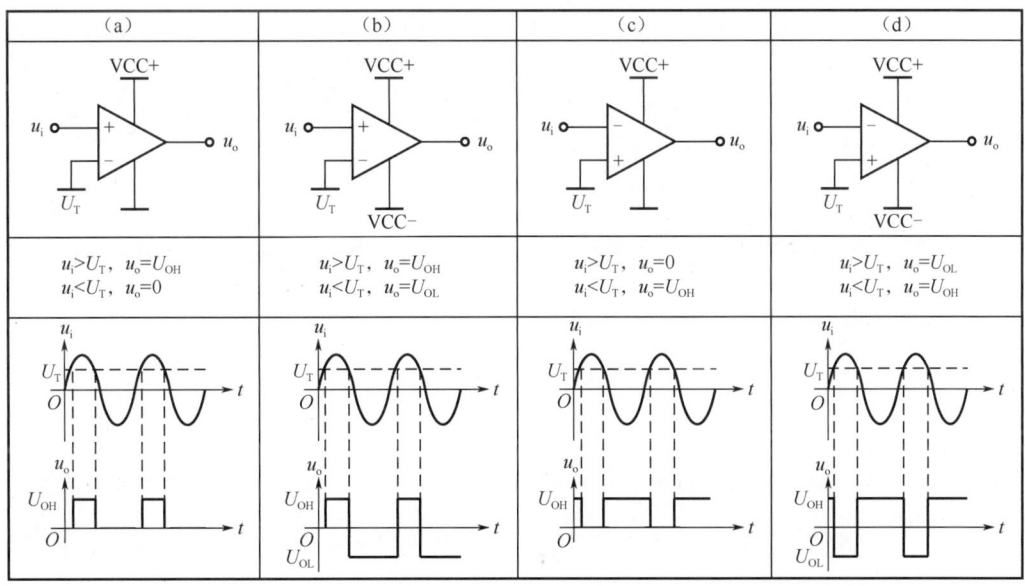

图 2-21 非零电平比较器

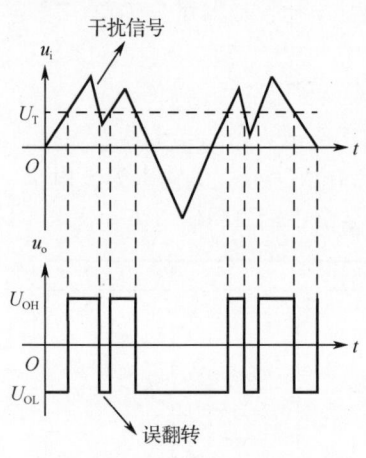

图 2-22 比较器误翻转波形图

单门限电压比较器具有电路简单、灵敏度高的优点,但抗干扰能力较差。如图 2-22 所示,当输入信号 u_i 含有干扰信号时,可能导致比较器产生误翻转,这在实际应用中是不允许的。为了解决这一问题,在实际应用中常采用抗干扰能力强的迟滞比较器。

2. 多门限电压比较器

迟滞比较器(又称施密特触发器)是一种具有滞回特性的双门限电压比较器。如图 2-23 所示,迟滞比较器有两个门限电压 U_{T+} 和 U_{T-}。当 $u_i<U_{T+}$ 时(A 点以前),输出电压 $u_o=U_{OH}$;当 $u_i>U_{T+}$ 时(A 点到 B 点之间),输出电压 $u_o=U_{OL}$,此时参考电压变为 U_{T-},u_o 保持为 U_{OL};当 $u_i<U_{T-}$ 时(B 点到 C 点之间),输出电压 $u_o=U_{OH}$,此时参考电压变为 U_{T+},u_o 保持为 U_{OH};当 $u_i>U_{T+}$ 时(C 点到 D 点之间),输出电压 $u_o=U_{OL}$,此时参考电压变为 U_{T-},u_o 保持为 U_{OL};当 $u_i<U_{T-}$ 时(D 点之后),输出电压 $u_o=U_{OH}$,此时参考电压变为 U_{T+}。由此可见,一旦输入信号电压超过门限电压 U_{T+}(或 U_{T-}),输出信号电压立即翻转,同时参考电压变为门限电压 U_{T-}(或 U_{T+}),只要输入信号电压未超过当前门限电压,输出电压就会保持不变。

反相输入迟滞比较器如图 2-24 所示,电阻 R_2 连接在输出端与同相端之间,形成正反馈。由于运算放大器的电压放大倍数不是无穷大,只有当净输入电压足够大时,输出电压才能从高电平(或低电平)跃变为低电平(或高电平),正反馈的引入加快了输出电压的转换速度。在近似分析中,将运算放大器视为理想运算放大器。

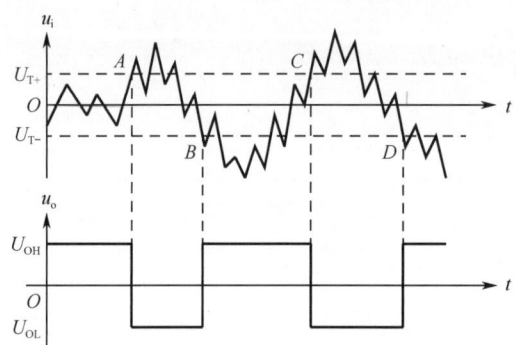

图 2-23 迟滞比较器抗干扰性能波形图

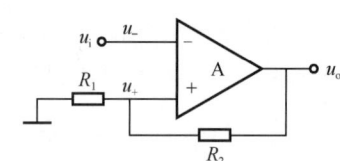

图 2-24 反相输入迟滞比较器

该电路的反相端和同相端电压分别为

$$u_- = u_i \tag{2-35}$$

$$u_+ = \frac{R_1}{R_1+R_2} u_o \tag{2-36}$$

由于 u_o 为 U_{OH} 或 U_{OL},如果 $U_{OH}=-U_{OL}$,即输出对称,那么可以假设 $u_o=\pm U_{OM}$,则有

$$u_+ = \frac{R_1}{R_1+R_2} u_o = \pm \frac{R_1}{R_1+R_2} U_{OM} \tag{2-37}$$

令 $u_-=u_+$,可得门限电压为

$$U_{T\pm} = \pm \frac{R_1}{R_1+R_2} U_{OM} \tag{2-38}$$

例如，在图 2-24 电路中，已知 $R_1 = 10\text{k}\Omega$，$R_2 = 50\text{k}\Omega$，$\pm U_{OM} = \pm 12\text{V}$，则门限电压 $U_{T+} = 2\text{V}$，$U_{T-} = -2\text{V}$。因为 u_i 从反相端输入，该电路的电压传输特性如图 2-25（a）所示，若输入信号为三角波，则输出电压波形如图 2-25（b）所示。

同相输入迟滞比较器如图 2-26 所示。

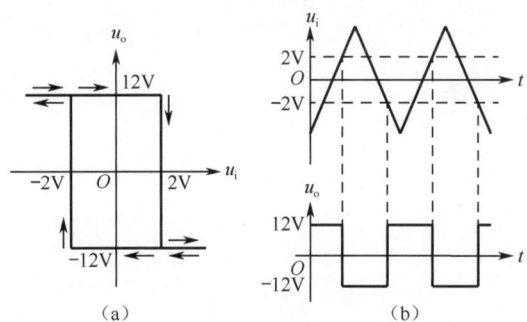

图 2-25 反相输入迟滞比较器波形图

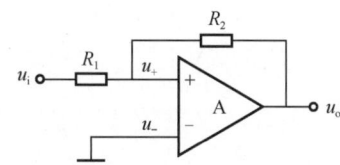

图 2-26 同相输入迟滞比较器

该电路的反相端和同相端电压分别为

$$u_- = 0 \tag{2-39}$$

$$u_+ = \frac{R_2}{R_1+R_2} u_i + \frac{R_1}{R_1+R_2} u_o \tag{2-40}$$

由于 u_o 为 U_{OH} 或 U_{OL}，如果 $U_{OH} = -U_{OL}$，即输出对称，那么可以假设 $u_o = \pm U_{OM}$，则有

$$u_+ = \frac{R_2}{R_1+R_2} u_i + \frac{R_1}{R_1+R_2} u_o = \frac{R_2}{R_1+R_2} u_i \pm \frac{R_1}{R_1+R_2} U_{OM} \tag{2-41}$$

令 $u_+ = u_-$，可得门限电压为

$$U_{T\pm} = \pm \frac{R_1}{R_2} U_{OM} \tag{2-42}$$

例如，在图 2-26 电路中，已知 $R_1 = 25\text{k}\Omega$，$R_2 = 50\text{k}\Omega$，$\pm U_{OM} = \pm 6\text{V}$，则门限电压 $U_{T+} = 3\text{V}$，$U_{T-} = -3\text{V}$。由于 u_i 从同相端输入，该电路的电压传输特性如图 2-27（a）所示，若输入信号为三角波，则输出电压波形如图 2-27（b）所示。

将图 2-24 所示的反相输入迟滞比较器的同相端接地改为接入基准电压 U_{REF}，如图 2-28 所示。

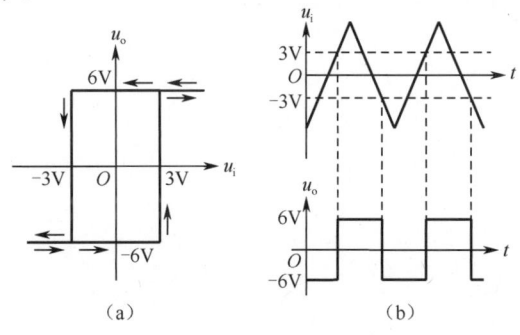

图 2-27 同相输入迟滞比较器波形图

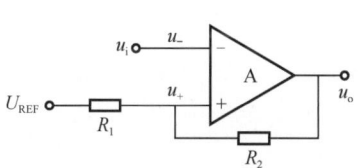

图 2-28 特性平移的迟滞比较器

该电路的反相端和同相端电压分别为

$$u_- = u_i \tag{2-43}$$

$$u_+ = \frac{R_1}{R_1+R_2}u_o + \frac{R_2}{R_1+R_2}U_{REF} \tag{2-44}$$

由于 u_o 为 U_{OH} 或 U_{OL}，如果 $U_{OH} = -U_{OL}$，即输出对称，那么可以假设 $u_o = \pm U_{OM}$，则有

$$u_+ = \frac{R_1}{R_1+R_2}u_o + \frac{R_2}{R_1+R_2}U_{REF} = \pm\frac{R_1}{R_1+R_2}U_{OM} + \frac{R_2}{R_1+R_2}U_{REF} \tag{2-45}$$

令 $u_- = u_+$，可得门限电压为

$$U_{T\pm} = \pm\frac{R_1}{R_1+R_2}U_{OM} + \frac{R_2}{R_1+R_2}U_{REF} \tag{2-46}$$

例如，在图 2-28 电路中，已知 $R_1 = 10\text{k}\Omega$，$R_2 = 50\text{k}\Omega$，$\pm U_{OM} = \pm 12\text{V}$，$U_{REF} = 6\text{V}$，则门限电压 $U_{T+} = 7\text{V}$，$U_{T-} = 3\text{V}$。

2.2.6 仪器仪表放大电路

仪器仪表放大电路是一种常用于仪器仪表前端、直接与传感器相连的运算放大器电路。如图 2-29 所示，该电路有 3 个运算放大器，均连接成比例运算电路的形式。电路包含两个放大级，第一级由两个同相输入放大器 A_1 和 A_2 组成，可提供高输入阻抗；第二级 A_3 采用差分输入方式。为了提高电路的共模抑制能力，第一级两个运算放大器的特性应保持一致，且要求以下元器件参数对称：

$$R_1 = R_3, \quad R_4 = R_5, \quad R_6 = R_7$$

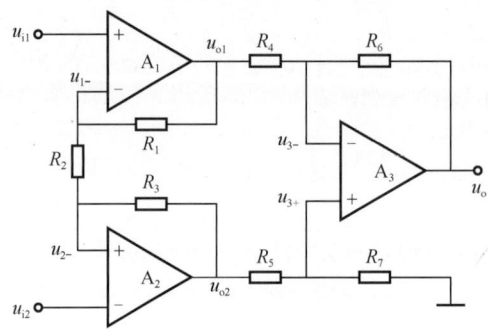

图 2-29 仪器仪表放大电路

根据"虚短"原理，$u_{i1} = u_{1-}$，$u_{i2} = u_{2-}$，且

$$\frac{u_{o1}-u_{1-}}{R_1} = \frac{u_{1-}-u_{2-}}{R_2} = \frac{u_{2-}-u_{o2}}{R_3} \tag{2-47}$$

得到

$$u_{o1} = \frac{R_1}{R_2}(u_{1-}-u_{2-}) + u_{1-} \tag{2-48}$$

$$u_{o2} = u_{2-} - \frac{R_3}{R_2}(u_{1-}-u_{2-}) \tag{2-49}$$

因此，有

$$u_{o1} - u_{o2} = \frac{R_1 + R_2 + R_3}{R_2}(u_{1-} - u_{2-}) = \frac{2R_1 + R_2}{R_2}(u_{i1} - u_{i2}) \tag{2-50}$$

第二级差分电路分析：

$$\frac{u_{o1} - u_{3-}}{R_4} = \frac{u_{3-} - u_o}{R_6} \tag{2-51}$$

$$\frac{u_{o2} - u_{3+}}{R_5} = \frac{u_{3+} - 0}{R_7} \tag{2-52}$$

因此，

$$u_{3-} = \frac{R_6}{R_4 + R_6}u_{o1} + \frac{R_4}{R_4 + R_6}u_o \tag{2-53}$$

$$u_{3+} = \frac{R_7}{R_5 + R_7}u_{o2} \tag{2-54}$$

由 $u_{3+} = u_{3-}$，$R_4 = R_5$，$R_6 = R_7$ 可得

$$\frac{R_7}{R_5 + R_7}u_{o2} = \frac{R_7}{R_5 + R_7}u_{o1} + \frac{R_5}{R_5 + R_7}u_o \tag{2-55}$$

$$u_o = \frac{R_7}{R_5}(u_{o2} - u_{o1}) = -\frac{R_7}{R_5}(u_{o1} - u_{o2}) \tag{2-56}$$

所以 u_o 与 u_{i1}、u_{i2} 的关系为

$$u_o = -\frac{R_7}{R_5}\left[\frac{2R_1 + R_2}{R_2}(u_{i1} - u_{i2})\right] = -\frac{R_7}{R_5}\left(1 + \frac{2R_1}{R_2}\right)(u_{i1} - u_{i2}) \tag{2-57}$$

设差模信号 $u_{id} = u_{i1} - u_{i2}$，则有

$$u_o = -\frac{R_7}{R_5}\left(1 + \frac{2R_1}{R_2}\right)u_{id} \tag{2-58}$$

下面分析抑制共模信号的能力。在图 2-29 所示电路中加入共模信号 u_{ic}，如图 2-30 所示。

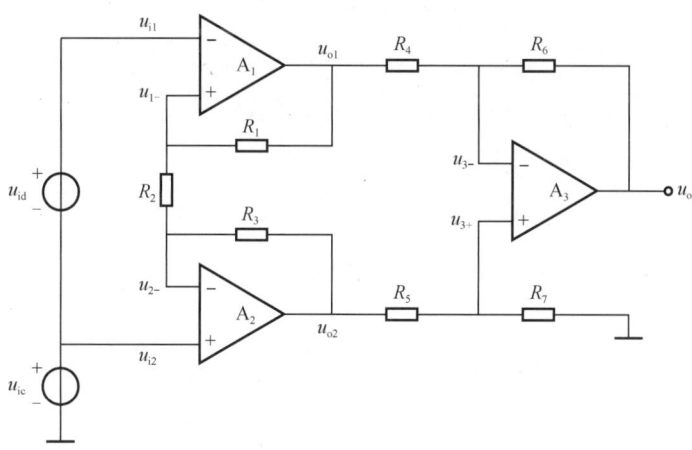

图 2-30　加入共模信号的仪器仪表放大电路

此时输入信号为

$$u_{i1} = u_{1-} = u_{id} + u_{ic} \tag{2-59}$$

$$u_{i2} = u_{2-} = u_{ic} \tag{2-60}$$

则有

$$u_{o1} - u_{o2} = \frac{R_1 + R_2 + R_3}{R_2}(u_{1-} - u_{2-}) = \frac{2R_1 + R_2}{R_2} u_{id} \qquad (2\text{-}61)$$

第二级差分电路的输入输出关系为

$$u_o = -\frac{R_7}{R_5}(u_{o1} - u_{o2}) \qquad (2\text{-}62)$$

即

$$u_o = -\frac{R_7}{R_5}\left(1 + \frac{2R_1}{R_2}\right) u_{id} \qquad (2\text{-}63)$$

由此可见，输出信号仅与差模信号 u_{id} 有关，与共模信号 u_{ic} 无关，这说明仪器仪表放大电路具有很高的共模抑制能力。然而，该电路中的运算放大器和电阻很难做到完全一致，存在精度误差等，影响了电路性能的进一步提升。为此，集成电路制造商推出了高性能的集成运放，如 AD623、AD8226、INA128 等。

2.3 滤波电路

滤波是指允许一定频率范围的信号顺利通过，同时抑制或削弱不需要的频率分量的过程。滤波电路具有频率选择功能，在一定的频率范围内能够滤除噪声并分离不同的信号。分析滤波电路，主要是求解电路的频率特性。

2.3.1 无源滤波电路

无源高通滤波电路的截止频率为 f_L，频率高于 f_L 的信号能够顺利通过，而频率低于 f_L 的信号则会被衰减。图 2-31 所示的无源高通滤波电路的截止频率计算公式为

$$f_L = \frac{1}{2\pi RC} \qquad (2\text{-}64)$$

无源低通滤波电路的截止频率为 f_H，频率低于 f_H 的信号能够顺利通过，而频率高于 f_H 的信号则会被衰减。图 2-32 所示的无源低通滤波电路的截止频率计算公式为

$$f_H = \frac{1}{2\pi RC} \qquad (2\text{-}65)$$

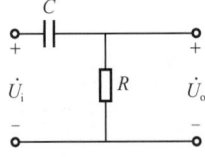 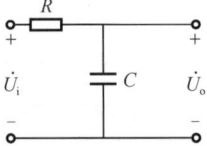

图 2-31 无源高通滤波电路　　　　图 2-32 无源低通滤波电路

2.3.2 一阶有源滤波电路

无源滤波电路的通带放大倍数及其截止频率会随负载而变化，这一缺点通常不符合信号处理的要求。为使负载不影响滤波特性，可以在无源滤波电路和负载之间加入一个高输入阻

抗、低输出阻抗的隔离电路，例如最简单的电压跟随器，这样就形成了如图 2-33（a）、（b）所示的一阶有源低通滤波电路和一阶有源高通滤波电路。图 2-33（c）～（f）也是一阶有源滤波电路，这 4 个电路在滤波的同时还可以进行信号放大。这些电路的截止频率均为

$$f = \frac{1}{2\pi RC} \tag{2-66}$$

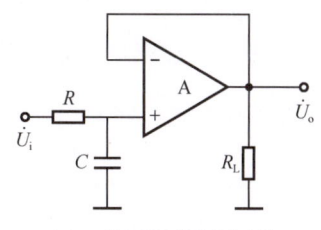
（a）一阶同相低通滤波电路

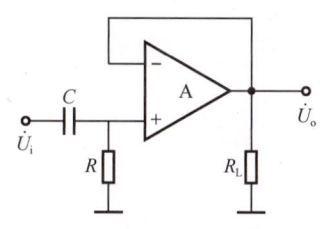
（b）一阶同相高通滤波电路

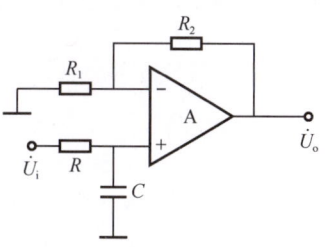
（c）一阶同相低通滤波电路

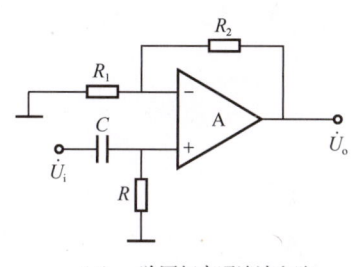
（d）一阶同相高通滤波电路

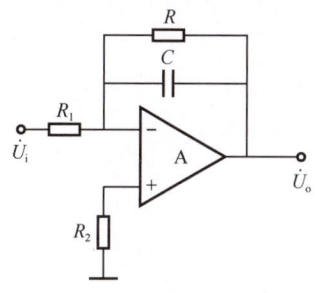
（e）一阶反相低通滤波电路

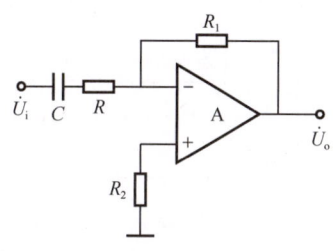
（f）一阶反相高通滤波电路

图 2-33　一阶有源滤波电路

2.4　惠斯通电桥

惠斯通电桥电路如图 2-34 所示，由 4 个电阻组成电桥，这 4 个电阻分别称为电桥的桥臂。惠斯通电桥可以利用电阻的变化来测量物理量的变化，是一种精度较高的测量电路。

在电桥中，电阻 R_1、R_2、R_3 的阻值是固定的，R_X 的阻值是可变的。当 R_X 发生变化时，图中 B、D 两点之间的电压发生变化，通过采集电压的变化便可得知环境中物理量的变化，从而实现测量的目的。下面对惠斯通电桥电路进行分析。

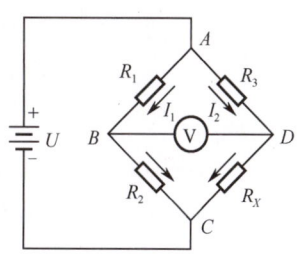

图 2-34　惠斯通电桥

根据欧姆定律可得

$$U_B = U \frac{R_2}{R_1 + R_2} \tag{2-67}$$

$$U_D = U \frac{R_X}{R_3 + R_X} \tag{2-68}$$

由此可得

$$U_{BD} = U_B - U_D = U \frac{R_2 R_3 - R_1 R_X}{(R_1 + R_2)(R_3 + R_X)} \tag{2-69}$$

不难看出，如果使 $R_2R_3 = R_1R_X$，则 $U_{BD} = 0$，此时电桥处于平衡状态；当 R_X 发生变化时，U_{BD} 产生电压差。在实际应用中，只要将其中三个电阻值固定，而将另外一个电阻换成热敏电阻、压敏电阻、光敏电阻等，就可以通过惠斯通电桥来测量相应的物理量了。

2.5 正弦波振荡电路

正弦波振荡电路是一种在没有外部输入信号的情况下，依靠电路自激振荡产生正弦波输出电压的电路。

1. 产生正弦波自激振荡的平衡条件

自激振荡原理框图如图 2-35 所示，$\dot{A}$ 为放大电路的增益，$\dot{F}$ 为正反馈网络的反馈系数。如果给放大电路输入具有一定频率和幅值的正弦波信号 $\dot{X}_{id}$，经放大后输出信号为 $\dot{X}_o = \dot{A}\dot{X}_{id}$，此时，反馈网络的输出可得到反馈信号 $\dot{X}_f = \dot{F}\dot{X}_o = \dot{A}\dot{F}\dot{X}_{id}$。当反馈信号 $\dot{X}_f$ 无论在幅值和相位上都与输入信号 $\dot{X}_{id}$ 相同时，若用 $\dot{X}_f$ 代替 $\dot{X}_{id}$，则系统可以维持原有的输出信号 $\dot{X}_o$，即实现自激振荡。因此，产生自激振荡的平衡条件为

$$\dot{A}\dot{F} = 1 \tag{2-70}$$

写成幅值和相角的形式为

$$|\dot{A}\dot{F}| = 1 \tag{2-71}$$

$$\varphi_A + \varphi_F = 2n\pi \quad (n\text{为整数}) \tag{2-72}$$

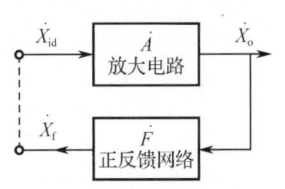

图 2-35 自激振荡原理框图

式（2-71）为幅值平衡条件，即反馈信号的幅值应等于输入信号的幅值，在放大倍数一定的条件下，应该有足够强的正反馈量。幅值平衡条件是在振荡电路已进入稳态下得到的，这种情况称为等幅振荡。若 $|\dot{A}\dot{F}| < 1$，则振荡电路的输出将越来越小，最后停振，因此称为减幅振荡。若 $|\dot{A}\dot{F}| > 1$，则振荡电路的输出将越来越大，因此称为增幅振荡。由此可见，维持等幅振荡的唯一条件是 $|\dot{A}\dot{F}| = 1$。

式（2-72）为相位平衡条件，即放大电路的相移和反馈网络的相移之和应等于 $2n\pi$，即必须将反馈电路接成正反馈。

对于一个正弦波振荡器，只可能在一个频率下满足相位平衡的条件，此频率即为振荡电路的振荡频率 f_0，这就要求在反馈网络中包含一个具有选频特性的网络（简称选频网络）。

2. 振荡的建立与稳定

在上述讨论中，假设先给振荡电路一个输入信号，但实际的振荡电路不需要外加输入信号，因为环境中的噪声和干扰无处不在，虽然它们的幅值可能很小，但频谱分布很广，包含了所有频率成分，其中包括振荡频率 f_0 的分量。经过选频网络后，只有频率为 f_0 的分量能够满足相位平衡条件，此时只要 $|\dot{A}\dot{F}| > 1$，便可形成增幅振荡，使输出电压逐渐增大，从而建立振荡。因此，振荡电路的起振条件为 $|\dot{A}\dot{F}| > 1$。

建立振荡后，输出电压将随时间逐渐增大，当增大到放大器件接近甚至进入非线性区（饱和区或截止区）时，放大电路的增益开始逐渐下降，下降至满足幅值平衡条件 $|\dot{A}\dot{F}| = 1$ 时，输出信号不再增大，形成等幅振荡输出（实现等幅振荡）。自激振荡电路的起振过程如图 2-36 所示。

由于放大器件进入非线性区后，输出波形会出现失真，随着选频网络作用的反馈信号强度减弱，输入至放大电路的信号也逐渐降低，这可以减小失真的程度，使放大电路的增益有所上升，这种自动调节机制可维持等幅振荡的条件，形成失真等幅振荡输出。因此，正弦波振荡器应避免放大器件进入非线性区，即在放大器件未进入非线性区之前，应设法使 $|\dot{A}\dot{F}|$ 由大于 1 逐渐减小至等于 1。为此还应设计稳幅环节，具体的稳幅措施将在后续电路中具体介绍。

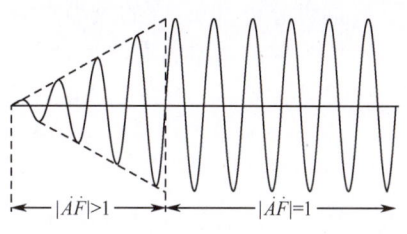

图 2-36　自激振荡电路的起振过程

3．正弦波振荡电路的组成及作用

由以上分析可知，正弦波振荡电路必须包含以下 4 个部分。

（1）放大电路：使电路对频率为 f_0 的输出信号有正反馈作用，能够从小信号逐步放大至稳态。

（2）正反馈网络：使电路满足相位平衡条件，以反馈量作为放大电路的净输入量。

（3）选频网络：使电路只产生单一频率的振荡，即保证电路产生的是正弦波振荡。可以将选频网络置于放大电路或正反馈网络之中。

（4）稳幅环节：使输出信号幅值稳定且波形良好。

2.5.1　RC 串并联选频网络

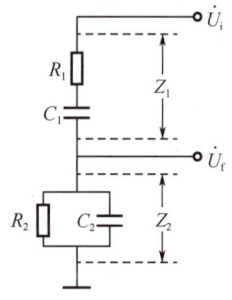

图 2-37　RC 串并联选频网络

RC 串并联选频网络如图 2-37 所示，该电路由电阻 R_1 与电容 C_1 的串联、电阻 R_2 与电容 C_2 的并联组成，通常设置 $R_1 = R_2 = R$，$C_1 = C_2 = C$。RC 串并联选频网络在正弦波振荡电路中既作为选频网络，又作为正反馈网络，其输入电压为 $\dot{U}_\mathrm{i}$，输出电压为 $\dot{U}_\mathrm{f}$。

若 $R_1 = R_2 = R$，$C_1 = C_2 = C$，则

$$Z_1 = R_1 + \frac{1}{j\omega C_1} = R + \frac{1}{j\omega C} \tag{2-73}$$

$$Z_2 = R_2 // \frac{1}{j\omega C_2} = \frac{R}{1 + j\omega RC} \tag{2-74}$$

正反馈网络的反馈系数 $\dot{F}$ 为

$$\dot{F} = \frac{\dot{U}_\mathrm{f}}{\dot{U}_\mathrm{i}} = \frac{Z_2}{Z_1 + Z_2} = \frac{\dfrac{R}{1 + j\omega RC}}{R + \dfrac{1}{j\omega C} + \dfrac{R}{1 + j\omega RC}} = \frac{1}{3 + j\left(\omega RC - \dfrac{1}{\omega RC}\right)} \tag{2-75}$$

因为要满足相位平衡条件，相移为零，那么式（2-75）的虚部为零，即

$$\omega RC - \frac{1}{\omega RC} = 0 \tag{2-76}$$

$$\omega RC = 1 \tag{2-77}$$

由 $\omega = 2\pi f$ 得

$$f = \frac{1}{2\pi RC} \tag{2-78}$$

通过分析可知，f 的大小由 R、C 决定，只有在频率为 f 时，才满足相位平衡条件，则此频率即为振荡电路的振荡频率 f_0。

另外，当式（2-75）的虚部为 0 时，反馈系数 $\dot{F}$ 达到最大值，为

$$\dot{F} = \frac{1}{3} \tag{2-79}$$

即在振荡频率 f_0 处，选频网络的输出电压幅值 $|\dot{U}_\mathrm{f}|$ 最大，且为输入电压的 1/3，即 $|\dot{U}_\mathrm{f}| = \frac{1}{3}|\dot{U}_\mathrm{i}|$，并且输出电压与输入电压同相。

由式（2-70）和式（2-79）可得

$$\dot{A} = 3 \tag{2-80}$$

式（2-80）表明，只要为 RC 串并联选频网络匹配一个电压放大倍数为 3（输出电压与输入电压同相）的放大电路，就可以构成正弦波振荡电路。考虑到起振条件 $|\dot{A}\dot{F}| > 1$，所选放大电路的电压放大倍数应略大于 3。

2.5.2 文氏桥振荡电路

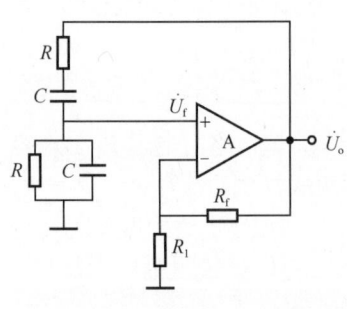

图 2-38 文氏桥振荡电路

文氏桥振荡电路如图 2-38 所示，该电路由 RC 串并联选频网络和同相比例放大电路组成，RC 选频网络构成正反馈，R_1 和 R_f 构成负反馈，前者用于满足相位平衡条件（输入信号与输出信号同相），后者则用于满足幅值平衡条件（$|\dot{A}\dot{F}| = 1$）。

同相比例放大电路的电压放大倍数为

$$\dot{A} = 1 + \frac{R_\mathrm{f}}{R_1} \tag{2-81}$$

根据起振条件 $|\dot{A}\dot{F}| > 1$，电压放大倍数应略大于 3，则

$$\dot{A} = 1 + \frac{R_\mathrm{f}}{R_1} \geq 3 \tag{2-82}$$

$$R_\mathrm{f} \geq 2R_1 \tag{2-83}$$

即在实际应用中，应选择 R_f 略大于 $2R_1$。

由于文氏桥振荡电路的振荡频率就是 RC 串并联选频网络的谐振频率 f_0，即

$$f_0 = \frac{1}{2\pi RC} \tag{2-84}$$

可通过调整 R 和 C 的数值来改变振荡频率。想要提高振荡频率，应减小 R 和 C。但是，若 R 或 C 过小，可能会影响振荡频率和选频特性，因此文氏桥振荡电路的振荡频率一般不超过 1MHz。

根据上述分析可知，在真实的电路设计中，如果放大倍数小于 3，那么反馈给选频网络的电压不足以维持 RC 振荡，导致振荡幅度越来越小；如果放大倍数大于 3，那么反馈给选频网络的电压超过了它所需要的电压，流入放大电路的电压也会超出预期，波形会出现削顶或削底；如果放大倍数恰好等于 3，振荡电路不容易起振。

为此，还需要在文氏桥振荡电路中加入非线性环节，当电路开始振荡时，确保放大倍数略大于 3，这样可以使得电路容易起振，而当电路的振荡幅度增大到一定程度时，再通过非线性环节将放大倍数稳定在 3 左右。例如，利用二极管电流增大时动态电阻减小、电流减小

时动态电阻增大的特点,在 R_f 回路串联两个并联的二极管,如图 2-39 所示。如果输出电压因为某种原因增大,那么流过二极管的电流也会增大,二极管的动态电阻随之减小,导致放大倍数减小;反之,如果输出电压减小,各物理量与上述变化相反。这个过程类似于负反馈调节,最终会使放大倍数稳定在 3 左右,从而使输出电压稳定。注意,引入非线性环节后,输出波形会有轻微失真的现象,这种失真是不可避免的。

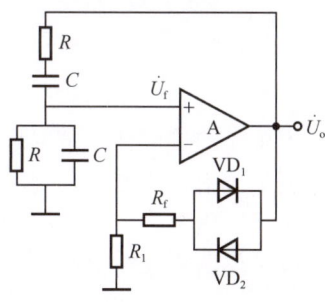

图 2-39　二极管稳幅的文氏桥振荡电路

本章任务

1. 查看本章电源电路中的电源转换芯片的数据手册,了解它们的特性及经典电路。
2. 查看电源转换芯片 SGM3204YN6G/TR 的数据手册,设计 5V 转-5V 电路。
3. 通过 Multisim 搭建施密特触发器电路,并了解其特性。
4. 通过 Multisim 搭建仪器仪表放大电路并计算其放大倍数,然后通过数据计算进行验证。

本章习题

1. 在运算放大器电路中,可通过什么方式提高输出信号的基线?
2. 简述电压跟随器的作用。
3. 简述仪器仪表放大电路的作用。
4. 简述有源滤波电路与无源滤波电路的区别。
5. 举例说明惠斯通电桥有哪些应用。
6. RC 桥式正弦波振荡电路的相位平衡条件和幅值平衡条件是如何得到的?

本章学习资源

第3章 基本电子仪器仪表

著名科学家钱学森指出,新技术革命的关键技术是信息技术。信息技术由测量技术、计算机技术和通信技术组成。其中,测量技术是关键和基础。在电子电路的学习中,掌握基本电子仪器仪表的测量原理和使用方法至关重要。一个电路的性能优劣以及能否正常工作都离不开电子仪器仪表的测量,此外,电子仪器仪表在检测电路故障中也起到重要作用。本章主要介绍万用表和示波器的使用方法。

3.1 万用表

万用表是一种常用的电子测量仪器,可用于测量直流电压与电流、交流电压与电流、电阻、电容等。下面以福禄克15B+数字万用表(见图3-1)为例,简单介绍其基本功能和使用方法。

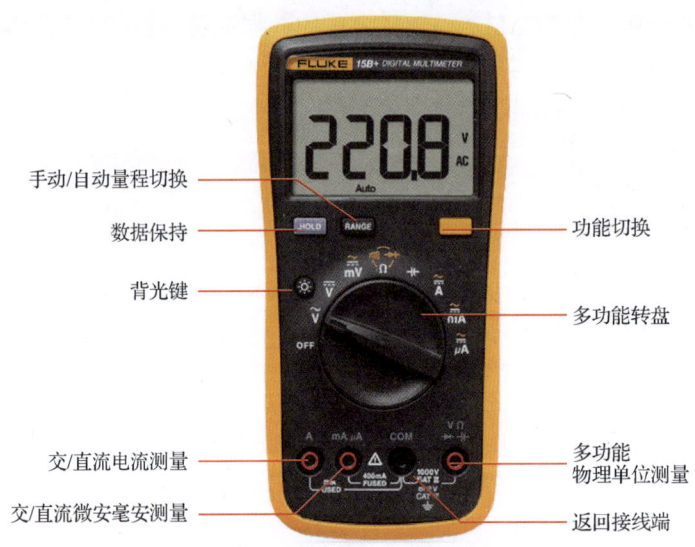

图3-1 福禄克15B+数字万用表(操作面板)

3.1.1 直流电压测量

福禄克15B+数字万用表直流电压挡$\overline{V}$的量程为0~1000V。测量直流电压(如3.3V)时,首先将黑表笔插入COM插孔,红表笔插入多功能物理单位测量端插孔,然后将多功能转盘转到直流电压挡$\overline{V}$的量程上,再将黑表笔金属头接地、红表笔金属头接3.3V电压测试点,此时在屏幕上可看到测量结果。

3.1.2 通断测试

将黑表笔插入 COM 插孔，红表笔插入多功能物理单位测量端插孔，然后将多功能转盘转到电阻挡，按下功能切换键切换到通断性蜂鸣器，将红、黑表笔金属头相互接触。如果发出蜂鸣声，则说明挡位正常。然后用红、黑表笔金属头分别连接被测线路的一端，如果发出蜂鸣声，则说明两个测试点之间是连通的；如果万用表读数为 0L，则说明电路断路。

3.2 示波器

示波器是一种用途广泛的电子测量仪器，它可以将电信号转换为可视图像，用于观察各种信号波形及其参数（如电压幅度、频率、周期等）。

下面以泰克 TDS 1012C-EDU 型示波器（见图 3-2）为例介绍示波器的基本使用方法。

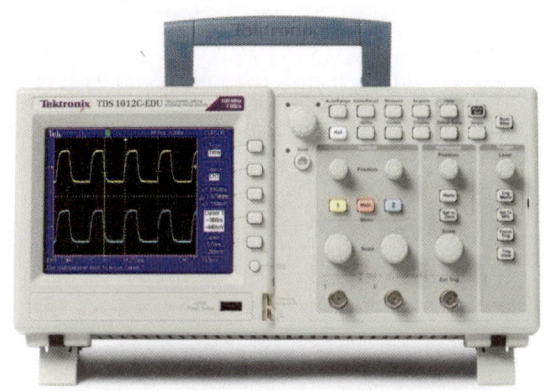

图 3-2 泰克 TDS 1012C-EDU 型示波器

该示波器的操作面板如图 3-3 所示，下面简单介绍部分常用按键的功能。

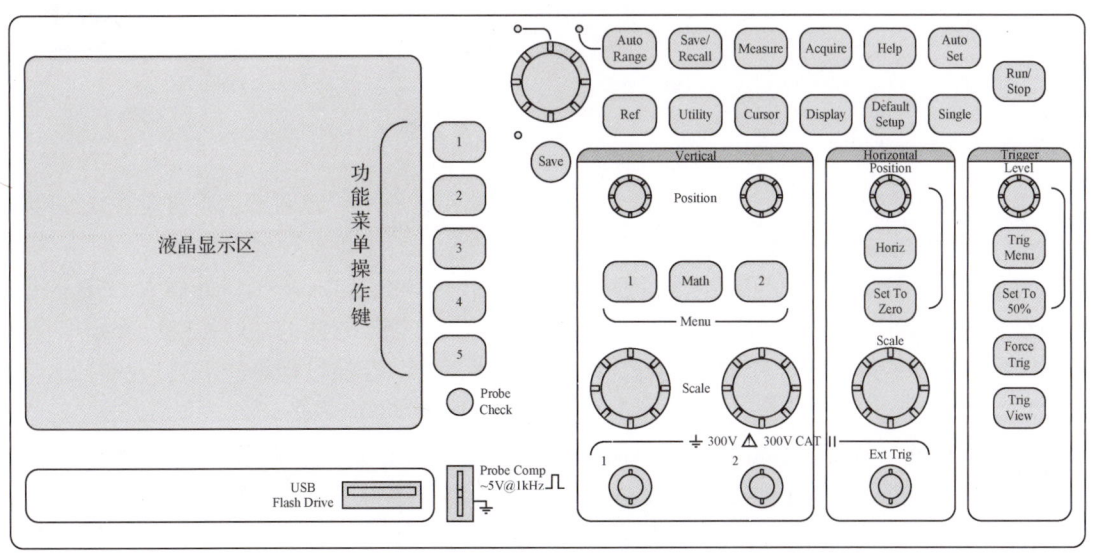

图 3-3 泰克 TDS 1012C-EDU 型示波器操作面板

Run/Stop 键：示波器连续采集波形/示波器停止采集波形。如果希望静止观察某一波形，可按该按键暂停，再按一次则继续采集波形。

Auto Set 键：按下此键，示波器会自动识别波形的类型并调整控制方式，显示出相应的输入信号。

Help 键：按下此键会显示示波器的帮助系统，它涵盖了示波器的所有功能。在帮助系统里提供了多种方法来查找所需要的信息，具体可按提示进行操作。

Acquire 键：按下此键会调出设置采集参数界面。

Measure 键：利用此键可选择测量类型，包含频率、周期、平均值、峰-峰值、均方根值、最小值、最大值、上升时间、下降时间、正频宽和负频宽共 11 种。一次最多可显示 5 种。

例如，示波器通道 CH1 接入频率为 1kHz、幅值为 4V 的正弦波信号，按下 Measure 键，通过屏幕右侧的功能菜单操作键选择通道 CH1，并选择相应的测量参数，即可得到该正弦波的测量信息，如图 3-4 所示。

Cursor 键：显示测量光标和光标菜单，通过多用途旋钮可改变光标的位置（如幅度、时间和信源）。

按 Cursor 键后，会看到屏幕上出现了两条虚线，按屏幕右侧的功能菜单操作键选择类型为幅度或时间，然后选择相应的信源，此处选择 CH1，选中光标 1 或光标 2。通过旋转多用途旋钮可以调整光标的位置，然后对信号的幅度进行测量。光标 1 测量结果为-2.08V，光标 2 测量结果为 2.04V，如图 3-5 所示。

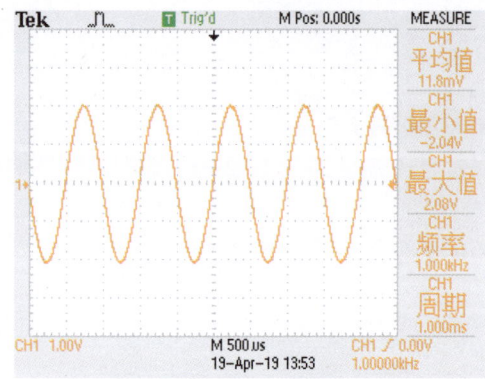

图 3-4　Measure 按键菜单示例

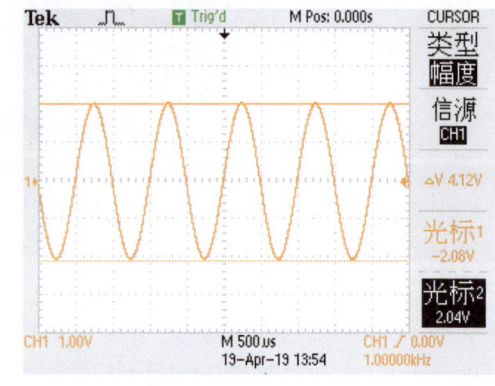

图 3-5　光标测量示例

Save/Recall 键：用于存储示波器设置、屏幕图像或波形，或者调出示波器设置或波形，包含多个子菜单，如全存储、存图像、存设置、存波形、调出设置和调出波形。

例如，要将图像存储到 USB 闪存，可在示波器的 USB/Flash Drive 接口处插入 USB 闪存，此时屏幕上会弹出存储菜单，选择对应的操作，按下"储存"右侧的功能按键以开始保存过程。此时，菜单栏将显示一个时钟图标，表示正在处理中。存储过程可能需要一些时间，待菜单栏恢复到原始状态，表示保存成功。保存成功的图像如图 3-6 所示。

多用途旋钮：多用途旋钮处于活动状态时，其旁边的 LED 灯会点亮，该旋钮可以在示波器的多个功能菜单中使用，特别是在 Cursor（光标）菜单中用于精确调整光标位置。

Save 键：用于保存图像、设置或波形等。旁边的 LED 灯亮起时表示设备已准备好将数据存储到 USB 闪存中。

Vertical(垂直控制区):Position 的两个旋钮分别用于调节 CH1 和 CH2 通道波形在垂直方向上的位置。按 CH1 Menu 或 CH2 Menu 按键可以调出对应通道的菜单,内含耦合方式、带宽限制、探头增益选择等选项。按 Math 按键可以对 CH1 和 CH2 通道的信号进行计算操作。Math 按键下方的两个旋钮用于调整各通道的电压挡位。

例如,当 CH1 和 CH2 通道同时输入频率为 1kHz、幅值为 4V 的正弦波信号,可以通过旋转 Position 旋钮来调整波形在垂直方向上的位置。通过旋转电压挡位调整旋钮,可以设定 CH1 通道每格显示 1V,而 CH2 通道每格显示 2V,如图 3-7 所示。

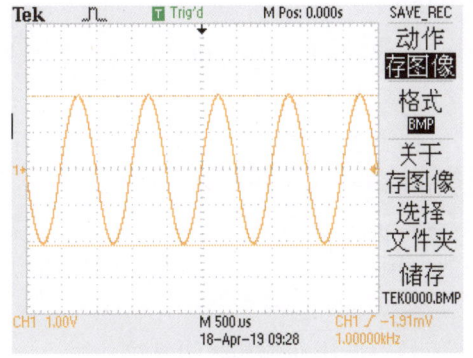

图 3-6　存储图像示例

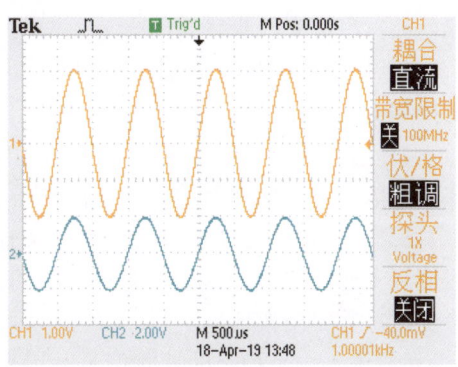

图 3-7　调节波形垂直方向位置示例

Horizontal(水平控制区):Position 旋钮用于在水平方向上移动波形。Horiz 按键用于打开水平扫描菜单。Set To Zero 按键用于将显示屏上方的时间指示箭头重置到中心位置。Scale 旋钮用于调节时间基准(每格代表的时间长度)。

例如,通过旋转水平控制区的 Position 旋钮,可以沿水平方向移动波形。通过 Scale 旋钮调整时间基准,使每个大格代表 250μs 的扫描时间,此操作同时调节两个通道的时间,如图 3-8 所示。

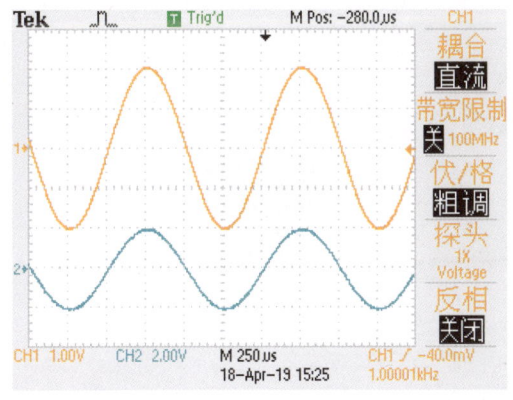

图 3-8　调节波形水平方向位置示例

Trigger(触发控制区):触发控制区用于确保波形显示的稳定性。如果触发设置不当,波形可能会出现左右移动或多个波形交织在一起的现象,导致难以清晰观察信号。Level 旋钮用于调整触发电平。Trig Menu 用于打开触发菜单,可以选择触发源为 CH1 或 CH2。按 Set To 50% 按键可自动将触发电平设置为被测信号电压的中点,有助于使波形稳定。

 **本章任务**

1．用万用表分别测量阻值不同的电阻，将测量结果与电阻上标称的阻值进行对比，并分析其中的差异。

2．用万用表测量红色发光二极管，将挡位拨到二极管挡（蜂鸣挡），红表笔测量正极，黑表笔测量负极，观察发光二极管的反应和万用表屏幕显示的数值。然后依次测量蓝色、绿色和黄色发光二极管。

3．用信号发生器分别输出频率为1kHz、幅值不等的正弦波。分别用万用表的直流电压挡和交流电压挡测量，并分析结果。

4．用信号发生器分别输出频率为1kHz、幅值为1V的不同波形（方波、三角波、正弦波）信号。分别用万用表的直流电压挡和交流电压挡测量，并分析结果。

5．用信号发生器分别在CH1和CH2通道输入频率为1kHz、幅值为4V的正弦波，如何使两个通道的波形反相？对反相后的信号进行相加、相减和相乘操作，观察计算后的波形变化，并得出幅值。

6．接入一个稳定的被测信号，用光标手动测量信号的电压参数和时间参数。

 **本章习题**

1．万用表可以测量哪些参数？各个参数的测量范围是多少？
2．如何用万用表测量晶体管？如何判断晶体管的型号及优劣？
3．简述示波器的工作原理。
4．什么是触发？触发的方式有哪几种？
5．示波器或示波器探头上通常标有×1挡和×10挡，分别表示什么？测量一个信号时应如何选择？

本章学习资源

第 4 章 软件安装与使用

本章主要介绍在电路分析和电路板实测过程中所需软件的安装及基本操作。具体内容包括以下几部分：Multisim 主要用于搭建电路原理图并进行仿真；Microsoft .NET Framework 为 LY-E501 医学信号采集软件提供运行环境；LY-E501 医学电子学开发平台通过与计算机连接以进行数据采集和分析，建立连接需要安装 USB 串口驱动程序。

4.1 Multisim 14.0 的安装

4.1.1 Multisim 14.0 安装过程

打开资料包的"相关软件"文件夹，将下载好的 Multisim 14.0 安装包解压到 D 盘，然后双击打开 autorun.exe 应用程序。在弹出的对话框中单击 Install NI Circuit Design Suite 14.0，如图 4-1 所示。

选择 Install this product for evaluation，然后单击 Next 按钮。连续单击 Next 按钮直至安装完成。然后在如图 4-2 所示的对话框中，单击 Restart Later 按钮。

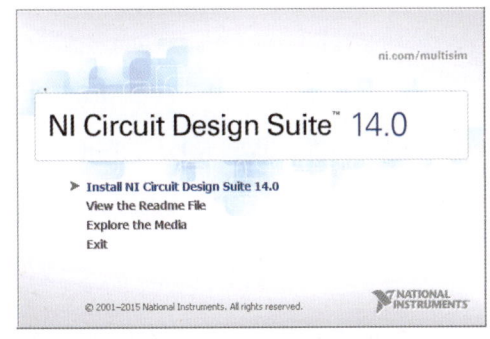

图 4-1　Multisim 14.0 安装步骤 1

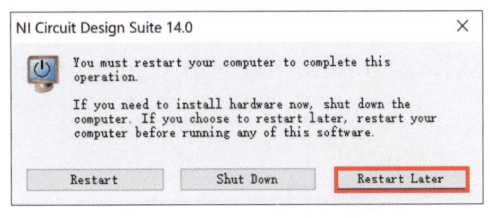

图 4-2　Multisim 14.0 安装步骤 2

4.1.2 Multisim 14.0 配置

在解压出的文件夹中，双击打开 NI License Activator 1.2.exe 应用程序。

在配置窗口中，右键单击 Base Edition，选择 Activate…，如图 4-3 所示。然后依次对 Full Edition、Power Pro Edition 进行相同的操作。

操作完成后如图 4-4 所示，关闭该窗口即可完成配置。

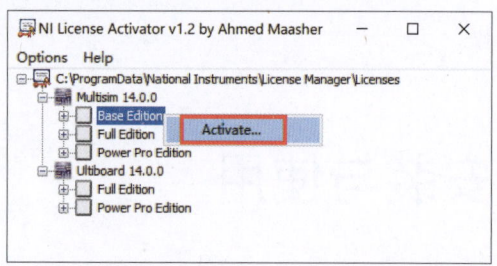
图 4-3　Multisim 14.0 配置步骤 1

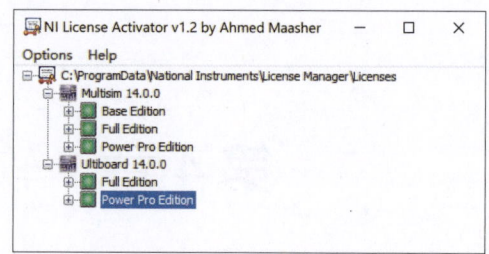
图 4-4　Multisim 14.0 配置步骤 2

4.2　Microsoft.NET Framework 4.5.2 的安装

打开 "LY-E501 医学信号采集软件" 文件夹，运行 AlgorithmAnalysis.exe 应用程序。若可直接打开软件则忽略本节内容；若弹出如图 4-5 所示的对话框，则说明计算机尚未安装 Microsoft.NET Framework，并按照以下步骤下载安装。注意，安装过程需要联网。

单击 "是（Y）" 按钮，系统自动跳转到 Microsoft 官网，单击右上角的 All Microsoft，如图 4-6 所示。

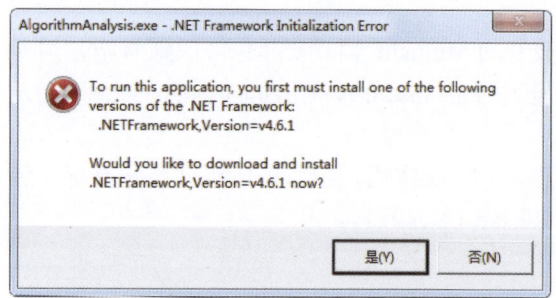

图 4-5　Microsoft.NET Framework 安装步骤 1　　　图 4-6　Microsoft.NET Framework 安装步骤 2

在如图 4-7 所示的 Developer & IT 下拉菜单中，选择 .NET 文件，并单击 Download 按钮。然后，单击 Download .NET Framework Runtime 按钮，如图 4-8 所示。

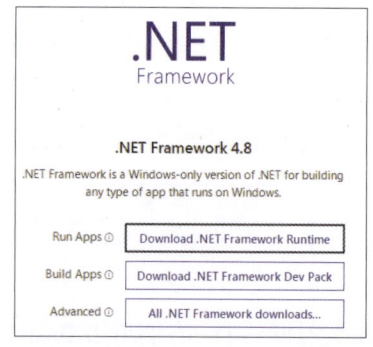

图 4-7　Microsoft.NET Framework 安装步骤 3　　　图 4-8　Microsoft.NET Framework 安装步骤 4

下载保存 Microsoft .NET Framework 安装文件并完成安装。安装成功后，运行 AlgorithmAnalysis.exe 应用程序即可进入 LY-E501 医学信号采集软件。

4.3 USB 串口驱动程序安装

在连接 USB 之前，需要先安装 USB 串口驱动程序。在配套资料包的"02.相关软件\CH340 驱动（USB 串口驱动）"文件夹中，双击运行 setup.exe，单击"安装"按钮，在弹出的 DriverSetup 对话框中单击"确定"按钮完成安装，如图 4-9 所示。

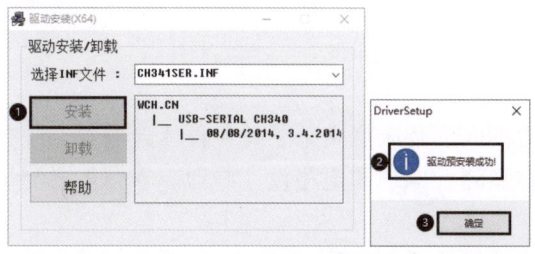

图 4-9　安装 USB 串口驱动

本章任务

完成本章学习后，能够在计算机上完成 Multisim 14.0、Microsoft.NET Framework 4.5.2 和 USB 串口驱动程序的安装。

本章习题

1. 简述 Multisim、Microsoft.NET Framework 和 USB 串口驱动程序的作用。
2. 简述 Multisim 软件的发展历程及基本功能。

本章学习资源

第 5 章 体温测量电路

5.1 学习目标

本章将学习体温参数的医学临床意义，了解各种体温测量方法并对比这些方法的差异和优缺点；此外还将理解体温测量原理和电路设计原理，掌握体温测量电路的理论推导、仿真和实测方面的知识。

目标：① 掌握热敏电阻的工作原理；② 掌握体温测量电路的设计原理；③ 掌握体温信号处理方法；④ 自行设计出各项参数可控的简易体温测量电路。

5.2 体温测量原理

体温是指人体内部的温度，是物质代谢转化为热能的结果。人体的一切生命活动都以新陈代谢为基础，而恒定的体温是保证新陈代谢和生命活动正常进行的必要条件。体温过高或过低都会影响酶的活性，进而干扰新陈代谢，导致细胞、组织和器官功能紊乱，严重时甚至危及生命。可见，体温的相对稳定是维持机体内环境稳态、保证新陈代谢等生命活动正常进行的必要条件。

正常人体体温不是一个具体的温度点，而是一个温度范围。临床上所说的体温是指平均深部温度，一般以口腔、直肠和腋窝的体温为代表，其中直肠体温最接近深部体温。正常体温范围如下：口腔舌下温度为 36.3～37.2℃，直肠温度为 36.5～37.7℃（比口腔温度高 0.2～0.5℃），腋下温度为 36.0～37.0℃。体温会因年龄、性别等条件的不同而在较小的范围内变动：新生儿和儿童的体温稍高于成年人，成年人的体温稍高于老年人，女性的平均体温比男性高约 0.3℃。同一个人的体温在一天中通常会在 2:00—4:00 达到最低，在 14:00—20:00 达到最高，但昼夜温差不超过 1℃。

常见的体温测量仪器有三种：水银体温计、热敏电阻电子体温计和非接触式红外体温计。

水银体温计虽然价格便宜，但是有诸多弊端，例如，遇热或安置不当容易破裂；水银泄漏容易导致中毒；测温时间较长（5～10min），使用不便。

热敏电阻通常由半导体材料制成，体积小，对温度变化十分灵敏，因此被广泛应用于温度测量、温度控制等领域。热敏电阻电子体温计具有读数方便、测量精度高、记忆功能、蜂鸣器提示和安全方便等优点，特别适用于家庭、医院等场合。但是，使用热敏电阻电子体温计测温也需要较长的时间。

非接触式红外体温计基于辐射原理，通过测量人体辐射的红外线实现对体温的快速测量，具有稳定性好、测量安全、使用方便等特点。但是，非接触式红外体温计价格较高，功能较少，且精度不高。

本实验以热敏电阻为测温元件，实现了在一定范围内对温度的精确测量。

体温测量过程中的主要电学量是电阻，只要能够计算出电阻值，便能推算出温度值。下面依次介绍热敏电阻、体温探头和温度特性曲线。

5.2.1 热敏电阻

热敏电阻是一种电阻式温度传感器，按照温度系数不同分为正温度系数热敏电阻（PTC）和负温度系数热敏电阻（NTC），它们同属于半导体器件。

热敏电阻的典型特点是对温度敏感，在不同温度下表现出不同的电阻值。PTC 的阻值随温度升高而增大，NTC 的阻值随温度升高而减小。在测温领域通常采用 NTC，这是由于 NTC 的线性度较好，在测量中引起的误差相对较小。

5.2.2 体温探头

体温探头根据测量部位的不同，可以分为体表和体腔两类；根据标称阻值 R_c 的不同，可以分为 CY 型和 YSI 型两类。标称阻值 R_c 一般指环境温度为 25℃时热敏电阻的实际电阻值。对于 CY 型探头，$R_c = 10\text{k}\Omega$；对于 YSI 型探头，$R_c = 2.25\text{k}\Omega$。本实验中，体温电路板选用的是 YSI 型探头。

5.2.3 温度特性曲线

YSI 型探头的温度特性曲线如图 5-1 所示，从图中可以看出：测量温度越高，探头的热敏电阻阻值越低。

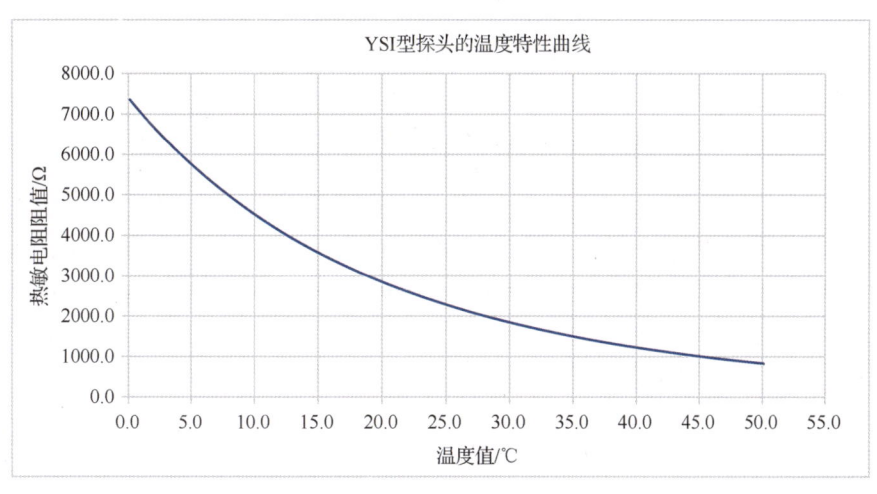

图 5-1　YSI 型探头的温度特性曲线

5.3 体温测量电路设计

5.3.1 体温测量电路设计思路

体温测量电路主要由体温通道选择电路、探头连接检测电路和体温信号处理电路等组成,电路结构图如图 5-2 所示。

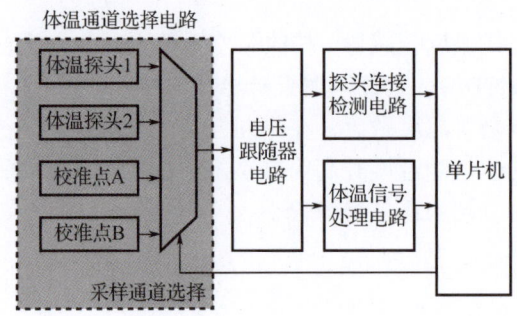

图 5-2　体温测量电路结构图

体温通道选择电路由单片机控制 4 个通道(体温探头 1 通道、体温探头 2 通道、校准点 A 通道和校准点 B 通道),每次只能打开其中 1 个通道,而其余通道关闭。

探头连接检测电路用于判断在实际测量体温时是否接入了体温探头,表征探头是否连接的电平信号会被单片机采集并进行判断,从而确保体温测量正常进行。

体温信号处理电路主要用于放大信号,经过处理后的信号由单片机采集。

5.3.2 电源电路

体温测量电路的电源转换电路有 6V 转 5V 电路和 5V 转 3.3V 电路。电源转换电路的具体分析可参见 2.1 节。

5.3.3 体温通道选择电路

体温通道选择电路如图 5-3 所示,体温探头 1 通过端口 TEMP_EXT1 和 TEMP_EXT2 与体温电路板相连,体温探头 2 通过端口 TEMP_EXT3 和 TEMP_EXT4 与体温电路板相连。体温通道选择电路包含 4 个控制端口,分别是校准点 A 采样开关 TEMP_PA、校准点 B 采样开关 TEMP_PB、体温探头 1 采样开关 TEMP_SENS1 和体温探头 2 采样开关 TEMP_SENS2。在体温测量过程中,每次最多只允许 1 个开关打开,其余开关必须处于关闭状态。在体温通道选择电路中,电容 C_{111}、C_{112}、C_{116}、C_{117} 用于消除噪声;二极管 VD_{103}、VD_{104}、VD_{105}、VD_{106} 是 TVS 二极管,用于保护电路。

体温通道选择电路中的 NMOS 晶体管控制电路如图 5-4 所示。端口 TEMP_SENS1 连接体温探头 1 的一端。当端口 TEMP_SENS1 为高电平(3.3V)时,NMOS 晶体管栅极与源极之间的电压 U_{GS} 为

$$U_{GS} = U_{SENS1} \times \frac{R_{109}}{R_{107}+R_{109}} = 0.99 U_{SENS1} \qquad (5\text{-}1)$$

式中，U_{SENS1} 为 SENS1 处的电压值。

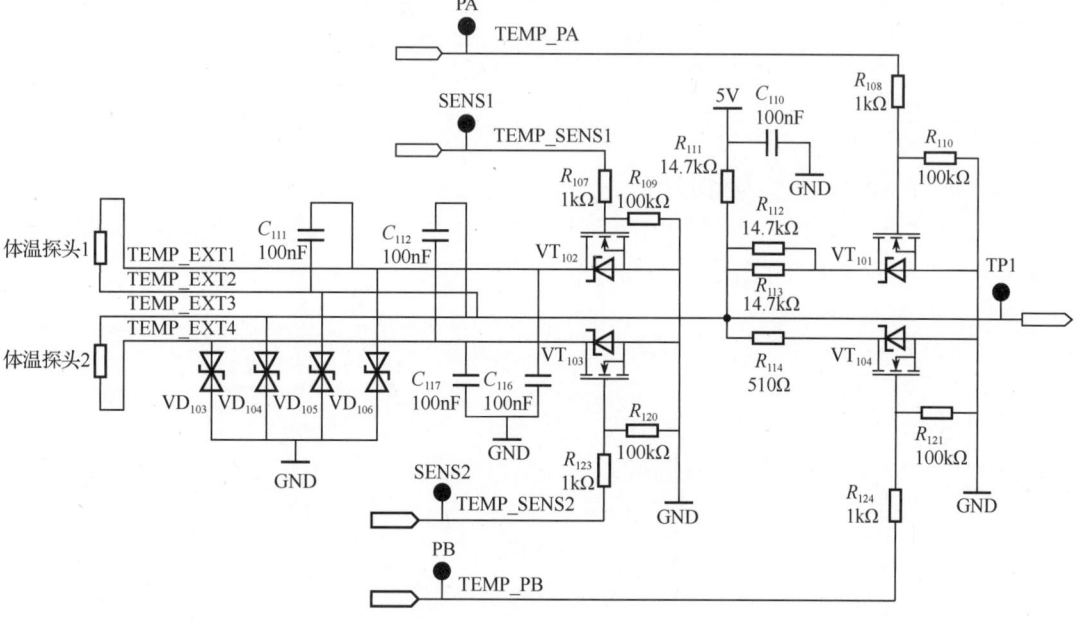

图 5-3 体温通道选择电路

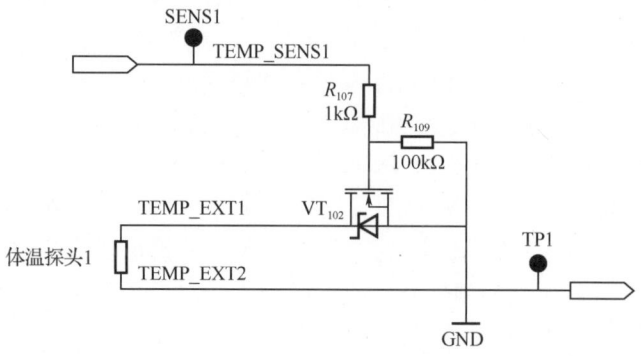

图 5-4 NMOS 晶体管控制电路

通常 NMOS 晶体管的导通电压为 2~4V，最低为 2V 左右，所以此时 VT_{102} 导通。电路中其他 NMOS 晶体管控制电路原理与此类似。

接下来对图 5-3 进行分析与简化。

（1）当 TEMP_SENS1 为高电平时，VT_{102} 导通；体温探头 1 的一端（TEMP_EXT1）接地（GND），另一端（TEMP_EXT2）经电阻 R_{111}（14.7kΩ）连接至 5V 电源。测试点 TP1 的电压测量值即为体温探头 1 上的分压值，等效电路如图 5-5 所示。

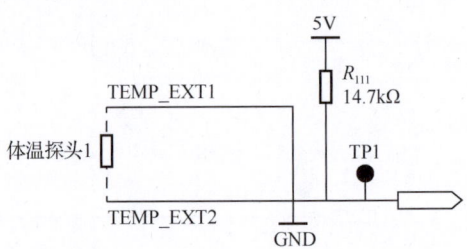

图 5-5 体温通道 1 采样等效电路

（2）当 TEMP_SENS2 为高电平时，VT_{103} 导通；体温探头 2 的一端（TEMP_EXT4）接地，另一端（TEMP_EXT3）也经电阻 R_{111} 连接 5V 电源。此时测试点 TP1 的电压测量值即为体温探头 2 上的分压值，等效电路如图 5-6 所示。

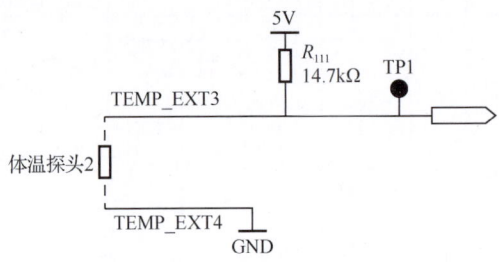

图 5-6 体温通道 2 采样等效电路

（3）当 TEMP_PA 为高电平时，VT_{101} 导通；R_{112} 与 R_{113} 并联，且一端接地，另一端经 R_{111} 连接 5V 电源。此时，测试点 TP1 的电压测量值即为体温校准点 A 的分压值，等效电路如图 5-7 所示。此处使用两个 14.7kΩ 电阻并联而非一个 7.35kΩ 电阻有两个原因：一是电路中多处使用到 14.7kΩ 电阻，用两个 14.7kΩ 电阻并联替代一个 7.35kΩ 电阻可以减少物料的种类，便于生产；二是 14.7kΩ 电阻是常用电阻，便于购买。

（4）TEMP_PB 为体温校准点 B 的采样开关，当 TEMP_PB 为高电平时，VT_{104} 导通，R_{114} 的一端接地，另一端经 R_{111} 连接 5V 电源。此时，测试点 TP1 电压测量值即为体温校准点 B 的分压值，等效电路如图 5-8 所示。体温校准点 A 和 B 的接地阻值分别为 7.35kΩ 和 510Ω。查看附录 A 可知，当温度为 0.1℃ 时，对应的探头阻值约为 7.35kΩ，这是上限；510Ω 电阻主要用于零点校准，因为单片机检测需要电压，电阻取值太小会使检测到的电压误差过大，同样由附录 A 可知 50.2℃ 对应的阻值为 807Ω，所以 R_{114} 的阻值可介于 510～807Ω。

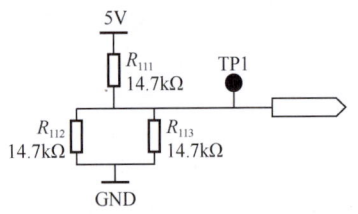 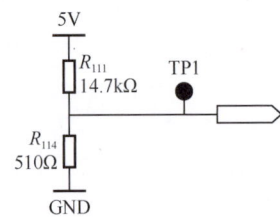

图 5-7 体温校准点 A 采样等效电路　　图 5-8 体温校准点 B 采样等效电路

通过以上分析,可将图 5-3 的电路简化为图 5-9,并推导出 YSI 型探头的热敏电阻阻值 R_{YSI} 与测量电压 U_{TP1} 的计算公式(注意,R_{YSI} 的单位为 kΩ)为

$$U_{TP1} = \frac{R_{YSI}}{R_{YSI} + 14.7\text{k}\Omega} \times 5\text{V} \tag{5-2}$$

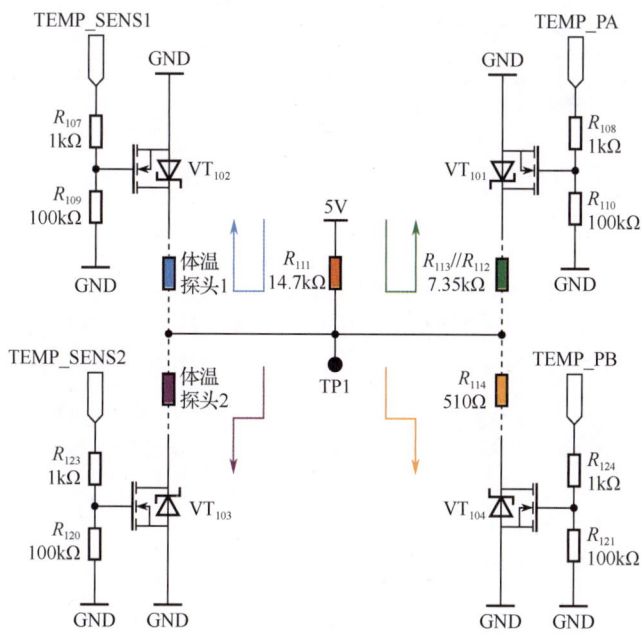

图 5-9 体温通道选择电路简化图

5.3.4 电压跟随器电路

电压跟随器电路如图 5-10 所示,输入信号和输出信号几乎相等,即

$$U_{TP1} \approx U_{TP4} \tag{5-3}$$

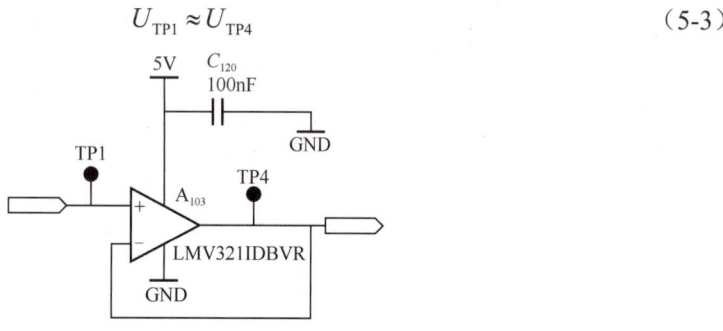

图 5-10 电压跟随器电路

5.3.5 探头连接检测电路

探头连接检测电路如图 5-11 所示,该电路用于判断是否接入了体温探头,从而确保测量正常进行。该电路由施密特触发器等组成,通过测量 U_{TP5} 的电平高低来判断体温探头是否连接。

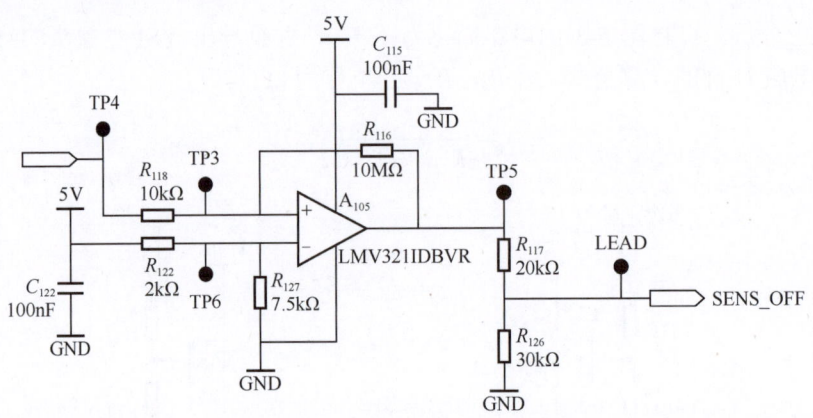

图 5-11 探头连接检测电路

当运放 A_{105} 的反相输入端与同相输入端的电位相等,即 $U_{TP3}=U_{TP6}$ 时,输出端的状态将发生跳变。由于 LMV321IDBVR 为轨到轨运放,该比较器电路使用单电源供电,且该电路是正反馈电路,所以 U_{TP5} 输出只可能为 0V 或 5V。下面分析为什么输出端跳变的值为 0V 或 5V。

令当前时刻输出端 TP5 的电压为 U_{TP5},上一个时刻 TP5 的电压为 U'_{TP5},由电压分压和叠加定理得

$$u_-=U_{TP6}=\frac{7.5k\Omega}{7.5k\Omega+2k\Omega}\times 5V=3.947V \tag{5-4}$$

$$u_+=U_{TP3}=\frac{10M\Omega}{10M\Omega+10k\Omega}\times U_{TP4}+\frac{10k\Omega}{10M\Omega+10k\Omega}\times U'_{TP5} \tag{5-5}$$

$$U_{TP5}=(u_+-u_-)A_{od} \tag{5-6}$$

则有

$$U_{TP5}=\left(\frac{10M\Omega}{10M\Omega+10k\Omega}\times U_{TP4}+\frac{10k\Omega}{10M\Omega+10k\Omega}\times U'_{TP5}-3.947V\right)A_{od} \tag{5-7}$$

由于运放的工作电压范围为 0~5V,所以 U'_{TP5} 的取值范围为 0~5V。又因为 $10M\Omega \gg 10k\Omega$,所以

$$\frac{10k\Omega}{10M\Omega+10k\Omega}\times U'_{TP5}\approx 0 \tag{5-8}$$

$$U_{TP5}\approx\left(\frac{10M\Omega}{10M\Omega+10k\Omega}\times U_{TP4}-3.947V\right)A_{od} \tag{5-9}$$

此时电路近似为一个比较器,所以 U_{TP5} 大多数情况下输出 0V 或 5V 电压。

下面分析该电路的门限电压。由式(5-5)可知, U_{TP3} 由输入电压 U_{TP4} 及输出电压 U_{TP5} 共同决定,而 U_{TP5} 有两种可能的状态: U_{OH}(5V)和 U_{OL}(0V)。

① 若 $U_{TP5}=U_{OL}$,假设 U_{TP4} 从 0V 逐渐增大到 5V, U_{TP3} 随之增大。当 $U_{TP3}=U_{TP6}=3.947V$ 时, U_{TP5} 从 U_{OL} 跳变为 U_{OH},此时有

$$U_{TP3}=\frac{10M\Omega}{10M\Omega+10k\Omega}\times U_{TP4}+\frac{10k\Omega}{10M\Omega+10k\Omega}\times U_{TP5} \tag{5-10}$$

$$3.947V=\frac{10M\Omega}{10M\Omega+10k\Omega}\times U_{TP4}+\frac{10k\Omega}{10M\Omega+10k\Omega}\times 0V=1\times U_{TP4} \tag{5-11}$$

即

$$U_{TP4} = 3.947\text{V} \tag{5-12}$$

② 若 $U_{TP5} = U_{OH}$，假设 U_{TP4} 从 5V 逐渐减小到 0V，U_{TP3} 随之减小。当 $U_{TP3} = U_{TP6} = 3.947$V 时，$U_{TP5}$ 从 U_{OH} 跳变为 U_{OL}，此时有

$$3.947\text{V} = \frac{10\text{M}\Omega}{10\text{M}\Omega + 10\text{k}\Omega} \times U_{TP4} + \frac{10\text{k}\Omega}{10\text{M}\Omega + 10\text{k}\Omega} \times 5\text{V} = 1 \times U_{TP4} + 0.001 \times 5\text{V} \tag{5-13}$$

即

$$U_{TP4} = 3.942\text{V} \tag{5-14}$$

因此，两个门限电压分别为 3.942V 和 3.947V，根据以上分析可画出探头连接检测电路的电压传输特性图，如图 5-12 所示。

分析体温通道选择电路可知，当探头未接入时，输入电压 U_{TP4} 为 5V，由图 5-12 可得输出电压 U_{TP5} 为 5V。

附录 A 给出了本实验使用的 YSI 型探头对应的温度-阻值表，由表可知，温度测量范围为 0.1～50.2℃，对应的阻值范围为 7355～807Ω。根据式（5-2）可得 U_{TP4} 的范围为 1.66～0.26V，即探头温度越高，阻值越低，U_{TP4} 越小，所以在 0.1℃时，U_{TP4} 最大（为 1.834V）。那么当探头接入时，输入电压 U_{TP4}<3.942V，输出电压 U_{TP5} 为 0V。

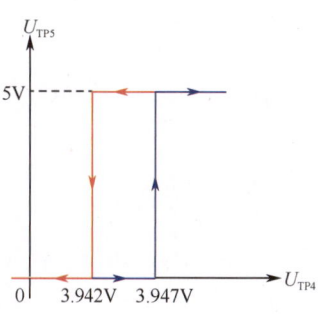

图 5-12 电压传输特性图

当 U_{TP5} 为 5V 时，会超出单片机的耐压范围，于是采用电阻 R_{117} 和电阻 R_{126} 对 U_{TP5} 进行分压，有

$$U_{LEAD} = \frac{30\text{k}\Omega}{30\text{k}\Omega + 20\text{k}\Omega} \times U_{TP5} = 0.6 U_{TP5} \tag{5-15}$$

5.3.6 体温信号处理电路

体温信号处理电路如图 5-13 所示，该电路主要用于放大信号和分压，由同相比例运算电路和钳位二极管电路组成。下面分析同相比例运算电路、钳位二极管电路及体温信号的计算过程。

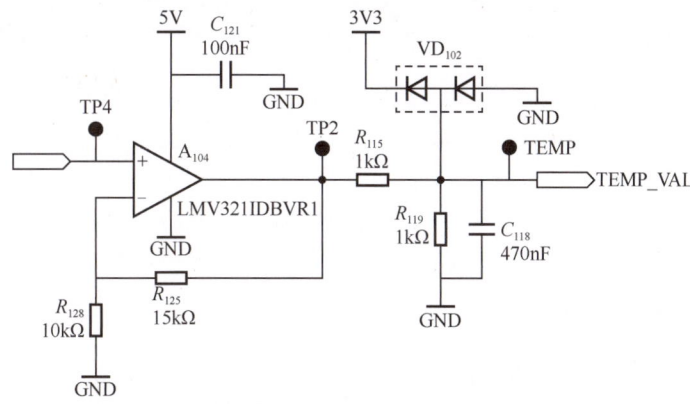

图 5-13 体温信号处理电路[①]

---

① 电路中的"3V3"既表示 3.3V 电源电压，也表示电路板上的 3V3 测试点。

（1）同相比例运算电路如图 5-14 所示。该电路对输入信号 U_{TP4} 进行放大，放大倍数为

$$\frac{U_{TP2}}{U_{TP4}} = 1 + \frac{R_{125}}{R_{128}} = 1 + \frac{15\text{k}\Omega}{10\text{k}\Omega} = 2.5 \tag{5-16}$$

由此可得

$$U_{TP2} = \left(1 + \frac{15\text{k}\Omega}{10\text{k}\Omega}\right) \times U_{TP4} = 2.5 U_{TP4} \tag{5-17}$$

（2）钳位二极管电路如图 5-15 所示。U_{TP4} 被放大 2.5 倍后，产生的 U_{TP2} 有可能超出单片机的耐压值，所以还需要使用电阻 R_{115} 和电阻 R_{119} 对 U_{TP2} 进行分压，此时有

$$U_{TEMP} = \frac{R_{119}}{R_{115} + R_{119}} \times U_{TP2} = \frac{1\text{k}\Omega}{1\text{k}\Omega + 1\text{k}\Omega} \times U_{TP2} = 0.5 U_{TP2} \tag{5-18}$$

当 $0.5 U_{TP2} > 3.3\text{V} + 0.7\text{V}$，即 $U_{TP2} > 8\text{V}$ 时，VD_{102} 左边的二极管导通，而二极管的压降约为 0.7V，测试点 TEMP 的电压为

$$U_{TEMP} = 3.3\text{V} + 0.7\text{V} = 4\text{V} \tag{5-19}$$

当 $0.5 U_{TP2} < -0.7\text{V}$，即 $U_{TP2} < -1.4\text{V}$ 时，VD_{102} 右边的二极管导通，测试点 TEMP 的电压为

$$U_{TEMP} = -0.7\text{V} \tag{5-20}$$

所以，通过钳位二极管可将测试点 TEMP 的电压控制在-0.7～4V 的范围内，从而起到保护单片机的作用。

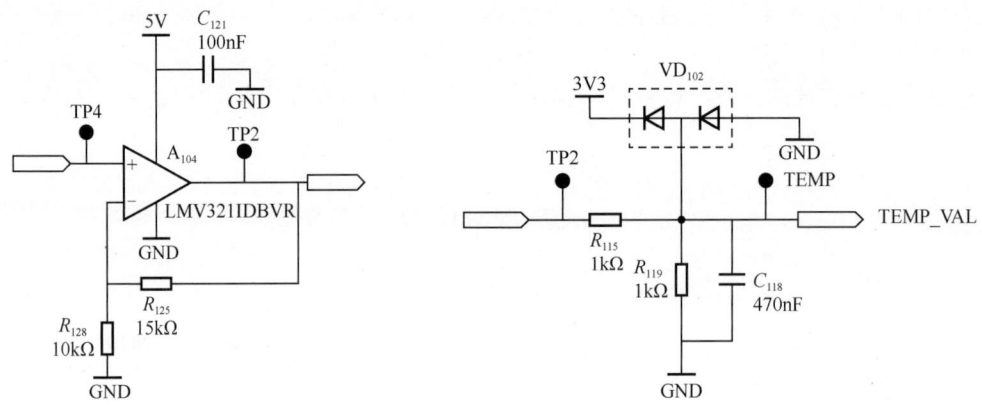

图 5-14 同相比例运算电路　　　　图 5-15 钳位二极管电路

（3）通过式（5-2）、式（5-3）、式（5-17）和式（5-18）可以推导出

$$R_{YSI} = \frac{14.7\text{k}\Omega \times U_{TEMP}}{6.25\text{V} - U_{TEMP}} \tag{5-21}$$

式（5-21）推导出来的是理论值，没有考虑到温漂带来的误差。由式（5-21）看出，分子、分母中各有一个参数，设分别为 C_1、C_2。为使温度测量更加准确，还需通过校准来推导出实际值的计算公式。设阻值 R 为

$$R = \frac{C_1 U_{TEMP}}{C_2 - U_{TEMP}} \tag{5-22}$$

校准点 A 电路的接地电阻是 7.35kΩ，校准点 B 电路的接地电阻是 510Ω。因此，对校准点 A 进行校准时，$R = 7.35\text{k}\Omega$，U_{TEMP} 可以通过 ADC 采样得出；对校准点 B 进行校准时，$R = 510\Omega$，U_{TEMP} 也可以通过 ADC 采样得出。分别对校准点 A 和校准点 B 采样，即可得到一组方程：

$$7.35\text{k}\Omega = \frac{C_1 U_{\text{TEMP\_A}}}{C_2 - U_{\text{TEMP\_A}}} \tag{5-23}$$

$$510\Omega = \frac{C_1 U_{\text{TEMP\_B}}}{C_2 - U_{\text{TEMP\_B}}} \tag{5-24}$$

联立以上两式即可推导出 C_1、C_2 的计算公式。

5.4 体温测量电路仿真

5.4.1 NMOS 晶体管控制电路仿真

在 Multisim 环境下，搭建如图 5-16 所示的 NMOS 晶体管控制电路，仿真结果如图 5-17 所示，当 S1 断开时，XMM1 测得的电压值为 5V，说明 VT_{104} ____（导通/不导通），XMM1 测得的是 5V 电源的电压；当 S1 闭合时，XMM1 测得的电压值为 168.049mV，约为 5V 电源被电阻 R_{111} 与 R_{114} 分压后的电压值，说明 VT_{104} ____（导通/不导通）。

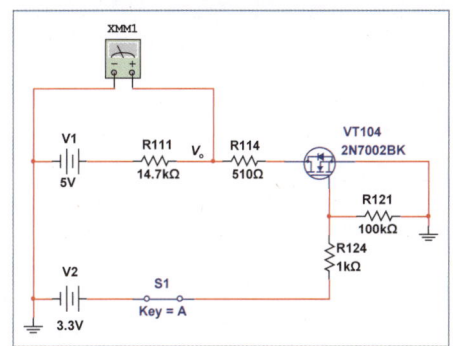

图 5-16 NMOS 晶体管控制电路

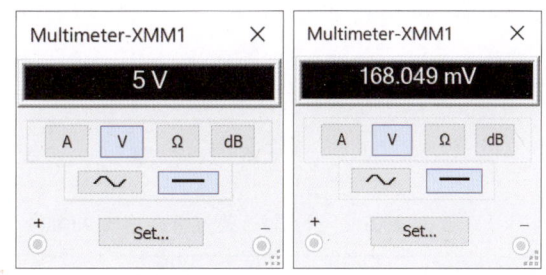

图 5-17 仿真结果（左：S1 断开；右：S1 闭合）

5.4.2 钳位二极管电路仿真

为了更清晰地了解钳位二极管的作用，搭建如图 5-18 所示的未加钳位二极管的电路，仿真结果如图 5-19 所示。当 R_1 为零时，V_o 为 -7.5V；当 R_1 取最大值时，V_o 为 7.5V。未加钳位二极管的 V_o 范围为 -7.5~7.5V，没有受到限制。在仿真过程中，改变 R_1 的阻值，将 R_1 占其最大电阻不同百分比所对应的万用表 XMM1 的电压测量值填入表 5-1 中。

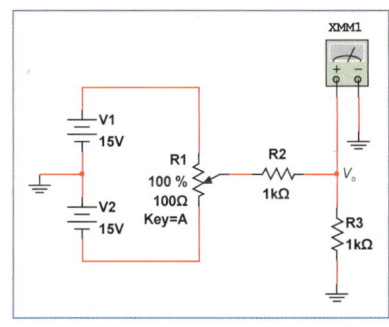

图 5-18 未加钳位二极管的电路

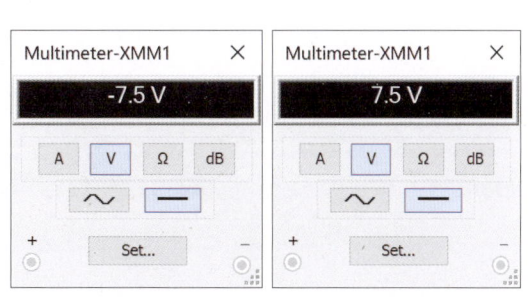

图 5-19 仿真结果（左：R_1 为零；右：R_1 取最大值）

表5-1 不同R_1条件下万用表XMM1的电压测量值(未加入钳位二极管)

序 号	1	2	3	4	5	6	7	8	9	10	11
R_1占其最大值的百分比/%	0	10	20	30	40	50	60	70	80	90	100
V_o/V											

再搭建如图5-20所示的加入钳位二极管的电路,仿真结果如图5-21所示,加入钳位二极管之后,V_o的范围为$-0.763 \sim 4.022$V,相比未加钳位二极管时受到了限制。同样,将R_1占其最大电阻不同百分比所对应的万用表XMM1的电压测量值填入表5-2中。对比表5-1和表5-2的数据,分析钳位二极管电路的工作原理。

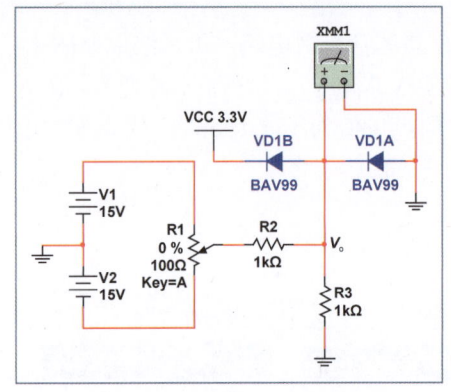

图5-20 加入钳位二极管的电路

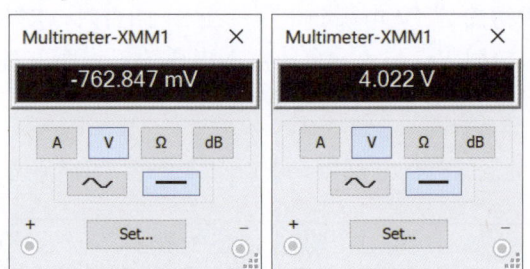

图5-21 仿真结果(左:R_1为零;右:R_1取最大值)

表5-2 不同R_1条件下万用表XMM1的电压测量值(加入钳位二极管)

序 号	1	2	3	4	5	6	7	8	9	10	11
R_1占其最大值的百分比/%	0	10	20	30	40	50	60	70	80	90	100
V_o/V											

最后,按照图5-22所示将R_2短路,即V_o与R_1直接相连。查看仿真结果,分析在钳位二极管电路中,被钳位后多余的电压被电路中的哪一部分分走了。

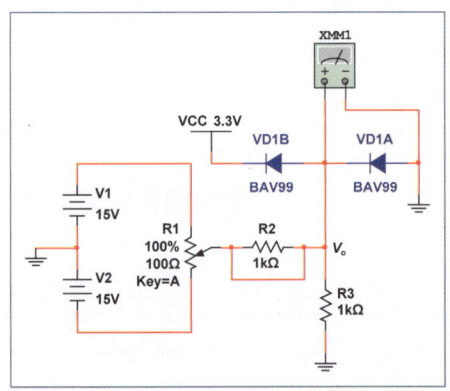

图5-22 R_2短路后的钳位二极管电路

5.4.3 同相比例运算电路仿真

搭建如图 5-23 所示的同相比例运算电路,仿真结果如图 5-24 所示:当输入电压为 1V 时,输出电压为 2.012V,与理论放大倍数近似一致。改变 R_{125} 的阻值,将万用表 XMM1 测得的电压值填在表 5-3 中,然后根据输入电压 V_i 和输出电压 V_o 计算电压放大倍数并填入表 5-3 中。分析输出电压 V_o 是否会随着 R_{125} 的阻值增大而增大,并解释原因。

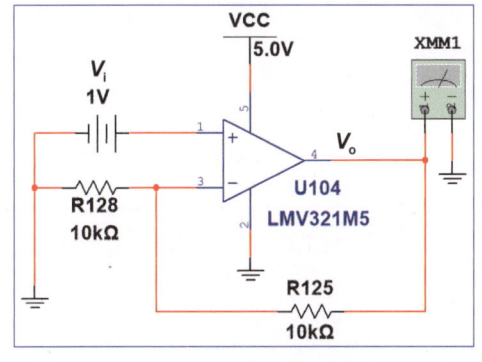

图 5-23 同相比例运算电路

图 5-24 仿真结果

表 5-3 不同 R_{125} 条件下万用表 XMM1 的电压测量值及电压放大倍数

序　号	1	2	3	4	5	6
R_{125}/kΩ	10	20	30	40	50	60
V_o/V						
电压放大倍数 A						

5.4.4 施密特触发器电路仿真

搭建如图 5-25 所示的施密特触发器电路,仿真结果如图 5-26 所示:当输入电压为 3.945V 时,输出为低电平;当输入电压为 3.946V 时,输出为高电平。结果与理论计算的临界电压接近。

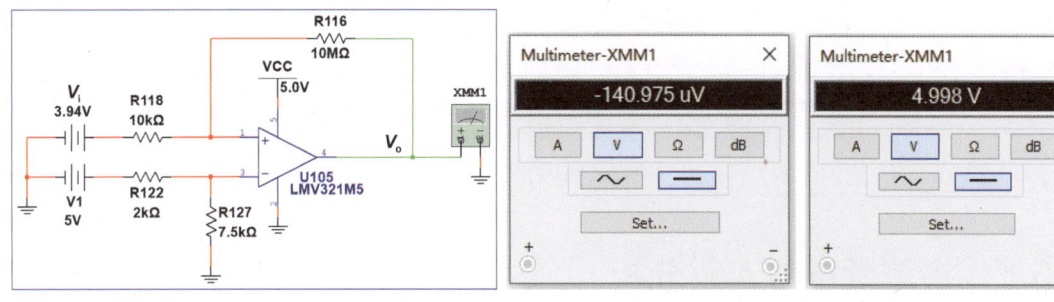

图 5-25 施密特触发器电路 1　　图 5-26 仿真结果（左:V_i = 3.945V;右:V_i = 3.946V）

搭建如图 5-27 所示的施密特触发器电路,将输入信号 V_i 改为正弦波信号,仿真结果如图 5-28 所示:当输出信号从低电平变为高电平时,输入电压(上临界电压)约为＿＿V;当输出信号从高电平变为低电平时,输入电压(下临界电压)约为＿＿V。注意,输出信号的电平转换是一个渐变过程，而非跳变，具体如图 5-29 所示，这一段输入电压正好处在两个阈值之间。

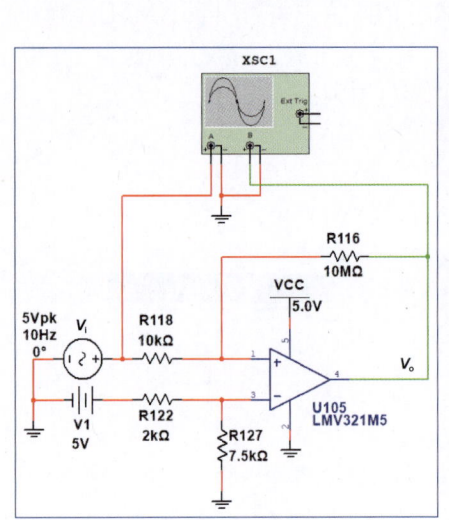

图 5-27　施密特触发器电路 2

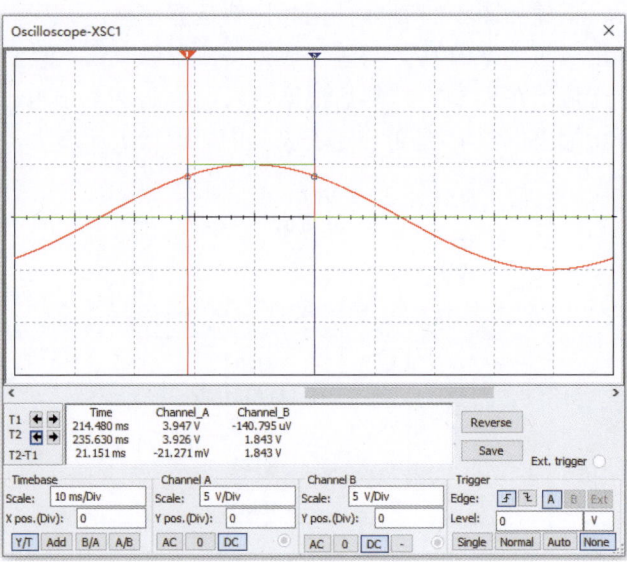

图 5-28　仿真结果

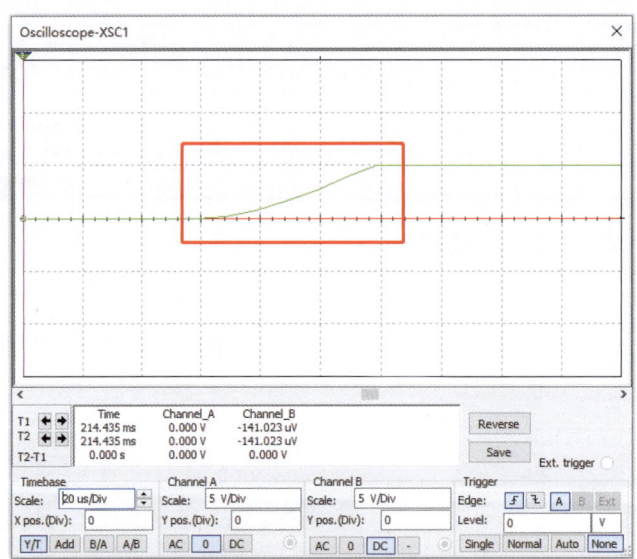

图 5-29　渐变过程

5.5　体温测量电路实测分析

5.5.1　电源电路实测分析

将体温电路板插入 LY-E501 医学电子学开发平台插槽，将两个体温探头分别接入设备的

TEMP1 和 TEMP2 接口，同时使用生理参数模拟器来模拟体温，连接方式如图 5-30 所示。设置生理参数模拟器的体温 1 为 42℃，体温 2 为 30℃，然后用 B 型 USB 线将设备与计算机连接，再通过 DC12V/2A 电源适配器给设备供电，观察体温电路板上的发光二极管 3V3_LED 和 5V_LED 是否正常点亮。

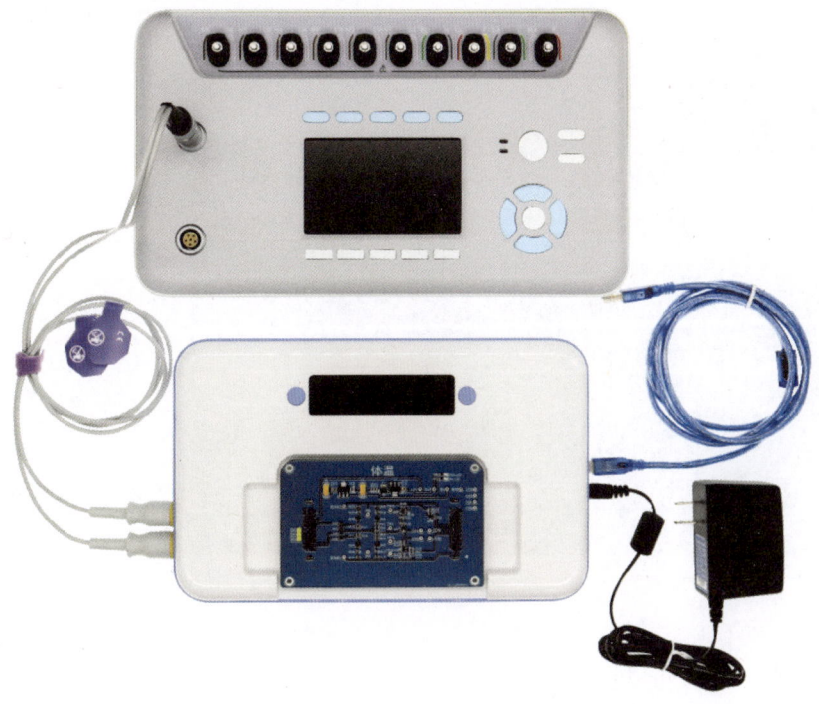

图 5-30　体温实测连接图

设备与计算机的通信模式默认为 USB 通信，如图 5-31 所示，符号表示 USB 通信。若屏幕显示的是其他通信模式（蓝牙或 Wi-Fi），可通过右边的按键切换为 USB 通信模式。

图 5-31　USB 通信模式

用万用表测量体温电路板上的测试点 5V 和 3V3 处的电压，将测得的电压值填入表 5-4 中，确保电源电压正常。

表 5-4　测量体温电路板电源电压值

序　号	1	2
测 试 点	5V	3V3
电压值/V		

5.5.2 LY-E501 医学信号采集软件（体温模块）

设备与计算机通过 B 型 USB 线连接后，LY-E501 医学信号采集软件会自动扫描串口并连接，如图 5-32 所示。

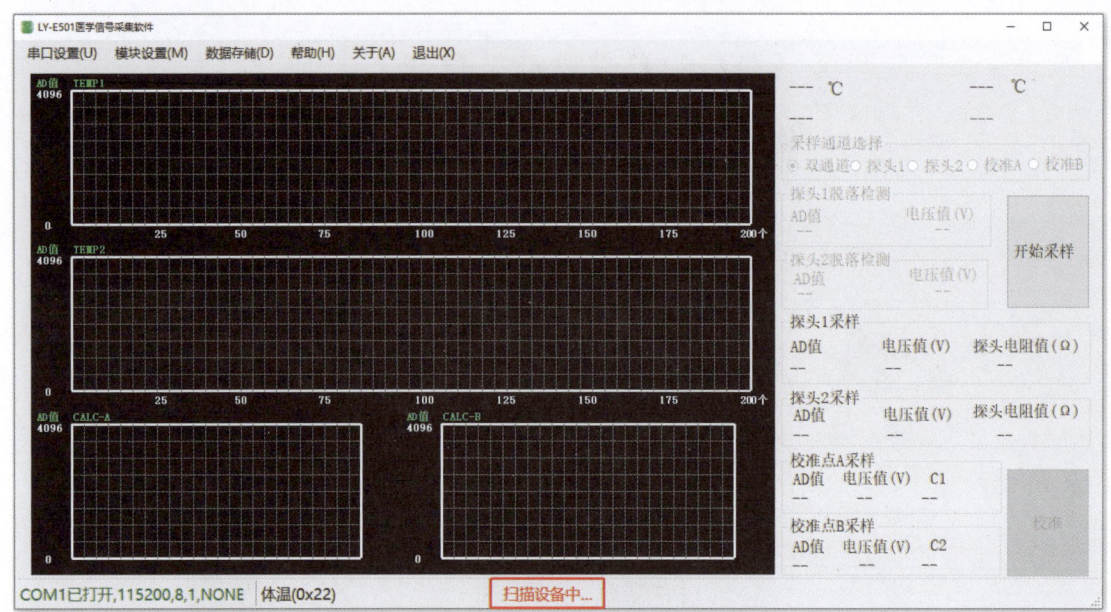

图 5-32 串口扫描界面

若自动连接不成功，可以打开计算机的设备管理器，首先在端口处查看 USB 连接的串口（如 COM3）。注意，USB 连接的串口不是固定的，要根据实际情况选择。

然后，在 LY-E501 医学信号采集软件中设置串口：单击菜单栏中的"串口设置(U)"按钮，在"串口设置"对话框中选择串口 COM3，其余选项保持默认设置，单击"打开串口"按钮，如图 5-33 所示。

图 5-33 串口设置

串口打开后，界面会自动跳转到体温模块，如图 5-34 所示，同时在界面的底部显示串口已打开，设备与计算机已连接。

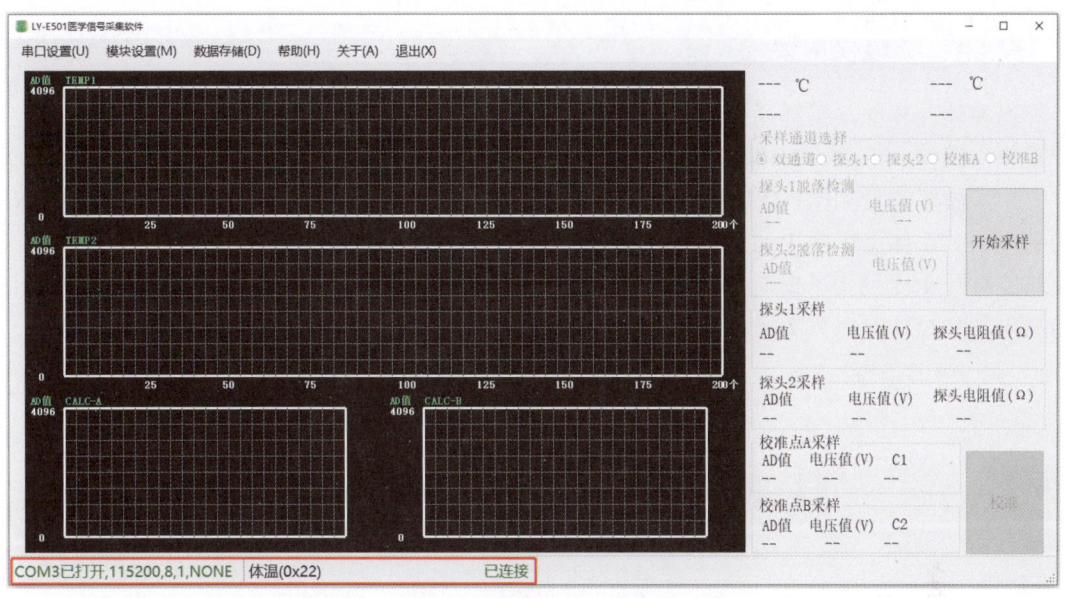

图 5-34 体温模块界面

如果界面没有自动跳转到体温模块，则需手动选择模块。单击菜单栏中的"模块设置(M)"按钮，选择"体温(0x22)"，如图 5-35 所示。

单击"开始采样"按钮，软件会通过 USB 向设备发送体温采样控制命令；设备也会通过 USB 向软件传输信号数据包，并将探头采样值和连接检测信息发送到软件上进行显示。如图 5-36 所示，由于此时还未进行校准，相应的温度值无法显示。若显示探头脱落，则需检查体温探头与设备的连接情况，直到连接成功。

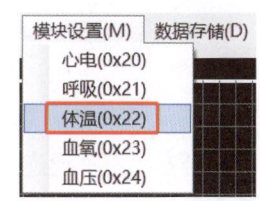

图 5-35 体温模块设置

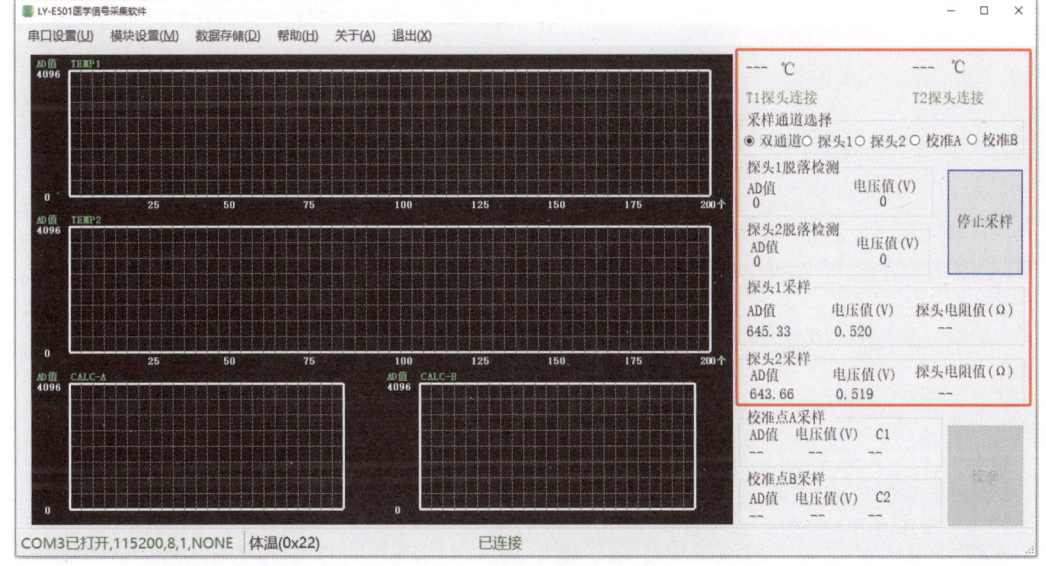

图 5-36 体温数据采集界面

5.5.3 采样通道选择

当在软件界面"采样通道选择"栏中选中"双通道"时，设备会分时对两路体温通道进行采样，软件会显示"T1 探头连接"和"T2 探头连接"，如图 5-37 所示。

用示波器测量测试点 SENS1 和 SENS2 处的电压，信号波形如图 5-38 所示。当 SENS1 为高电平时，体温探头 1 通道打开，单片机采样探头 1 的信号。由于在体温测量过程中，每次只能打开 1 个通道，此时 SENS2 为低电平，表示体温探头 2 通道关闭。同理，当 SENS2 为高电平时，体温探头 2 通道打开，此时 SENS1 为低电平，体温探头 1 通道关闭。

图 5-37 "双通道"采样

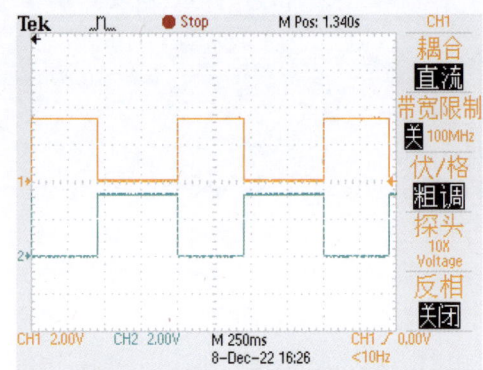

图 5-38 SENS1（黄）和 SENS2（蓝）的信号波形

若在"采样通道选择"栏中选中"探头 1"，则会一直打开体温探头 1 通道，体温探头 2 通道保持关闭，此时软件会显示"T1 探头连接"和"T2 探头脱落"，如图 5-39 所示。因为设备只对探头 1 进行采样，所以显示"T2 探头脱落"。

此时测试点 SENS1 和 SENS2 的信号波形如图 5-40 所示，SENS1 持续为高电平，SENS2 持续为低电平。

图 5-39 "探头 1"采样

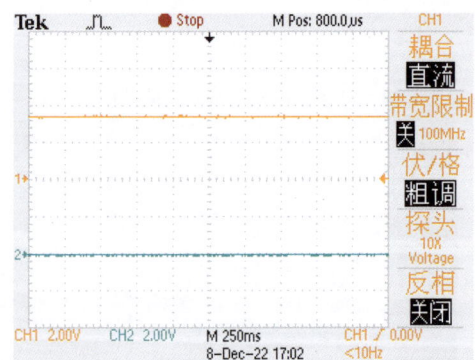

图 5-40 SENS1（黄）和 SENS2（蓝）的信号波形

5.5.4 电压跟随器电路实测分析

本节使用体温探头 1 来测试电压跟随器电路。在软件界面"采样通道选择"栏中选中"探头 1"，然后用万用表测量测试点 TP1 和 TP4 的电压，并将测得的电压值填入表 5-5 中。

表 5-5 测量测试点 TP1 和 TP4 的电压值（选中"探头 1"）

序 号	1	2
测 试 点	TP1	TP4
电压值/V		

拔掉体温探头 1，再次测量测试点 TP1 和 TP4 的电压，并将测得的电压值填入表 5-6 中。

表 5-6 测量测试点 TP1 和 TP4 的电压值（拔掉体温探头 1）

序 号	1	2
测 试 点	TP1	TP4
电压值/V		

分析测量数据，得出结论：电压跟随器的输入信号与输出信号____。

5.5.5 探头连接检测

本节使用体温探头 1 来进行探头连接检测。将体温探头 1 接入设备，并在软件界面"采样通道选择"栏中选中"探头 1"，然后用万用表测量测试点 TP4、TP3、TP6、TP5 和 LEAD 的电压，并将测得的电压值填入表 5-7 中。

表 5-7 测量测试点 TP4、TP3、TP6、TP5 和 LEAD 的电压值（选中"探头 1"）

序 号	1	2	3	4	5
测 试 点	TP4	TP3	TP6	TP5	LEAD
电压值/V					

拔掉体温探头 1，再次测量测试点 TP4、TP3、TP6、TP5 和 LEAD 的电压，并将测得的电压值填入表 5-8 中。

表 5-8 测量测试点 TP4、TP3、TP6、TP5 和 LEAD 的电压值（拔掉体温探头 1）

序 号	1	2	3	4	5
测 试 点	TP4	TP3	TP6	TP5	LEAD
电压值/V					

分析数据可知，在测试点 LEAD 测得的电压所代表的探头连接状态如下：
（1）当体温探头 1 与设备连接时，测试点 LEAD 为____（高电平/低电平）；
（2）当体温探头 1 未与设备连接时，测试点 LEAD 为____（高电平/低电平）。
利用测试点 TP5 的测量值可计算出测试点 LEAD 的理论值，分析测量数据与理论值是否一致。

此时设备不接入体温探头，在"采样通道选择"栏中选择"双通道"，用示波器测得 LEAD 为高电平，如图 5-41 所示。

然后，将两个体温探头都接入设备，用示波器测得 LEAD 为低电平，如图 5-42 所示。

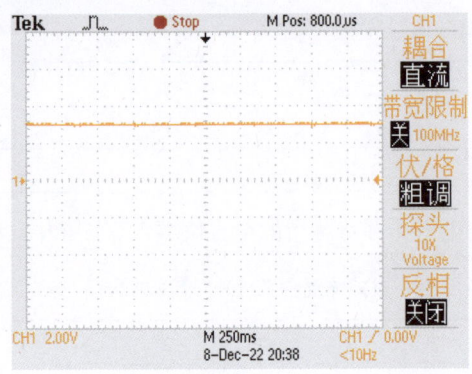
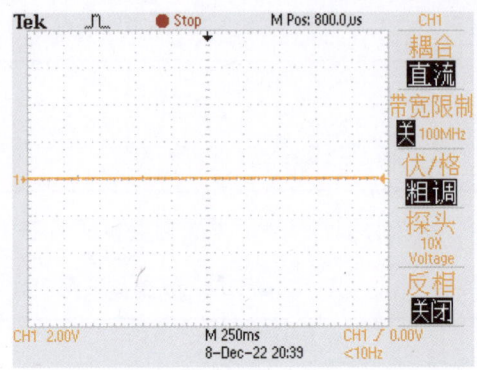

图 5-41　探头 1 未连接时 LEAD 的信号波形　　　图 5-42　探头 1 连接时 LEAD 的信号波形

拔掉任意一个体温探头后,在测试点 LEAD 处测得的信号为方波,此时可通过测量测试点 SENS1 或 SENS2 的电压来判断是哪个探头脱落。

然后,测量测试点 LEAD 和 SENS1 的电压,当 LEAD 为低电平(探头连接)时,SENS1 为高电平(表示体温探头 1 通道打开),此时 LEAD 的低电平信号即为探头 1 的信号,表示探头 1 已连接,如图 5-43 所示。

接着测量测试点 LEAD 和 SENS2 的电压,当 LEAD 为高电平(探头脱落)时,SENS2 为高电平(表示体温探头 2 通道打开),此时 LEAD 的高电平信号即为探头 2 的信号,表示探头 2 脱落,如图 5-44 所示。

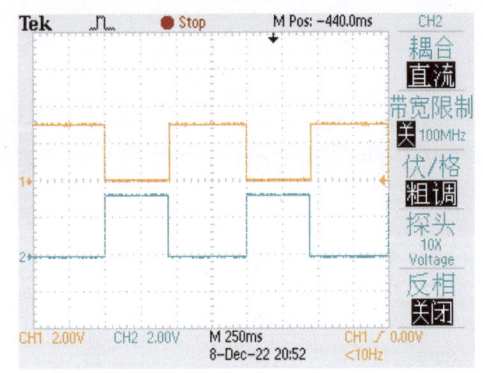
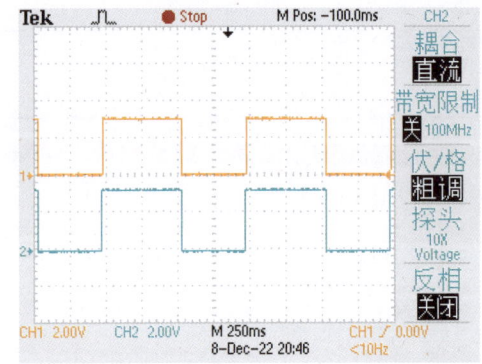

图 5-43　LEAD(黄)和 SENS1(蓝)的信号波形　　　图 5-44　LEAD(黄)和 SENS2(蓝)的信号波形

5.5.6　体温参数计算

本节根据校准点 A 和校准点 B 来计算体温参数,实际是利用电路中已知的高精度电阻值来求参数,然后用参数推算出体温探头(热敏电阻)的阻值。简单总结为:先用 2 个固定的阻值计算出参数,再用参数反推出 2 个未知的阻值。

(1)在软件界面"采样通道选择"栏中选择的"校准 A"。此时"校准点 A 采样"显示的电压值为 2.085V,如图 5-45 所示。用万用表测量测试点 TEMP 的电压值为 2.08V,如图 5-46 所示,两种测量方法得到的电压值应近似相等。

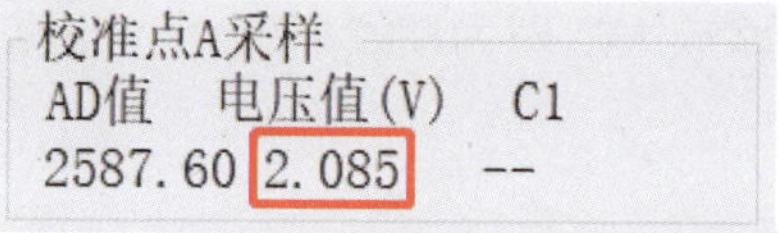

图 5-45　软件显示校准点 A 的电压值　　图 5-46　万用表测量测试点 TEMP 的电压值 1

（2）在"采样通道选择"栏中选择的"校准 B"。此时"校准点 B 采样"显示的电压值为 0.209V，如图 5-47 所示。用万用表测量测试点 TEMP 的电压值为 0.21V，如图 5-48 所示。

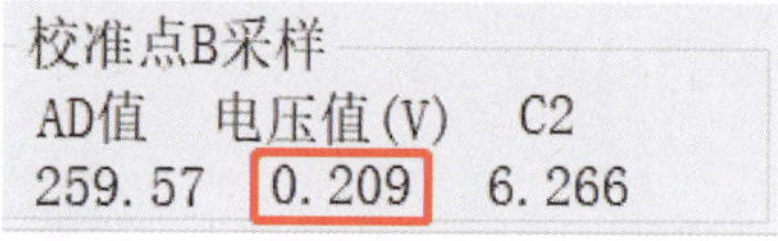

图 5-47　软件显示校准点 B 的电压值　　图 5-48　万用表测量测试点 TEMP 的电压值 2

（3）根据两个校准点的电压值，软件会自动计算出参数 C_1 和 C_2 的值，如图 5-49 所示。

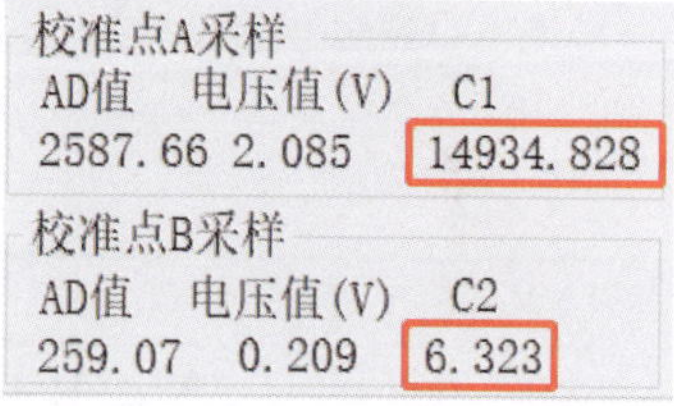

（4）根据万用表测得的电压值计算参数 C_1 和 C_2。由校准点 A 的电压值可列出体温参数计算公式如下，其中 7.35kΩ 为高精度电阻 R_{112} 和 R_{113} 的并联阻值。

$$7.35\text{k}\Omega = \frac{C_1 U_A}{C_2 - U_A} = \frac{2.08 C_1}{C_2 - 2.08\text{V}} \quad (5\text{-}25)$$

图 5-49　软件计算参数 C_1 和 C_2 的值

根据万用表测得的校准点 B 的电压值，列出体温参数计算公式，其中 510Ω 为高精度电阻 R_{114} 的阻值。

$$510\Omega = \frac{C_1 U_B}{C_2 - U_B} = \frac{0.21 C_1}{C_2 - 0.21\text{V}} \quad (5\text{-}26)$$

（5）根据式（5-25）和式（5-26），得

$$C_1 = 14522\Omega \quad (5\text{-}27)$$

$$C_2 = 6.19\text{V} \quad (5\text{-}28)$$

由于元器件的精度、测量和计算误差等原因，两种方式得到的参数 C_1 和 C_2 均不可避免地存在一定的误差。

5.5.7　体温信号处理

（1）将两个体温探头都接入设备后，使两个探头处于不同温度的环境中。为方便测量，两个探头测量的温差尽可能大一些，这里设置生理参数模拟器的体温 1 为 42℃，体温 2 为 30℃。然后，在"采样通道选择"栏中选择"双通道"，用示波器测量测试点 TP4 和 TP2 的电压，若两个体温探头的温差较大，则得到的信号波形为方波，如图 5-50 所示。

分别使用光标测量测试点 TP4 和 TP2 的信号幅值，如图 5-51 和图 5-52 所示，测得的

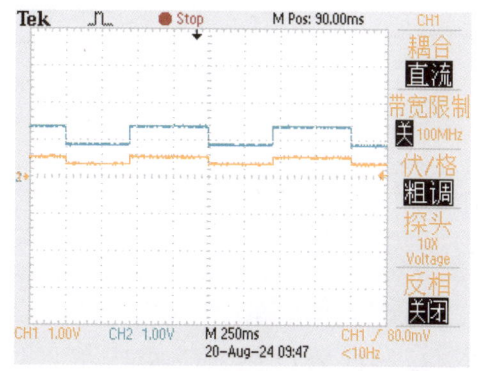

图 5-50　TP4（黄）和 TP2（蓝）上的信号波形

幅值如表 5-9 所示。TP4 的信号经过同相比例运算电路放大后即为 TP2 的信号，根据测量数据，可得放大倍数约为 2.5，与理论值相符。

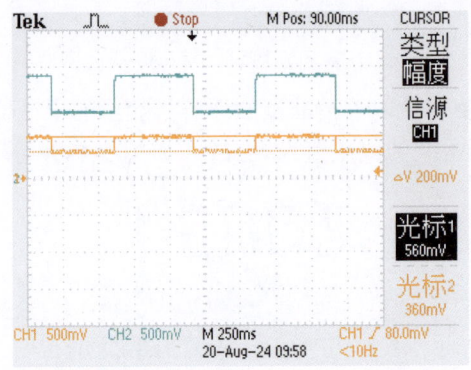 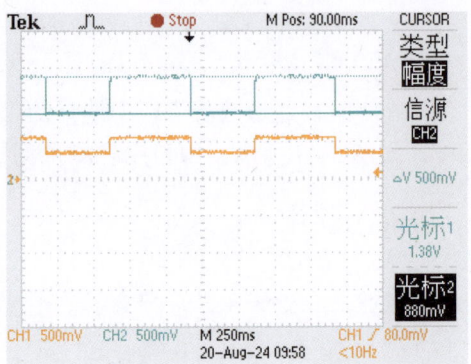

图 5-51　测量 TP4（黄）上的信号幅值　　　　图 5-52　测量 TP2（蓝）上的信号幅值

表 5-9　TP4 和 TP2 上的信号幅值

序　号	1	2	3	4
测 试 点	TP4 光标 1 电压值	TP4 光标 2 电压值	TP2 光标 1 电压值	TP2 光标 2 电压值
幅值/V	0.56	0.36	1.38	0.88

（2）用示波器测量测试点 TP2 和 TEMP 的信号幅值，如图 5-53 所示。电路中 TP2 的信号经过分压后施加到 TEMP 上，TEMP 的信号幅值如表 5-10 所示。根据表 5-9 和表 5-10，可得 $U_{\mathrm{TEMP}} = 0.5 U_{\mathrm{TP2}}$ 基本成立，与理论值相符。

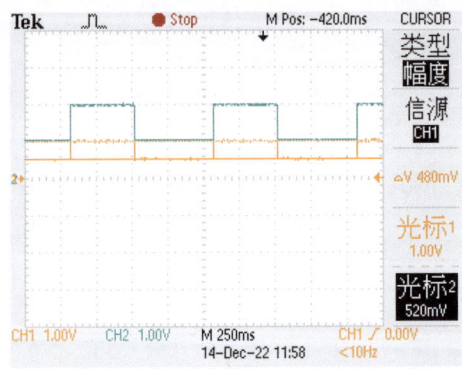

图 5-53　测量 TP2（蓝）和 TEMP（黄）上的信号幅值

表 5-10　TEMP 上的信号幅值

序　号	1	2
测 试 点	光标 1 电压值	光标 2 电压值
幅值/V	0.7	0.44

（3）根据 YSI 型探头的体温计算公式，代入 C_1、C_2 的值和 TEMP 上光标 1、光标 2 所测电压值，分别计算出体温探头 1 和探头 2 的热敏电阻 R_1 和 R_2 的值。通过查看 SENS1 与 TEMP

的信号波形，即可将体温探头 1 和探头 2 分别对应于 TEMP 的两个电压测量值：

$$R_1 = \frac{C_1 U_{\text{TEMP\_MIN}}}{C_2 - U_{\text{TEMP\_MIN}}} = \frac{14522\Omega \times 0.44\text{V}}{6.19\text{V} - 0.44\text{V}} = 1111.2\Omega \quad (5\text{-}29)$$

$$R_2 = \frac{C_1 U_{\text{TEMP\_MAX}}}{C_2 - U_{\text{TEMP\_MAX}}} = \frac{14522\Omega \times 0.7\text{V}}{6.19\text{V} - 0.7\text{V}} = 1851.6\Omega \quad (5\text{-}30)$$

软件计算得到的热敏电阻 R_1 和 R_2 的值如图 5-54 所示。

```
探头1采样
AD值        电压值(V)      探头电阻值(Ω)
536.78      0.433          1116.1

探头2采样
AD值        电压值(V)      探头电阻值(Ω)
838.27      0.676          1819.3
```

图 5-54　软件计算得到的热敏电阻 R_1 和 R_2 的值

（4）根据 R_1 和 R_2 的值，查询附录 A 中的体温探头阻值表，将对应的体温值填入表 5-11 中，结果应符合 YSI 型探头的温度特性：温度越高，阻值越低。

软件计算得到的温度值如图 5-55 所示，与人工计算的结果存在少许偏差。

表 5-11　探头 1 和探头 2 温度值及对应电阻值

序　号	1	2
体温探头热敏电阻	R_1（探头 1）	R_2（探头 2）
电阻值/Ω	1111.2	1851.6
温度值/℃	42	29.6

```
41.9 ℃              30.0 ℃

T1探头连接           T2探头连接
```

图 5-55　软件计算得到的温度值

本章任务

1. 本实验采用查表的方法获得温度值。尝试将附录 A 中的体温探头阻值表进行曲线拟合，得到拟合公式，实现代入参数即可计算得到温度值。

2. 参照本章中的体温测量电路，自行设计一个基于单片机的体温测量系统（包括设计电路板、制作并调试）。

本章习题

1. 简述热敏电阻测体温的原理。
2. 除了热敏电阻测温法,至少列出一种其他测量体温的方法,并简要介绍其原理。
3. 在图 5-3 中,为什么要进行校准?
4. 在图 5-3 中,电阻 R_{111}、R_{112} 和 R_{113} 的精度为什么定为 0.1%?为什么使用两个 14.7kΩ 的电阻(R_{112} 和 R_{113})并联,而不直接使用一个 7.35kΩ 的电阻?
5. 在图 5-10 中,电压跟随器的特性和作用是什么?
6. 在体温测量实测分析过程中,思考如何优化测试方法、测试环境及测试电路等,以提高测量精度。

本章学习资源

第 6 章　心电测量电路

6.1　学习目标

本章将学习心电图（ECG）各项参数的临床意义，了解不同的心电测量方法，并对比这些方法的差异和优缺点；此外，还将理解心电测量原理和电路设计原理，掌握心电测量电路的理论推导、仿真和实测方面的知识。

目标：① 掌握心电信号的特点；② 掌握心电测量电路设计原理；③ 掌握心电信号处理过程；④ 自行设计出各项参数可控的简易心电测量电路。

6.2　心电测量原理

心电信号源于心脏的周期性电活动。在每个心动周期中，窦房结细胞内外首先产生电位的急剧变化（动作电位），这种电位的变化通过心肌细胞依次向心房和心室传播，并在体表不同部位形成规律的电位变化。对体表不同时期的电位差信号进行连续采集、放大并实时显示，便形成心电图（ECG）。

在人体不同部位放置电极，并通过导联线将其与心电图机放大电路的正负输入端相连，这种记录心电图的电路连接方式称为心电图导联。目前广泛采纳的国际通用导联体系是 12 导联体系，包括与四肢相连的肢体导联和与胸部相连的胸导联。

心电测量的主要功能如下：① 记录心脏的电活动，诊断是否存在心律失常；② 诊断出心肌梗死的部位、范围和程度，有助于预防冠心病；③ 评估药物或电解质对心脏的影响，例如，房颤患者在服用胺碘酮药物后，应定期做心电测量以观察疗效；④ 监测人工心脏起搏器的工作状况。

进行心电测量首先需要了解心电信号的特点，然后针对其特点设计测量电路，并通过不同的心电导联方式采集心电信号，从而得到心电图。

6.2.1　心电图

心电图是心脏搏动时产生的生物电位变化曲线，能够客观反映心脏电兴奋的发生、传播及恢复过程。如图 6-1 所示，心电图记录纸上有长和宽均为 1mm 的小方格。通常将心电图机的灵敏度和走纸速度分别设置为 1mV/cm 和 25mm/s，因此纵向一小格代表 0.1mV，横向一小格代表 0.04s。临床上根据心电图波形的形态、波幅及各波之间的时间关系，能够诊断出多种心脏疾病，如心律不齐、心肌梗死、期前收缩、心脏异位搏动等。

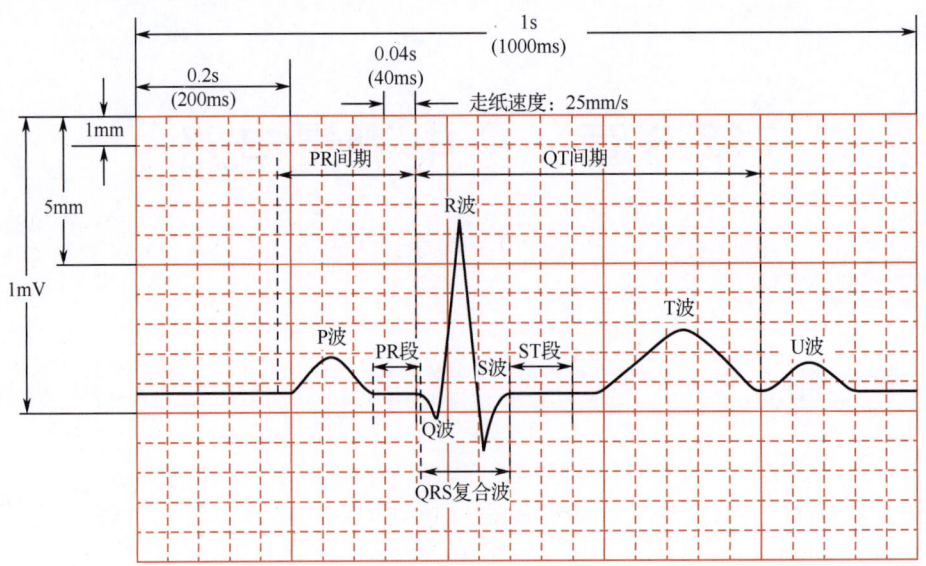

图 6-1 心电图记录纸

心电图信号主要包含以下几个典型波形和波段。

1. P 波

心脏的兴奋发源于窦房结,最先传递至心房。因此,心电图信号中最先出现的是代表左右心房兴奋过程的 P 波。心房兴奋在传播过程中,其去极化的综合向量先指向左下肢,随后逐渐转向左上肢。将各瞬间心房去极化的综合向量连接起来,便形成一个代表心房去极化的空间向量环,简称 P 环。P 环在各导联轴上的投影即可形成不同导联上的 P 波。P 波小而圆钝,在各导联中稍有不同。P 波的宽度一般不超过 0.11s,多为 0.06~0.10s;电压(波幅)不超过 0.25mV,多为 0.05~0.20mV。

2. PR 间期

PR 间期是指从 P 波起点到 QRS 复合波起点的时间间隔,成人一般为 0.12~0.20s。PR 间期代表窦房结产生的兴奋经心房、房室交界和房室束传递至心室,并引起心室肌开始兴奋所需的时间,因此也称为房室传导时间。PR 段通常与基线处于同一水平线。

3. QRS 复合波

QRS 复合波代表心室兴奋传播过程中的电位变化。发源于窦房结的兴奋波经传导系统首先到达室间隔左侧,然后按一定路线和方向由内层向外层传播,随着心室各部位先后去极化,形成多个瞬间综合心电向量,其在额面导联轴上的投影即为心电图肢体导联的 QRS 复合波。典型的 QRS 复合波包括三个相连的波动:第一个向下的波为 Q 波,随后是一个狭窄向上的 R 波,接着是一个向下的 S 波。由于这三个波紧密相连且总时间不超过 0.10s,故合称为 QRS 复合波。QRS 复合波的持续时间代表心室肌兴奋传播所需时间,正常人为 0.06~0.10s,一般不超过 0.11s。

4. ST 段

ST 段是从 QRS 复合波结束到 T 波开始的时间间隔,为水平线。它反映的是心室各部位在兴奋后处于去极化状态,因此无电位差。正常情况下,ST 段接近基线,向下偏移不应超过

0.05mV，向上偏移在肢体导联中不超过 0.1mV，在胸导联 V1～V2 中不超过 0.3mV，在 V3 中不超过 0.5mV，在 V4～V6 中不超过 0.1mV。

5. T 波

T 波是继 QRS 复合波后的一个波幅较低、波宽较大的电波，反映的是心室兴奋后的复极化过程。心室复极化的顺序与去极化过程相反，即缓慢地由外层向内层进行。外层已去极化部分的负电位首先恢复到静息时的正电位，使外层为正、内层为负，因此复极化向量方向与去极化时基本相同。连接心室复极化各瞬间向量所形成的轨迹称为心室复极化心电向量环，简称 T 环。T 环的投影即为 T 波。

复极化过程与心肌代谢相关，因而比去极化过程缓慢，持续时间较长。T 波与 ST 段同样具有重要的诊断意义，如果 T 波倒置，可能提示心肌梗死。在以 R 波为主的心电图上，T 波幅值不应低于 R 波的 0.1 倍。

6. U 波

U 波是在 T 波后 0.02～0.04s 出现的宽而低的波，幅值多小于 0.05mV，宽约 0.20s。一般临床上认为，U 波可能是由心脏舒张时各部位产生的后电位形成的，也有观点认为 U 波是浦肯野纤维再极化的结果。正常情况下不容易记录到微弱的 U 波，但当血钾不足、甲状腺功能亢进或服用强心药（如洋地黄等）时，U 波会增大并可能被捕捉到。

健康成人心电图各个波形的典型值范围如表 6-1 所示。

表 6-1 健康成人心电图各个波形的典型值范围

波形名称	幅值/mV	时间/s
P 波	0.05～0.25	0.06～0.10
Q 波	<R 波的 0.25 倍	<0.04
R 波	0.5～2.0	—
S 波	—	0.06～0.11
T 波	0.1～1.5	0.05～0.25
PR 段	与基线同一水平	0.06～0.14
PR 间期	—	0.12～0.20
ST 段	水平线	0.05～0.15
QT 间期	—	<0.44

6.2.2 心电图导联

将两个电极置于人体表面的不同位置，通过导联线与心电图机相连，即可描记出一种心电图波形。描记心电图时，电极的放置位置及其与放大器的连接方式称为心电图导联。为了统一心电图标准，便于临床上进行心电图波形比较，国际上对电极位置和导联方式做了统一规定。目前，广泛采用的是国际标准 12 导联体系，包括 6 个肢体导联（Ⅰ、Ⅱ、Ⅲ、aVR、aVL、aVF）和 6 个胸导联（V1～V6）。肢体导联又包括标准双极导联（Ⅰ、Ⅱ和Ⅲ）和加压单极肢体导联（aVR、aVL 和 aVF），具体如图 6-2 所示。导联Ⅰ、Ⅱ、Ⅲ为双极导联，其余均为单极导联。

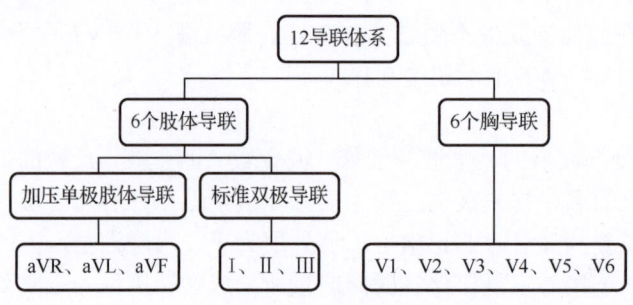

图 6-2　12 导联体系

1. 标准双极导联

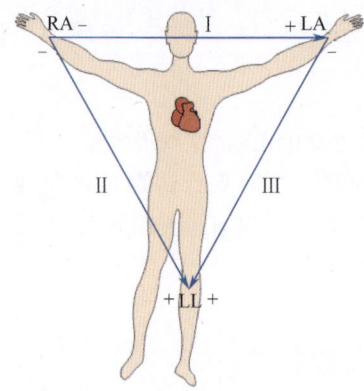

图 6-3　Einthoven 三角示意图

根据 Einthoven 原理，心脏在电活动过程中可视为位于体腔中央的一对电偶。人体可近似看成一个均匀的、很大的球形容积导体，假设左上肢（LA）、右上肢（RA）及左下肢（LL）是距离相等的三个点，由负极向正极画出假想的带箭头的连线，标准双极导联的三条导联构成一个倒置的等边三角形，称为 Einthoven 三角，如图 6-3 所示。心脏恰好位于该等边三角形的中心，相当于电偶中心。

标准双极导联用于测量两个肢体之间的电位差，如图 6-4 所示。

导联Ⅰ：记录 LA（正极）与 RA（负极）之间的电位差；
导联Ⅱ：记录 LL（正极）与 RA（负极）之间的电位差；
导联Ⅲ：记录 LL（正极）与 LA（负极）之间的电位差。

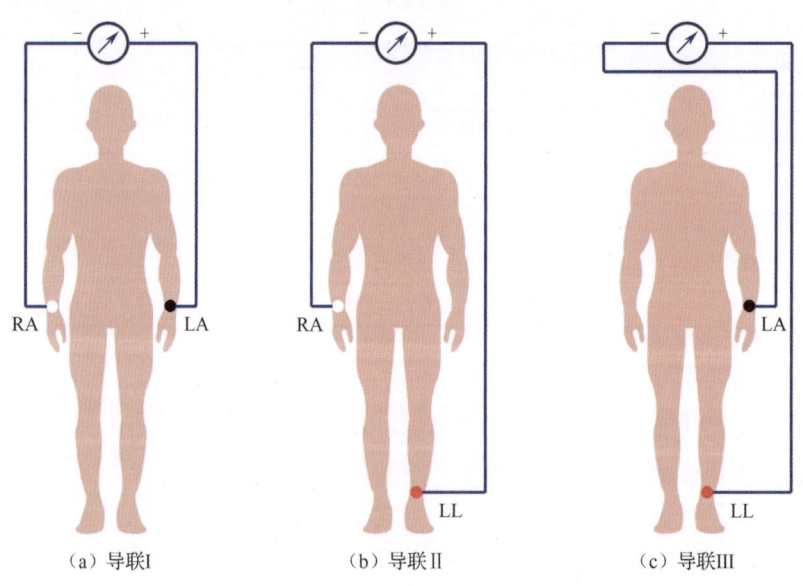

图 6-4　标准双极导联

标准双极导联能够较广泛地反映心脏的整体情况，例如，后壁心肌梗死、心律失常等在导联Ⅰ或导联Ⅱ中可记录到明显的波形变化。但是，标准双极导联只能反映两个肢体之间的电位差，无法记录单个电极处的电位变化。

2. 加压单极肢体导联

单极导联理论由 Wilson 于 1940 年提出，他认为单极导联可以更准确地反映探查电极下局部心肌的电位变化情况，因此提出了单极肢体导联的连接方式。采用单极肢体导联方式测量心电图时，一个电极放置在 LA、RA 或 LL（该电极称为探查电极），另一个电极连接零电位点（该电极称为参考电极），探查电极所在部位的电位变化即反映心脏局部电位的变化。

实验发现，给 RA、LA 和 LL 之间的平均电阻分别为 1.5kΩ、2kΩ、2.5kΩ。如果将这三个肢体通过导线星形连接形成一个参考电极点，其电位并非恰好为零。为此，Wilson 提出在三个肢体上各串联一个 5kΩ 的电阻（该电阻称为平衡电阻，可在 5～300kΩ 范围之间选择），使三个肢端与心脏间的电阻值接近，从而获得一个接近零值的电极电位端，称为 Wilson 中心电端。这样，在每个心动周期的每个瞬间，Wilson 中心电端的电位都为零。将放大电路的负输入端连接到 Wilson 中心电端，正输入端分别连接到 LA、RA、LL（或记为 F），便构成单极肢体导联的三种形式，如图 6-5 所示，可记为 VL、VR、VF。

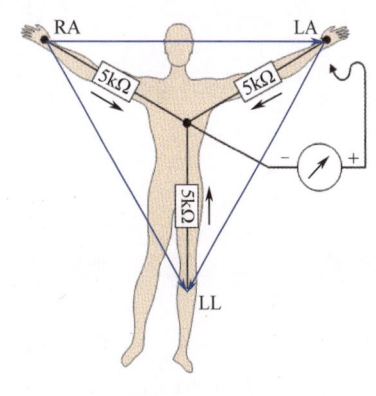

图 6-5　单极肢体导联的三种形式

由于电阻的存在，用上述方法记录的心电信号幅值较小，不便于进行分析。Goldberger 于 1942 年对 Wilson 提出的单极肢体导联进行了改进，提出加压单极肢体导联的概念，即在记录某一肢体单极导联心电波形时，将该肢体与 Wilson 中心电端之间的平衡电阻断开，从而增加电压幅值，如图 6-6 所示。加压单极肢体导联分别记为 aVR、aVL、aVF（a 代表 augmented，加压），其记录的心电信号波形不变，只是幅值增大了 50%。

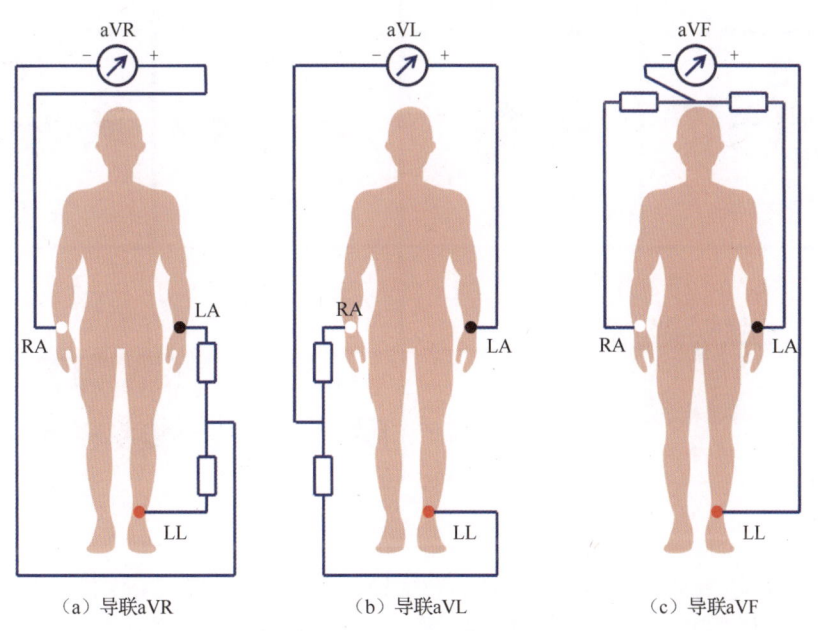

(a) 导联aVR　　　　　(b) 导联aVL　　　　　(c) 导联aVF

图 6-6　加压单极肢体导联

加压单极肢体导联的具体连接方式如下。
导联 aVR：正极为 RA，负极为 LA+LL；
导联 aVL：正极为 LA，负极为 RA+LL；
导联 aVF：正极为 LL，负极为 RA+LA。

3. 心电导联线

心电图机与人体/生理参数模拟器之间通过心电导联线连接，心电导联线主要由仪器端连接器、电缆、分线器、导联线和人体/心电模拟器端连接器组成，如图 6-7 所示。

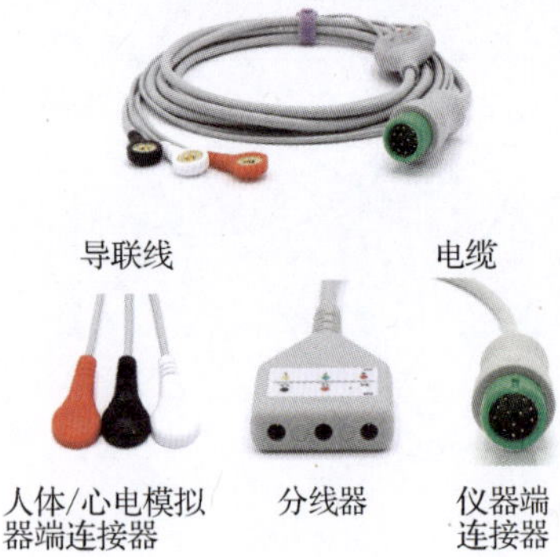

心电导联线品种繁多，主要分类如图 6-8 所示。三导联心电导联线只能获得标准导联 I、II、III 的心电图，五导联心电导联线可以获得 I、II、III、aVR、aVF、aVL、V 导联的心电图。为了便于快速连接，通常采用颜色标记法来识别电极。三导联心电导联线的电极标记为红、黄、绿或白、黑、红；五导联心电导联线的电极标记为白、黑、红、绿、棕或白、黑、红、绿、黄。注意，在欧标和美标两种规格导联中，颜色相同的电极放置位置并不相同，所以使用英文缩写（RA、LA、RL、LL、V 等）来确定电极位置比通过颜色更为可靠。

图 6-7　心电导联线

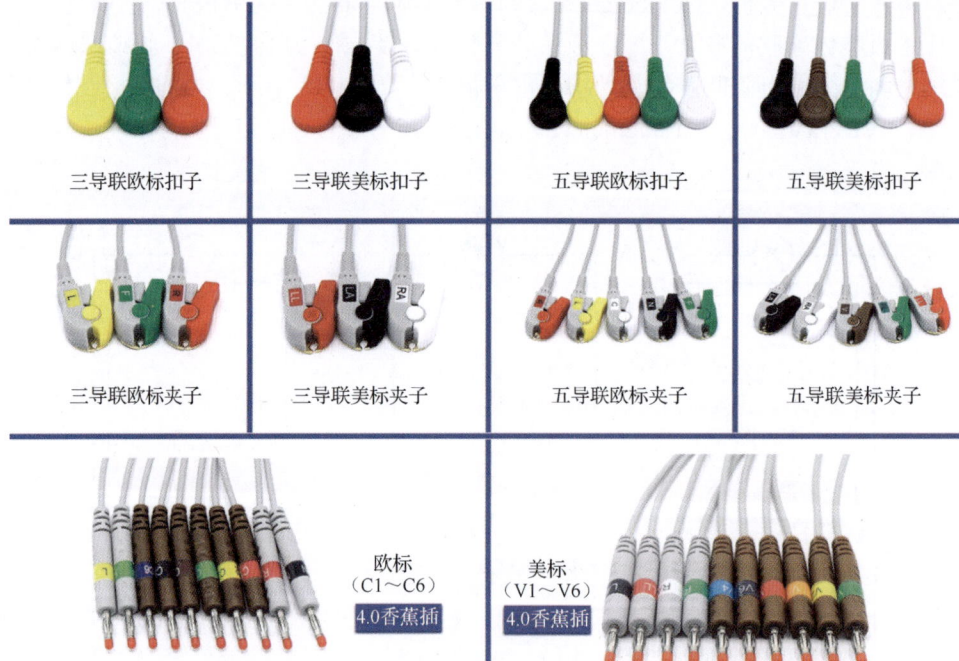

图 6-8　心电导联线主要分类

在国际标准 12 导联体系中，需要在人体表面放置 10 个电极，分别位于左上肢（LA）、右上肢（RA）、左下肢（LL）、右下肢（RL）及胸部（V1～V6）。在记录心电图时，RL 电极一般作为参考电极，其余 9 个电极作为心电电极。肢体电极可采用四肢夹固定，胸电极可使用电极片或吸球，如图 6-9 所示。

第 6 章 心电测量电路

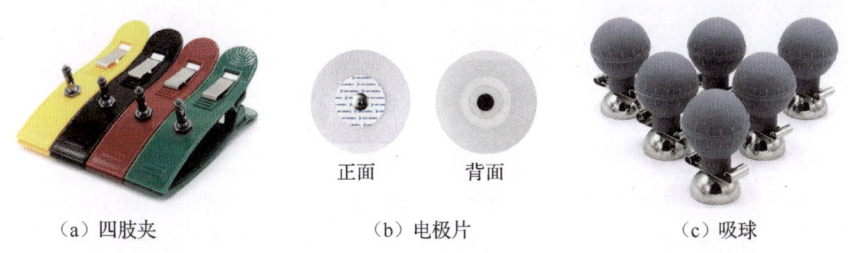

(a) 四肢夹　　　　　(b) 电极片　　　　　(c) 吸球

图 6-9　四肢夹、电极片、吸球

4．电极放置位置

（1）肢体电极放置位置

正确放置电极对于心电记录非常重要，电极放置不当会导致测量结果错误。因此，电极的放置需采用标准化规则。本实验使用三导联心电导联线，肢体电极的两种放置方式如图 6-10 所示，注意 RA、LA 电极需对称放置。

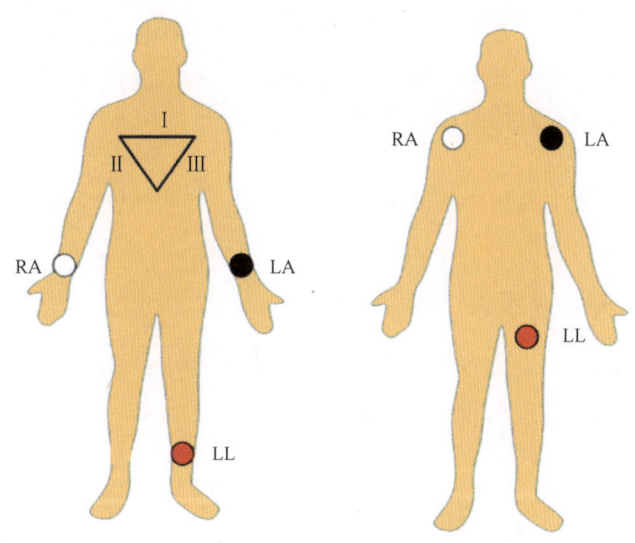

图 6-10　三导联肢体电极的放置位置

（2）单极胸电极放置位置

单极胸电极的放置位置如图 6-11 所示。

V1：胸骨右缘第 4 肋间。
V2：胸骨左缘第 4 肋间。
V3：V2 电极和 V4 电极之间的中点。
V4：锁骨中线第 5 肋间。
V5：腋前线，与 V4 电极同一水平处。
V6：腋中线，与 V4 电极同一水平处。

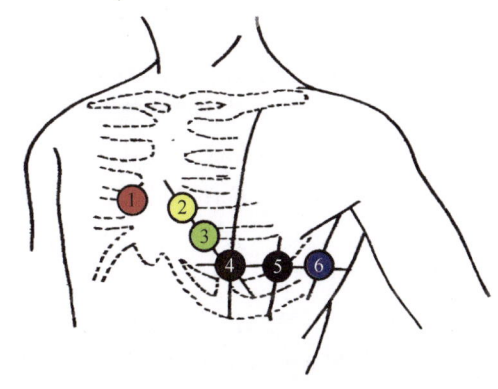

图 6-11　单极胸电极的放置位置

· 83 ·

6.2.3　心电信号特点

心电信号具有以下几个显著特点。

（1）信号弱、信噪比低

心电信号是人体内部产生的微弱电信号，其幅值非常小，通常为 0.05～5mV，属于毫伏级电信号。为了将其清晰地显示出来，通常需要放大 1000 倍左右。同时，由于心电信号的信噪比较低，信号的放大是一个难点。

（2）信号源阻抗大

心电信号通过皮肤电极取自人体表面采集，因此信号源内阻非常大。干燥的皮肤在低电压下的电阻约为 100kΩ。不同人体或人体不同部位的皮肤阻抗差异很大，可能导致放大器的输出结果存在不稳定性。因此，放大器必须有极高的输入阻抗，才能使其引起的失真和误差降低到可以忽略不计的程度。

（3）电磁干扰大

人体周围存在电磁干扰，如 50Hz 工频干扰和其他空中电磁干扰等，干扰信号的强度比信号源大得多，使得有用信号被干扰信号淹没。因此，在放大有效信号时，必须消除或抑制强大的干扰信号，以确保有效信号被正常放大。

（4）信号频率低

心电信号的频率成分主要集中在 0.05～100Hz 频段，其中 90% 的信号能量集中在 0.25～35Hz 频段。

6.2.4　心电放大器要求

对心电放大器的基本要求如下：不影响所检测部位的生理功能；确保信号无畸变；能有效分离有用信号与干扰信号。下面是对放大器的具体技术要求。

（1）高增益

针对心电信号幅值微弱、信噪比低的特点，心电放大器应具有高增益。心电信号幅值为毫伏级且最高不超过 5mV，为了将信号放大至适合 A/D 转换的范围（2.56～5V），心电放大器的总增益应大于 60dB。

（2）高输入阻抗

心电信号源阻抗大，提高心电放大器的输入阻抗可以提高信号拾取的比例。由于信号源内阻大于 100kΩ，心电放大器的输入阻抗应至少达到 1MΩ。若输入阻抗能达到 10MΩ，则信号源内阻与输入阻抗之比可达到 1:100，使得信号在信号源内阻上的电压降与在心电放大器的输入阻抗上产生的电压降相比可以忽略不计。这样，信号的功率就不会浪费在信号源内阻上。此外，高输入阻抗还能减少因各电极阻抗不一致引起的共模干扰，进一步提高信噪比。

（3）高共模抑制比

为了抑制人体自发产生的电磁干扰，心电放大器需要具有高共模抑制比。因为信号源是差模信号，而干扰源大多是共模信号，仪器仪表放大电路的对称性既可以提高心电放大器的输入阻抗，也可以减小不对称性导致的共模向差模的转化。一般要求共模抑制比达到 80～100dB，相当于可以让 10mV 的共模信号与 0.1μV 的差模信号具有同样幅值的输出。这样，以共模形式输入的干扰信号就会被抑制，而以差模形式输入的生理信号可以得到有效放大。

（4）合适的通频带

合适的通频带通常是利用滤波器来实现的。高通滤波器可以消除电极电位漂移；低通滤波器不仅可以抑制高频噪声（如工频噪声及其谐波），还能限制信号的频宽以防采样时造成信号混叠。不同信号源的频率范围不同，因此心电放大器的频率响应范围也不同。

（5）低噪声、低漂移

由于心电信号幅值微弱，心电放大器本身的噪声幅值必须远低于信号幅值，尤其是前级放大器的噪声会随信号一起经后级放大器放大，所以前级放大器应尽量采用低噪声元件。此外，基线漂移对于极低频率（1Hz 以下）信号（信号分量含此频域）的测量有很大影响，通过使用具有对称结构的仪器仪表放大电路并严格挑选参数合适的元器件，可以有效抑制温度引起的零点漂移。

6.3 心电测量电路设计

6.3.1 心电测量电路设计思路

心电测量电路主要由无源低通滤波电路、电压跟随器电路、仪器仪表放大电路、信号放大滤波电路、右腿驱动电路和导联脱落检测电路等组成，电路结构图如图 6-12 所示。

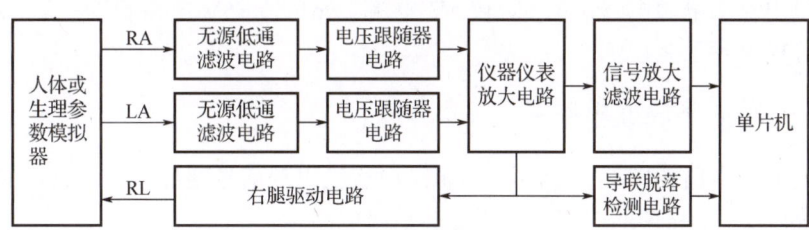

图 6-12 心电测量电路结构图

（1）无源低通滤波电路

在实际应用中，空间电磁场中存在大量的高频信号，同时心电图室周围也可能存在一些大功率用电设备，这些高频信号通过电极输入心电图机后会直接影响心电图的描记。因此，在输入部分采用 RC 低通滤波电路组成高频滤波器，滤波器的截止频率设为 10kHz 左右，以滤除高频信号（如电器、电焊火花产生的电磁波），同时确保心电信号通过。

（2）电压跟随器电路

心电信号通过导联线传输至心电图机的第一级放大器（输入缓冲放大器）。缓冲放大的主要目的是提高电路的输入阻抗、减少心电信号衰减和匹配失真，而这一操作通常采用电压跟随器实现。心电信号会受人体电阻、皮肤接触电阻及输入电路平衡电阻等因素的影响而衰减。如果放大器的输入阻抗很低，那么心电信号经过衰减后在放大器的输入阻抗上得到的被放大的有效信号幅值就会降低。由于人体电阻和皮肤接触电阻分散性很大，输入阻抗过低还会造成心电信号失真。而如果输入阻抗较高，高输入阻抗可有效避免上述问题。

（3）仪器仪表放大电路和信号放大滤波电路

从体表提取的心电信号通常混入了其他干扰信号，因此需要采用多级放大电路对心电信号进行放大，同时滤除其他干扰信号。由于心电信号非常微弱，且人体作为信号源具有较高的内阻,因此要求前置放大器具有高输入阻抗,否则所测信号会产生较大的误差,同时降低抗干扰能力。心电图机是一个高灵敏度、高输入阻抗的放大装置,容易受到外界各种电磁信号,尤其是 50Hz 交流电的干扰(其频率在心电图机放大器的频率范围之内,且交流电引起的干扰幅值远大于心电信号)。若把心电信号和交流干扰信号同时放大,心电信号将会受到严重的干扰。由于电磁干扰信号为共模信号,因此前置放大器必须具有很高的共模抑制比,从而有效抑制干扰信号。仪器仪表放大电路具有高输入阻抗、高共模抑制比的特点,常作为第一级放大电路,用于滤除共模干扰信号,同时对心电信号进行初步放大。由于心电信号的幅值仅为毫伏级,频率为 0.05~100Hz,单级放大电路无法满足放大要求,因此常在仪器仪表放大电路之后增加多级信号放大滤波电路,以使心电信号达到可观察和记录的水平。

(4)右腿驱动电路

该电路通过接在右腿的 RL 电极来抑制 50Hz 共模干扰。由于人体可作为天线接收电磁干扰(尤其是 50Hz 的工频干扰),而右腿驱动电路能有效消除此类干扰。

(5)导联脱落检测电路

该电路通过电压比较器判断信号电平,输出高电平或低电平信号至单片机。高电平表示导联脱落,低电平表示导联连接。

6.3.2 电源电路

心电测量电路的电源电路包括 6V 转 5V 电路、-6V 转 -5V 电路和 5V 转 3.3V 电路。电源电路具体分析可参见 2.1 节。

6.3.3 无源低通滤波电路

无源低通滤波电路如图 6-13 所示,从 RA 电极输出的信号通过该电路进行低通滤波,截止频率为 12.6kHz。电路中的二极管用于保护后级电路。

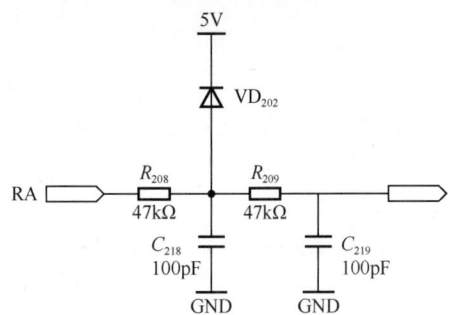

图 6-13 无源低通滤波电路

6.3.4 电压跟随器电路

如图 6-14 所示,电压跟随器电路的输出电压与输入电压幅值相等且相位相同,起到缓冲隔离作用,同时提高输入阻抗。此处电路以右臂为例(左臂相同),$U_i = U_o$。

第6章 心电测量电路

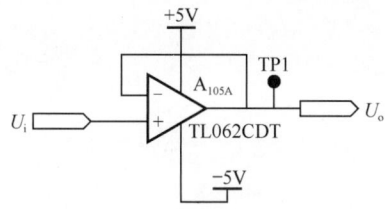

图 6-14 电压跟随器电路

6.3.5 仪器仪表放大电路

仪器仪表放大电路如图 6-15 所示,其中 A_{106A} 与 A_{106B} 组成第一级放大器,均采用同相输入方式。由于电路结构对称,漂移可以互相抵消。

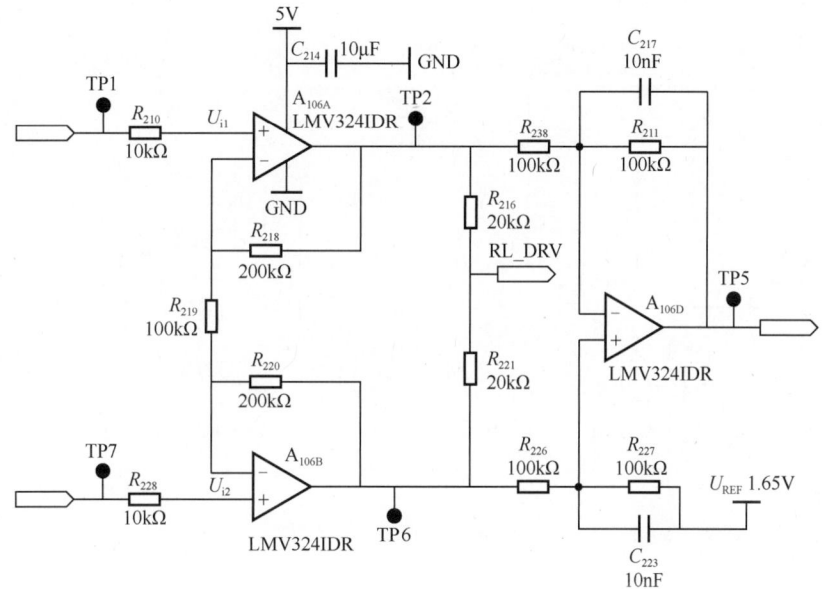

图 6-15 仪器仪表放大电路

由图 6-15 可得

$$\frac{U_{TP2}-U_{i1}}{R_{218}}=\frac{U_{i1}-U_{i2}}{R_{219}}=\frac{U_{i2}-U_{TP6}}{R_{220}} \tag{6-1}$$

代入数据并化简可得

$$U_{TP2}-U_{TP6}=5(U_{i1}-U_{i2}) \tag{6-2}$$

第二级放大电路采用差分比例运放,可得

$$U_{TP5}=U_{REF}-\frac{R_{211}}{R_{238}}(U_{TP2}-U_{TP6}) \tag{6-3}$$

结合式(6-2)和式(6-3)可得

$$U_{TP5}=U_{REF}-5(U_{i1}-U_{i2})=U_{REF}+5(U_{i2}-U_{i1}) \tag{6-4}$$

由电压跟随器电路可知

$$U_{i1}=U_{TP1}=U_{RA} \tag{6-5}$$

· 87 ·

$$U_{i2} = U_{TP7} = U_{LA} \tag{6-6}$$

因此，两级放大器得到的结果为

$$U_{TP5} = U_{REF} + 5(U_{LA} - U_{RA}) \tag{6-7}$$

6.3.6 信号放大滤波电路

（1）同相比例运算电路

信号放大滤波电路如图 6-16 所示。先在第三级运放 A_{107B} 的输入端前接入电容 C_{222}，去除直流信号，再在 U_1 处重新加载 U_{REF}。可得

$$U_1 = U_{REF} + 5(U_{LA} - U_{RA}) \tag{6-8}$$

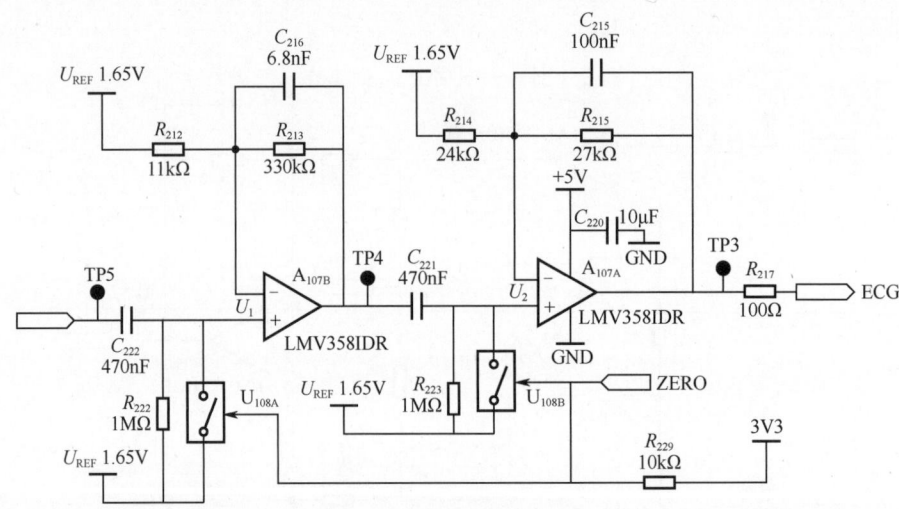

图 6-16 信号放大滤波电路

A_{107B} 为带直流高电平信号的同相比例运算放大器，有

$$U_{TP4} = \left(1 + \frac{R_{213}}{R_{212}}\right)U_1 - \frac{R_{213}}{R_{212}}U_{REF} \tag{6-9}$$

代入数值可得

$$U_{TP4} = 31U_1 - 30U_{REF} \tag{6-10}$$

将式（6-9）代入式（6-10），可得

$$U_{TP4} = 31[U_{REF} + 5(U_{LA} - U_{RA})] - 30U_{REF} = U_{REF} + 155(U_{LA} - U_{RA}) \tag{6-11}$$

同理，先接入电容 C_{221}，去除直流信号，再在 U_2 处重新加上 U_{REF}。所以有

$$U_2 = U_{REF} + 155(U_{LA} - U_{RA}) \tag{6-12}$$

运放 A_{107A} 的输入/输出关系式为

$$U_{TP3} = \left(1 + \frac{R_{215}}{R_{214}}\right)U_2 - \frac{R_{215}}{R_{214}}U_{REF} \tag{6-13}$$

代入数值并结合式（6-12），可得

$$U_{TP3} = 2.125[U_{REF} + 155(U_{LA} - U_{RA})] - 1.125U_{REF} \tag{6-14}$$

化简可得

$$U_{ECG} = U_{TP3} = U_{REF} + 329.375(U_{LA} - U_{RA}) \tag{6-15}$$

即放大倍数约为 330 倍，得到最终信号近似为

$$U_{ECG} = U_{REF} + 330(U_{LA} - U_{RA}) \tag{6-16}$$

（2）双向模拟开关电路

为了使心电导联在脱落与连接切换过程中，波形能快速回到基线附近，引入双向模拟开关 CD4066，其效果图 6-17 所示。

双向模拟开关 CD4066（图 6-16 电路中的 U_{108}）由使能端 ZERO 控制，ZERO 连接到单片机，当 ZERO 为高电平时，开关闭合；为低电平时，开关断开。在获取基线电压时，单片机输出高电平，使开关闭合，此时 ECG 输出直线信号（在 1.65V 基线附近）；当正常测量时，单片机输出低电平，使开关断开，此时 ECG 输出放大后的心电信号。

双向模拟开关 CD4066 的内部示意图如图 6-18 所示。其中，14 号引脚 VDD 连接电路中的参考高电平，7 号引脚连接电路中的参考低电平，其余引脚分别为输入/输出端和控制端。

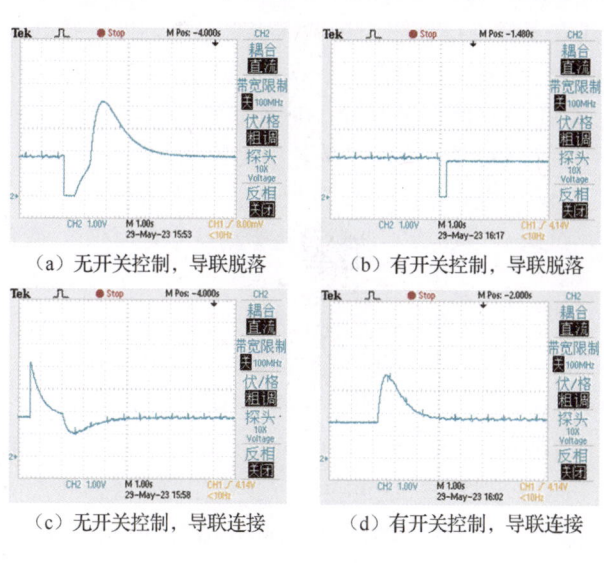

图 6-17　双向模拟开关效果图　　　　图 6-18　CD4066 的内部示意图

以控制模块 SWA 为例。当控制端 CTRL A 的电压达到参考高电平（VDD）时，1、2 号引脚之间的电阻值很低，相当于导通（输入/输出引脚可以互换，未规定方向）；当控制端 CTRL A 的电压为参考低电平（VSS）时，1、2 号引脚之间的电阻值很高，相当于开路。控制模块 SWB、SWC、SWD 的原理与之相同。

模拟开关可传输数字信号和模拟信号，可传输的模拟信号频率上限为 40MHz。各开关间的串扰很小，典型值为-50dB。

（3）基准电压电路

基准电压电路如图 6-19 所示，首先通过电阻 R_{233} 与 R_{235} 对 3.3V 电源进行分压，得到

$$U_{TP10} = \frac{R_{235}}{R_{233} + R_{235}} \times 3.3\text{V} = 1.65\text{V} \tag{6-17}$$

接着，通过电容 C_{228} 接地以滤除交流干扰。运放 A_{209A} 构成电压跟随器，其输出电压的幅值和相位与输入电压相同，起到缓冲隔离的作用。最终电路输出一个稳定的基准电压 1.65V。

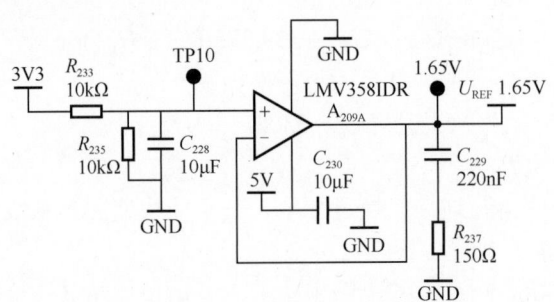

图 6-19 基准电压电路

6.3.7 右腿驱动电路

在人体体表，不仅存在心电信号，还有肌肉活动引起的肌电信号，以及周边电磁波产生的共模干扰信号（在体表各处均存在的干扰信号）。为了准确提取心电信号，不仅需要导联电极与皮肤紧密接触，还需要后级检测电路通过多种方法滤除不需要的干扰信号，尤其是共模干扰信号。正常心电信号的幅值范围为 $10\mu V \sim 4mV$，典型值为 $1mV$，频率为 $0.05 \sim 100Hz$，大部分能量集中在 $40Hz$ 以下频段。而人体存在的共模干扰信号（要来源于 $50Hz$ 工频干扰）幅值可达伏级。因此，在生物电采集系统中，前级放大电路的主要任务是降低共模干扰信号。为达到这一目的，模拟前端的运放不仅要有较大的增益，还要有很高的共模抑制比（$70 \sim 120dB$），共模抑制比过低会影响测量精度，过高会增加成本，而右腿驱动技术是降低共模干扰的有效方法。

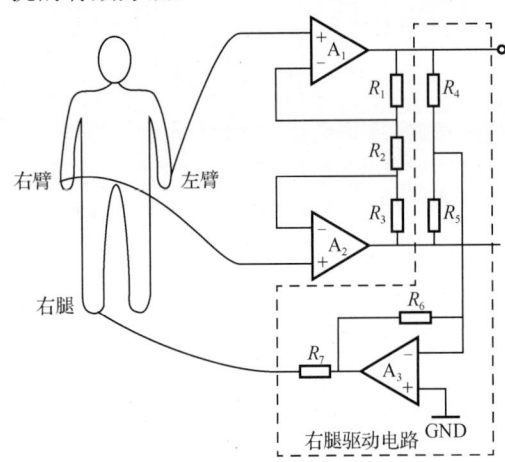

图 6-20 右腿驱动电路示意图

右腿驱动电路示意图如图 6-20 所示，A_3、R_6、R_7 共同构成了右腿驱动电路，其工作原理如下：从前置放大电路的两个相等的偏置电阻 R_4、R_5 中提取人体的共模电压，该电压经过反相比例运算电路后，通过限流保护电阻 R_7 反馈回人体（通常反馈电极放置在右腿，故称为右腿驱动电路）。右腿驱动电路将共模电压反馈回参考电极，并使其与原来的共模干扰信号极性相反，通过适当选择电阻值可使反馈电平抵消共模干扰信号，从而在输入端实现对共模干扰信号的抑制，并大大提高整个电路的共模抑制比。本质上，它是一个共模电压并联负反馈电路，能够有效衰减人体携带的共模电压。

心电测量电路中的右腿驱动电路如图 6-21 所示，从仪器仪表放大电路中间的两个电阻结点处（TP2 和 TP6 之间）提取共模干扰信号，经反相放大器 A_{106C} 放大后，生成与共模干扰信号相位相反的信号，再经过限流电阻 R_{230} 和 R_{231} 反馈到 RL 电极，最终返回人体，从而抑制输入到 RA 和 LA 的共模干扰信号。

由图 6-21 可得，在 A_{106C} 不饱和的情况下，根据反相比例运算电路的"虚短"与"虚断"特性有

$$U_{TP8} = U_{REF} \tag{6-18}$$

$$\frac{U_{TP2} - U_{TP8}}{R_{216}} + \frac{U_{TP6} - U_{TP8}}{R_{221}} = \frac{U_{TP8} - U_{TP9}}{R_{239}} \tag{6-19}$$

代入阻值并整理得到

$$U_{TP9} = 101 U_{REF} - 50(U_{TP2} + U_{TP6}) \tag{6-20}$$

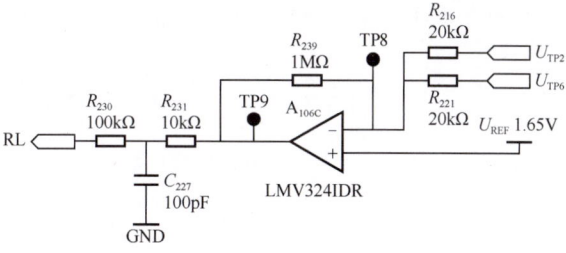

图 6-21　右腿驱动电路

6.3.8　导联脱落检测电路

导联脱落检测电路如图 6-22 所示。U_{TP11} 为固定电压，计算式为

$$U_{TP11} = \frac{R_{234}}{R_{232} + R_{234}} \times 3.3V \approx 1.9V \tag{6-21}$$

如图 6-15 所示，从仪器仪表放大电路的电阻 R_{216} 和 R_{221} 中间引出的信号电压 U_{RL_DRV} 即为 U_{TP8}，根据实际测量，其幅值在 1.9V 附近波动（若探头连接成功，电压低于 1.9V；若探头脱落，电压则高于 1.9V）。运放 A_{209B} 作为电压比较器，其输入电压为

$$U_{TP12} = A_{od}(U_{TP8} - U_{TP11}) \tag{6-22}$$

其中，A_{od} 为运放的开环差模电压放大倍数，理论值为无穷大。当 $U_{TP8} > U_{TP11}$，即 $U_{RL\_DRV} > 1.9V$ 时，运放的输出端 U_{TP12} 为最大输出值（高电平）；当 $U_{TP8} < U_{TP11}$，即 $U_{RL\_DRV} < 1.9V$ 时，运放的输出端 U_{TP12} 无限接近于 0（低电平）。

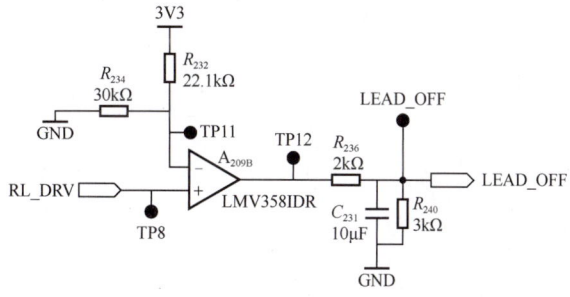

图 6-22　导联脱落检测电路

最后，通过一个无源低通滤波电路滤除高频电压波动干扰。为了保护单片机，信号需经过分压后再传送至引脚 LEAD_OFF（连接至单片机）。

6.4　心电测量电路仿真

6.4.1　无源低通滤波电路仿真

搭建如图 6-23 所示的无源低通滤波电路。输入幅值为 1V、频率为 12.6kHz 的正弦电压信号，仿真结果如图 6-24 所示，输出信号的电压峰-峰值约为 1.4V。根据输入、输出信号的电压峰-峰值，计算增益如下：

$$G = 20\lg A = 20\lg \frac{V_o}{V_i} = 20\lg 0.7 \approx -3\text{dB} \tag{6-23}$$

其中，G 为增益，A 为电压放大倍数。可证明该滤波电路的截止频率约为 12.6kHz。

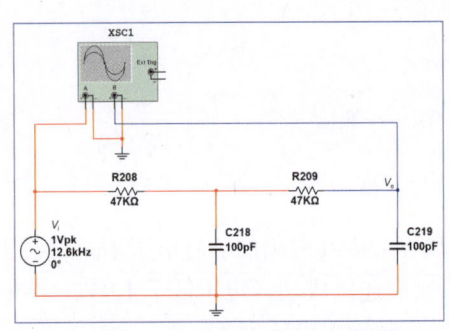

图 6-23　无源低通滤波电路 1

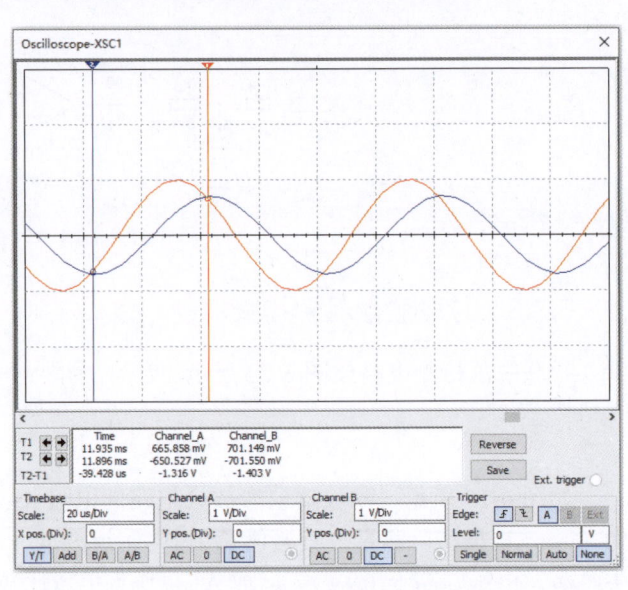

图 6-24　仿真结果

在图 6-23 所示的仿真电路基础上，连接波特图仪（Bode Plotter，即 XBP1）如图 6-25 所示，仿真结果如图 6-26 所示，当灵敏度下降到 70.7%（-3dB）时，对应的频率为 12.643kHz（截止频率），与理论计算结果相近。

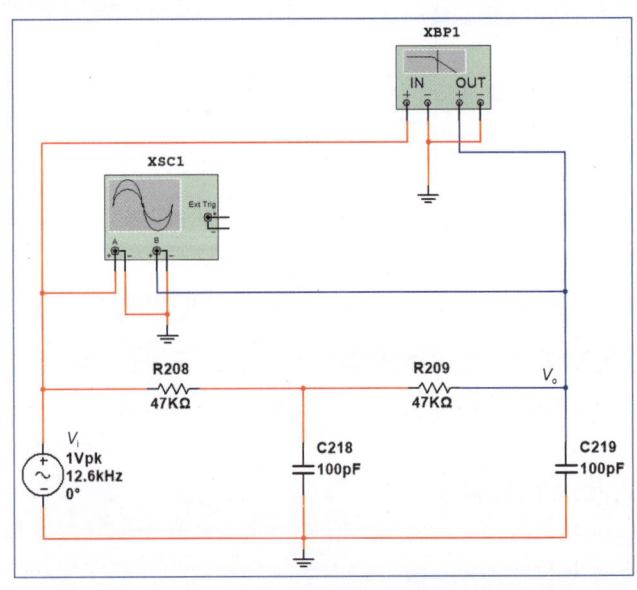

图 6-25　无源低通滤波电路 2

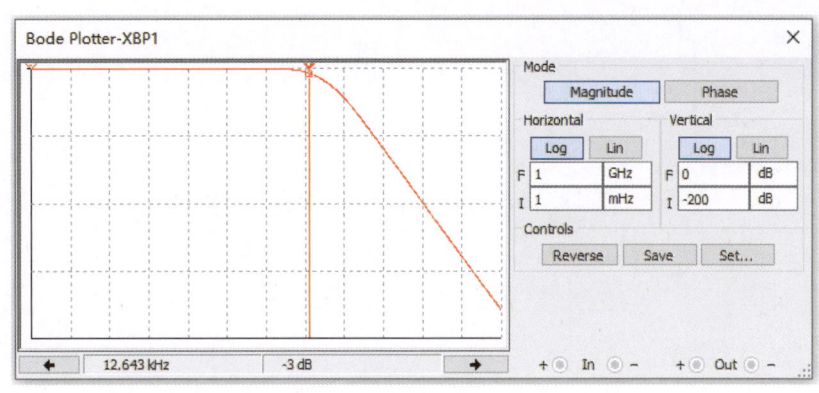

图 6-26　仿真结果

6.4.2　电压跟随器电路仿真

搭建如图 6-27 所示的电压跟随器电路，仿真结果如图 6-28 所示，输入与输出信号的波形重合，即输入与输出信号的幅值、频率、相位相同，达到了电压跟随的目的。

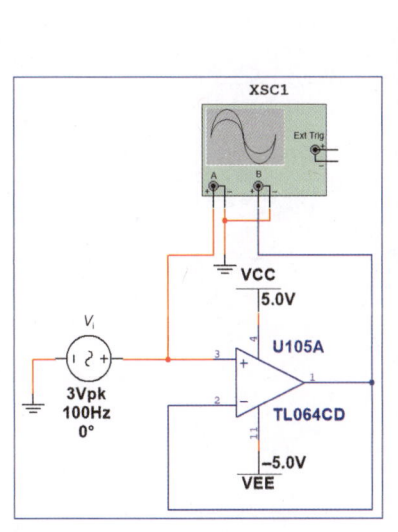

图 6-27　电压跟随器电路

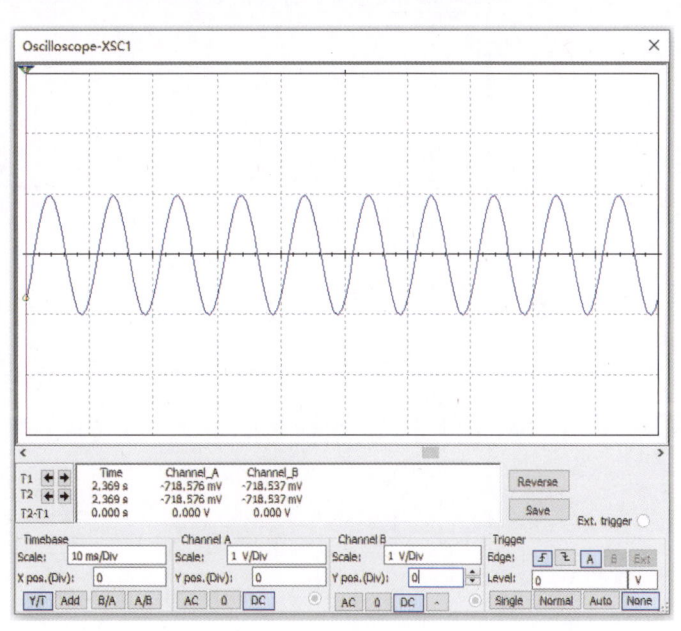

图 6-28　仿真结果

6.4.3　仪器仪表放大电路仿真

搭建如图 6-29 所示的仪器仪表放大电路。输入幅值为 5mV、频率为 1Hz 的正弦电压信号，仿真结果如图 6-30 所示，两个输入信号的电压峰-峰值差值为 9.810mV-(-9.810mV)=19.62mV，输出信号的电压峰-峰值为 98.383mV，因此差模电压放大倍数为

$$A_{od} = \frac{V_o}{V_i} = \frac{98.383\text{mV}}{19.62\text{mV}} \approx 5 \tag{6-24}$$

计算得到的差模电压放大倍数与理论计算结果一致。

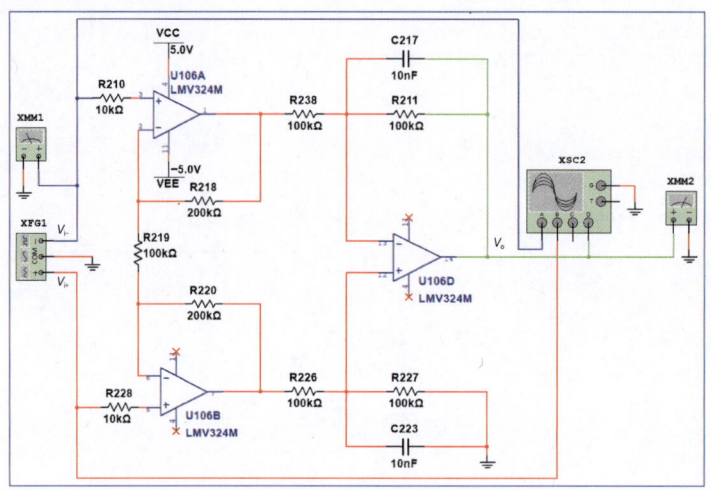

图 6-29 仪器仪表放大电路 1（差模信号输入）

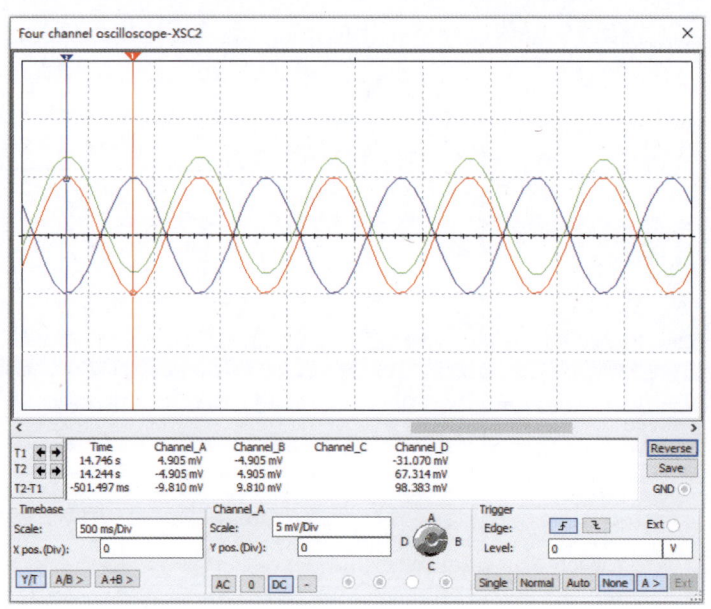

图 6-30 仿真结果

共模输入的仪器仪表放大电路如图 6-31 所示，仿真结果如图 6-32 所示，可见仪器仪表放大电路对共模输入信号起到了抑制作用。输入信号的电压峰-峰值为 9.925mV，输出信号的电压峰-峰值为 11.572μV，因此共模电压放大倍数

$$A_{oc} = \frac{V_o}{V_i} = \frac{11.572\mu V}{9.925 mV} = 0.0012 \tag{6-25}$$

共模抑制比（CMRR）为差模电压放大倍数 A_{od} 与共模电压放大倍数 A_{oc} 的绝对值之比，即

$$CMRR = 20\lg\left|\frac{A_{od}}{A_{oc}}\right| = 20\lg\left|\frac{5}{0.0012}\right| = 72.4 dB \tag{6-26}$$

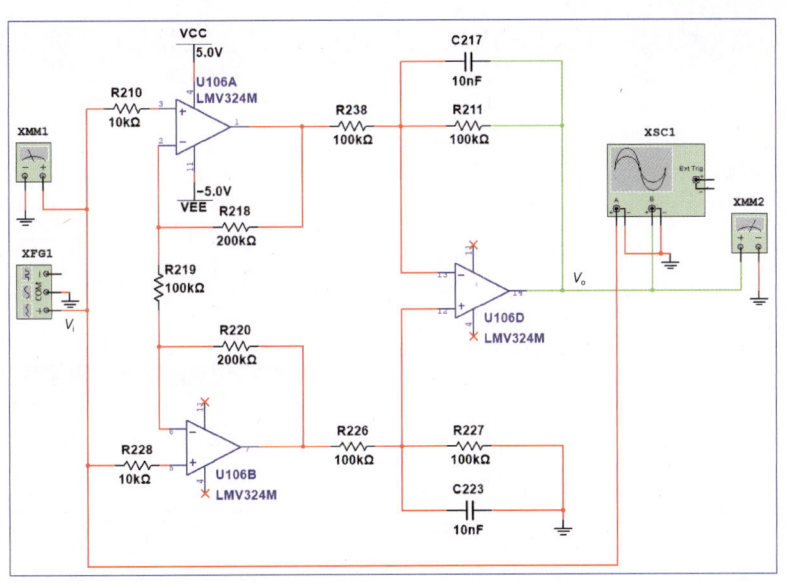

图 6-31　仪器仪表放大电路 2（共模信号输入）

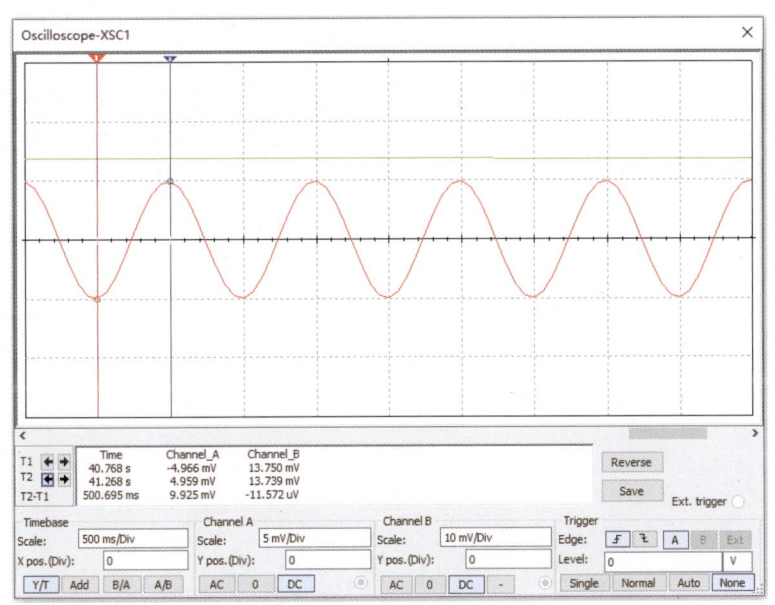

图 6-32　仿真结果

运算放大器并非理想器件，其本身会引入噪声，即使没有任何信号输入，也会有电压输出，这些输出是由运算放大器本身的噪声引起的，将输出噪声折合到输入端即为等效输入噪声。由于运算放大器的输入阻抗较高，很容易引入各种电磁辐射干扰，所以在测量运算放大器的等效输入噪声时，输入端不能悬浮，必须将输入端对参考点短路，即在零输入状态下测量，否则噪声信号很容易被运算放大器本身的噪声淹没。

搭建如图 6-33 所示的仪器仪表放大电路，仿真结果如图 6-34 所示，即使输入为零，也会有微弱的电压输出。当输入端短路接地时，测得的输出信号电压峰-峰值即为放大器的输出噪声。输出噪声除以放大器的差模电压放大倍数，即得到等效输入噪声。在实际测量中，输出端接示波器。由于仿真电路相对理想，且输出信号为直流信号，此处使用万用表测量输出信号的电压值。

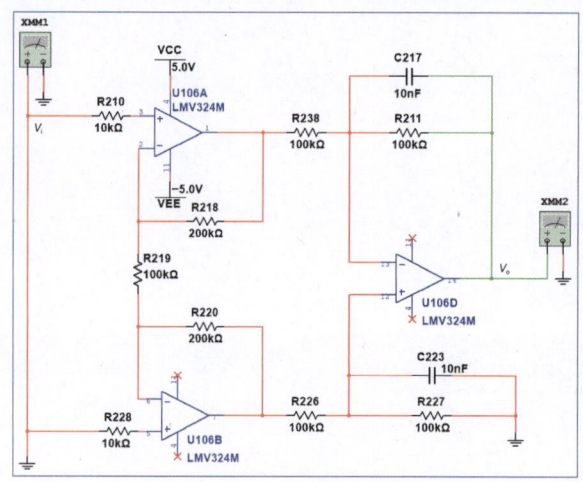

图 6-33　仪器仪表放大电路 3

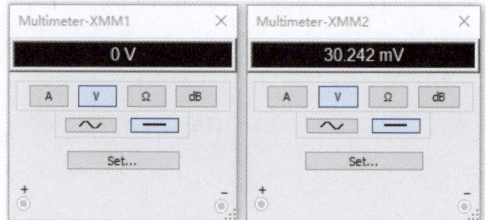

图 6-34　仿真结果

6.4.4　右腿驱动电路仿真

右腿驱动电路 1 的仿真电路如图 6-35 所示。输入信号由幅值为 1V、频率为 50Hz 的共模电压信号与幅值为 1mV、频率为 1Hz 的差模信号叠加而成，仿真结果如图 6-36、图 6-37 所示。当 S1 断开时，即使有仪器仪表放大电路起共模抑制作用，但由于共模信号幅值过大，输出信号中仍存在部分共模干扰；当 S1 闭合时，共模信号被抑制得更明显，差模放大效果变得更好。搭建该电路并观察在开关断开和闭合情况下的输入、输出信号，通过分析仿真结果并结合理论计算，掌握右腿驱动电路的基本结构和工作原理。注意，仿真属于理想情况，实际测量时，输入的共模信号会更为复杂，抑制效果也会不同。

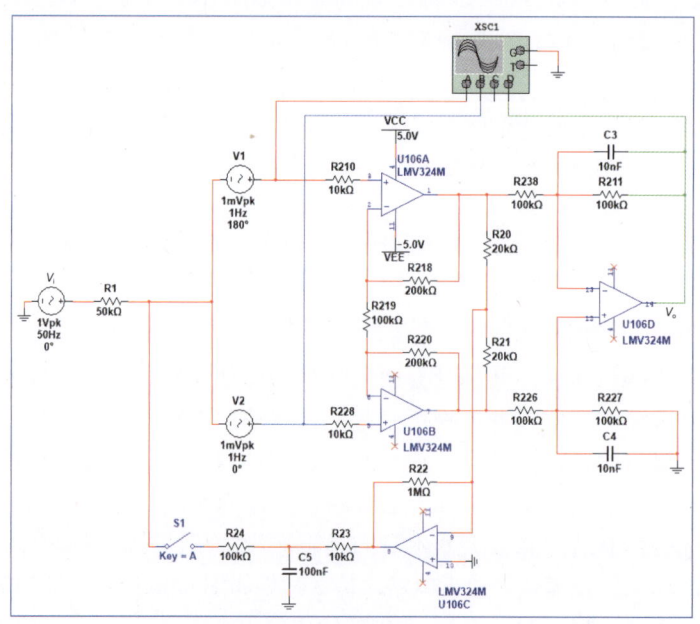

图 6-35　右腿驱动电路 1

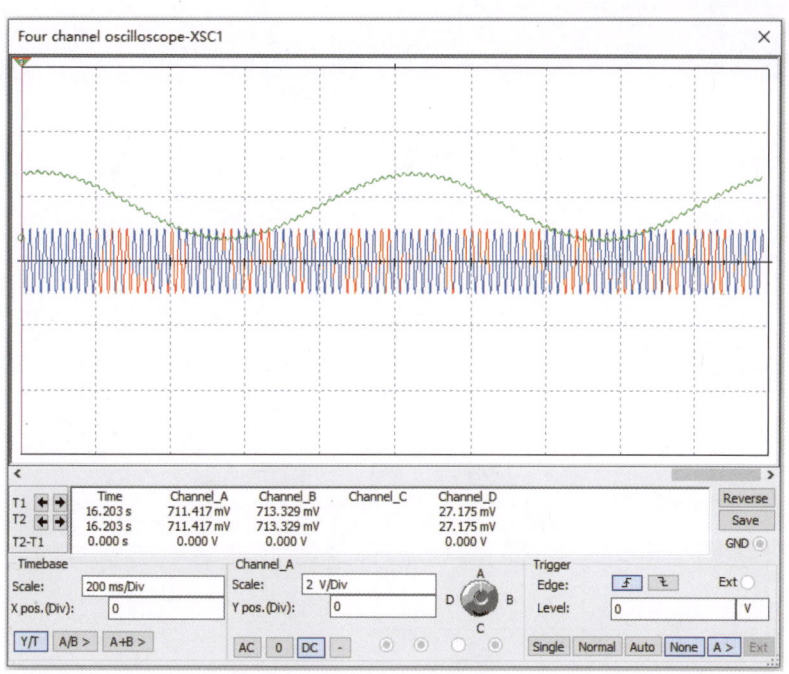

图 6-36　仿真结果（S1 断开）

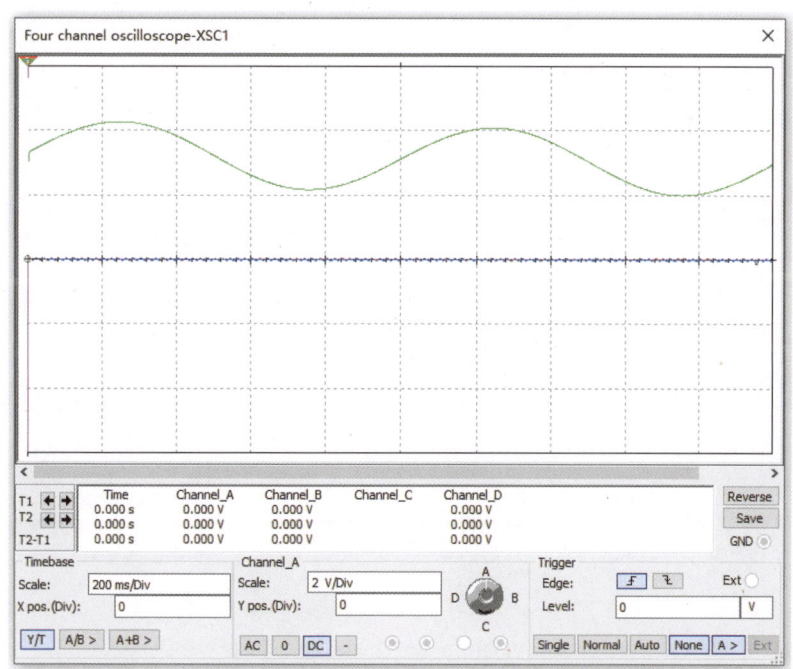

图 6-37　仿真结果（S1 闭合）

右腿驱动电路 2 的仿真电路如图 6-38 所示，仿真结果如图 6-39 所示。右腿驱动电路的两个输入信号电压峰-峰值分别为 44.014mV、43.460mV，输出信号的电压峰-峰值为 4.369V，与理论计算结果相近。注意，仿真电路中 U_{106C} 的正相端接地，与图 6-21 所示电路不同。

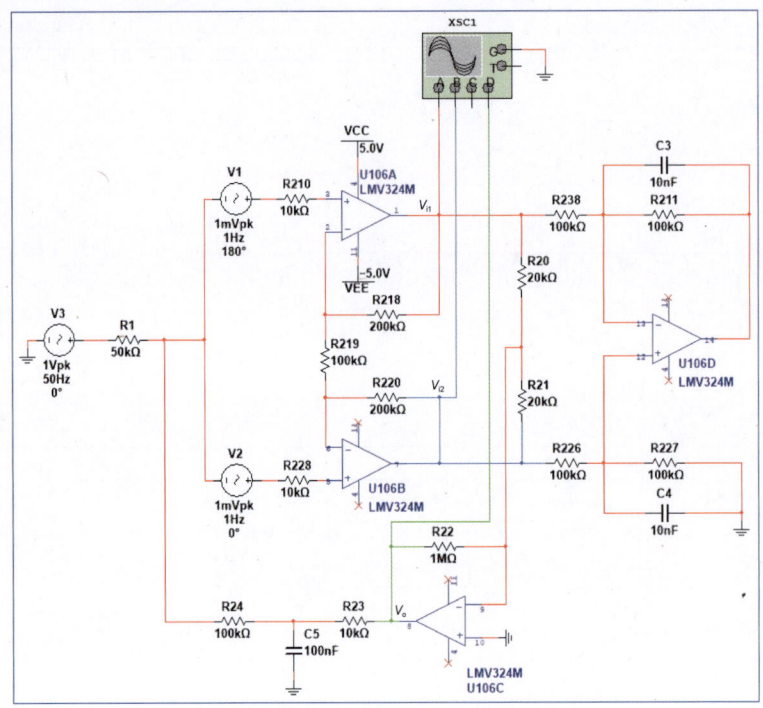

图 6-38　右腿驱动电路 2

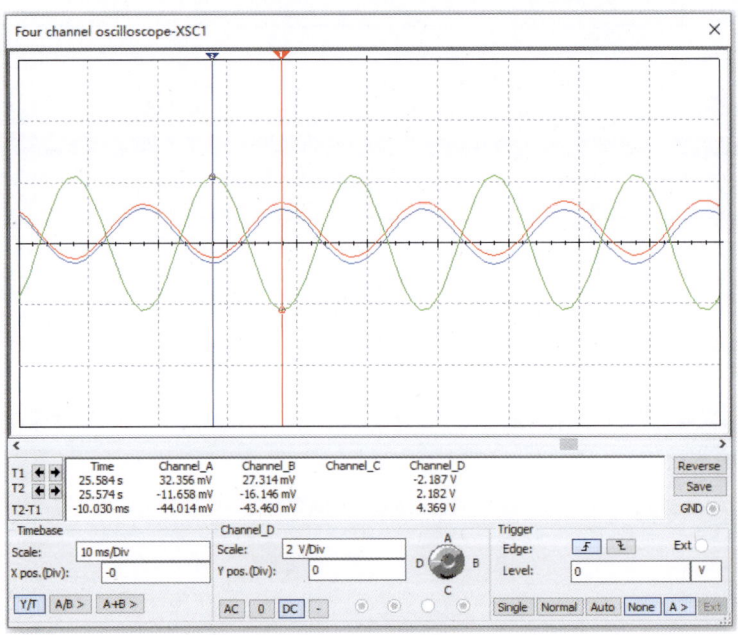

图 6-39　仿真结果

6.4.5　信号放大滤波电路仿真

（1）信号放大滤波电路 1 的仿真电路如图 6-40 所示。输入幅值为 40mV、频率为 1Hz 的正弦电压信号,仿真结果如图 6-41、图 6-42 所示。当 S1 断开时,输入信号的电压峰-峰值为 75.109mV,输出信号的电压峰-峰值为 2.329V,与理论计算的放大倍数相近,同时运放正相输入信号的直流电压被抬高至 1.65V,而非电源 V_i 的 3.3V,说明原有的 3.3V 直流信号被 C_{222} 滤除,然后重新被 1.65V 基准电压抬高;当 S1 闭合时,输入、输出信号变成一条直线,输入信号为直流电压 1.65V。

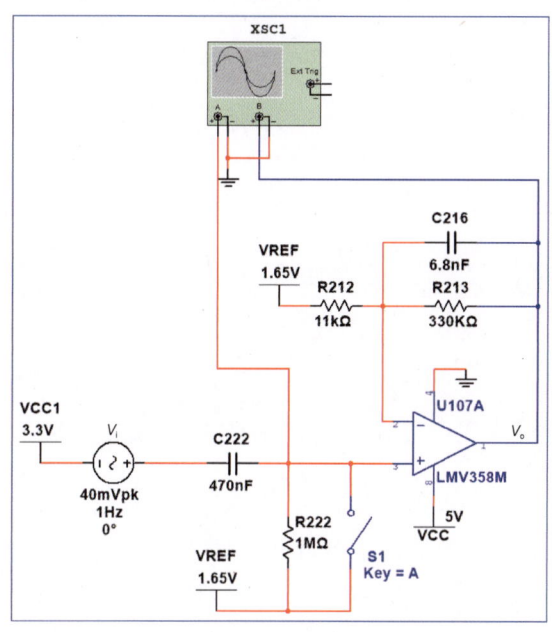

图 6-40　信号放大滤波电路 1

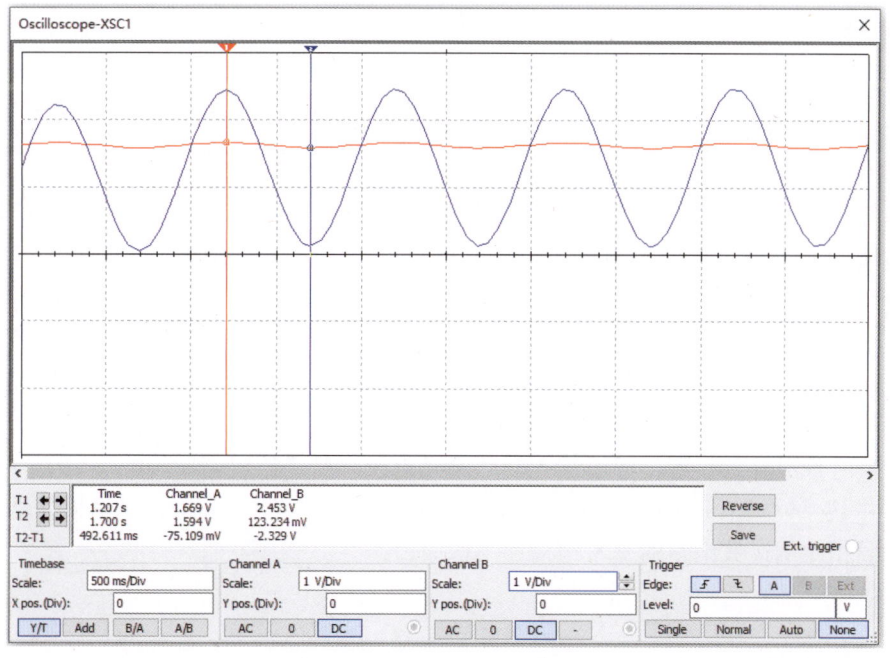

图 6-41　仿真结果(S1 断开)

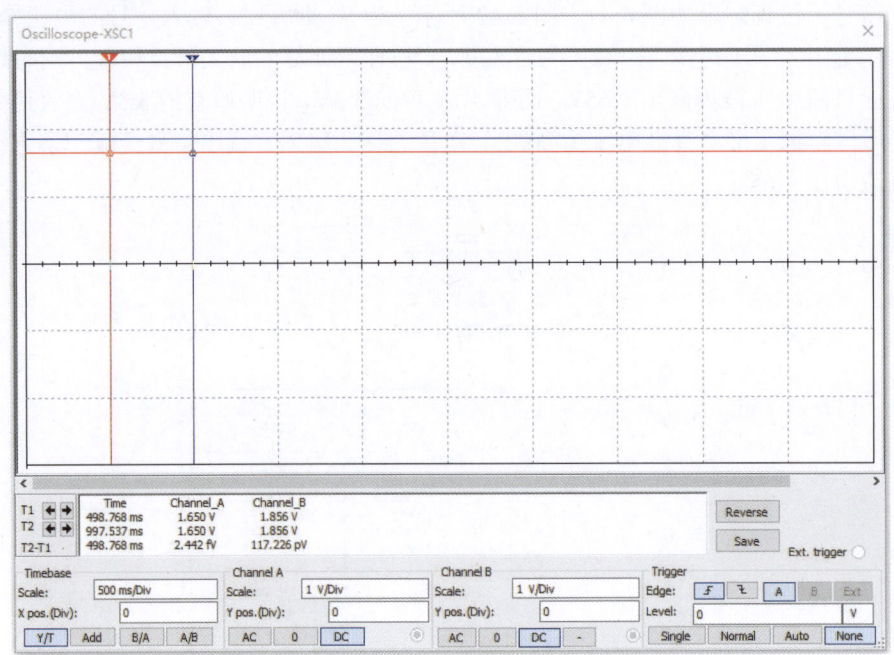

图 6-42 仿真结果（S1 闭合）

搭建该电路并将 S1 断开，然后根据电阻 R_{213} 的阻值，在表 6-2 中记录输出信号的电压和计算出的电压放大倍数，通过分析仿真结果并结合理论计算，掌握同相比例运算电路的基本结构和工作原理。

表 6-2　S1 断开时，R_{213} 为不同阻值时的输出电压及电压放大倍数

序　号	1	2	3	4	5
R_{213}/kΩ	110	220	330	440	550
输出电压/V					
电压放大倍数 A					

完成图 6-40 的仿真后，尝试将 R_{222} 的阻值减小（例如改为 100kΩ），观察输入、输出结果是否发生变化。若有变化，结合变化原因分析为什么 R_{222} 要选用 1MΩ 这样大的阻值。

（2）信号放大滤波电路 2 的仿真电路如图 6-43 所示。输入幅值为 100mV、频率为 1Hz 的正弦电压信号，仿真结果如图 6-44、图 6-45 所示。当 S1 断开时，输入信号的电压峰-峰值约为 188mV，输出信号的电压峰-峰值约为 399mV，与理论计算的放大倍数相近；当 S1 闭合时，输出信号变成一条直线，幅值在 1.65V 基线附近。搭建该电路，根据电阻 R_{215} 的阻值，在表 6-3 中记录输出信号的电压和计算出的电压放大倍数，通过分析仿真结果并结合理论计算，掌握同相比例运算电路的基本结构和工作原理。

第 6 章 心电测量电路

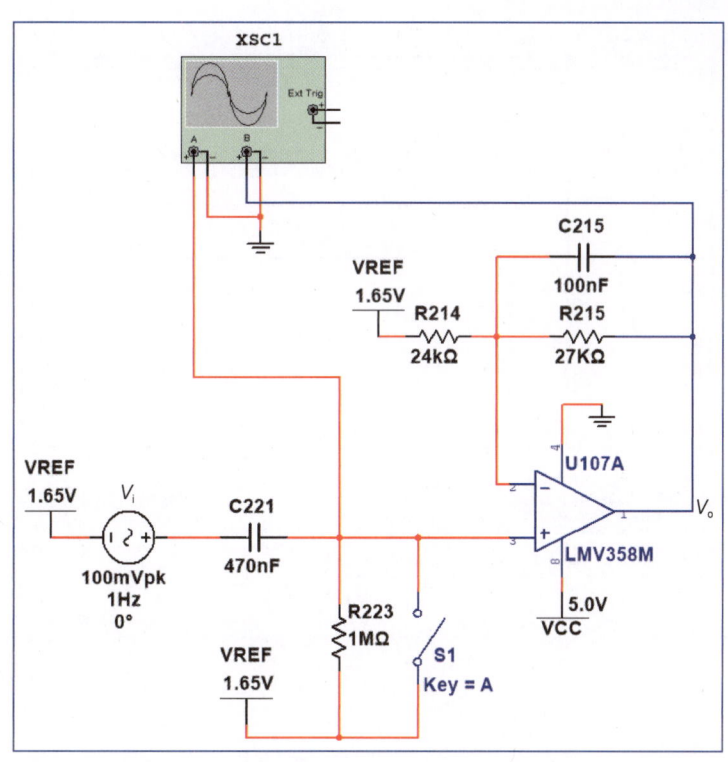

图 6-43 信号放大滤波电路 2

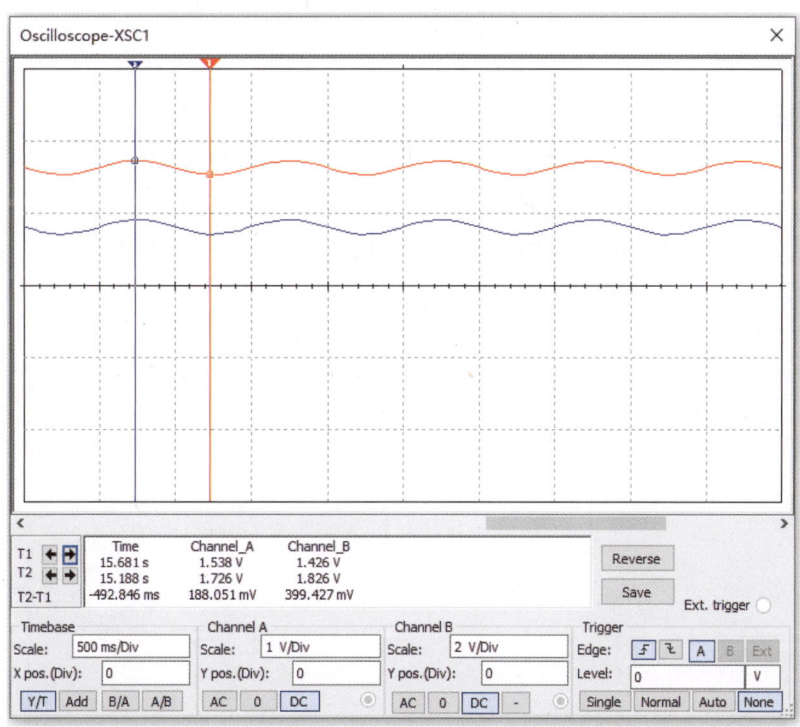

图 6-44 仿真结果（S1 断开）

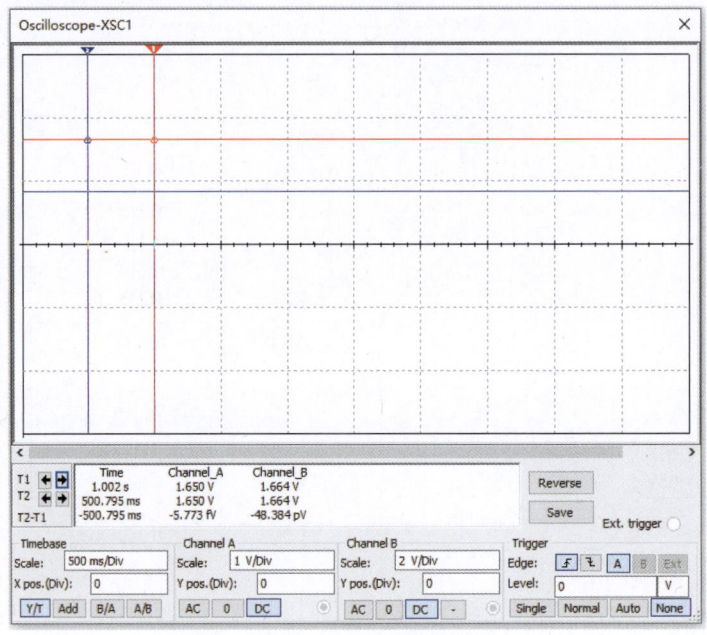

图 6-45 仿真结果（S1 闭合）

表 6-3 S1 断开时，R_{215} 为不同阻值时的输出电压及电压放大倍数

序　　号	1	2	3	4	5
R_{215}/kΩ	12	24	27	30	34
输出电压/V					
电压放大倍数 A					

（3）基准电压电路的仿真电路如图 6-46 所示，R_L 为基准电压输出后接的负载电阻，仿真结果如图 6-47 所示。当电路接入电压跟随器时，XMM2 测得的电压为 1.656V，后级负载电阻对前级分压没有产生影响；当电路未接入电压跟随器时，XMM2 测得的电压为 1.1V，后级负载电阻对前级分压产生了影响。

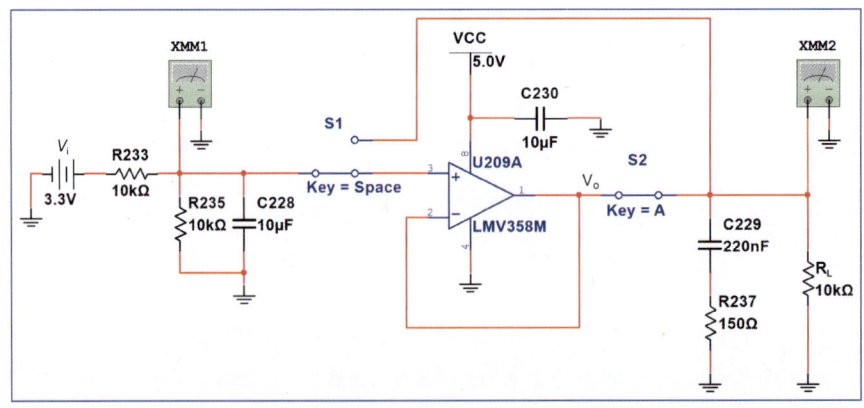

图 6-46 基准电压电路

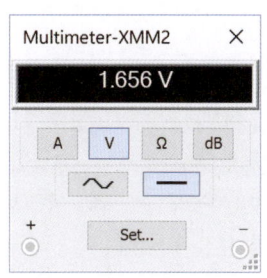 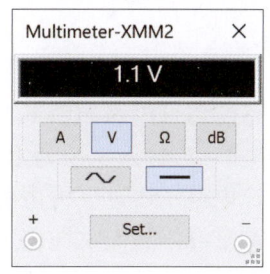

图 6-47 仿真结果(左图为接入电压跟随器;右图为不接入电压跟随器)

搭建该电路,通过拨动开关 S1 和 S2,分别对接入和不接入电压跟随器的电路进行仿真。在表 6-4 中记录万用表 XMM1 和 XMM2 测量的电压值,通过分析仿真结果并结合理论计算,掌握基准电压电路的基本结构和工作原理。

表 6-4 万用表测量的电压值

序　号	1	2
开关 S1 和 S2	接入电压跟随器	不接入电压跟随器
XMM1/V		
XMM2/V		

(4)双向模拟开关电路的仿真电路如图 6-48 所示,仿真结果如图 6-49 所示。当 S1 接地(GND)时,XMM1 测得的电压约为 4μV,R_2 两端几乎没有电压,说明模拟开关处于断开状态;当 S1 接 5V 电源时,XMM1 测得的电压约为 1.7V,说明模拟开关已导通。搭建该电路并在表 6-5 中记录开关 S1 分别接 5V 电源和 GND 时,万用表 XMM1、XMM2 和 XMM3 测量的电压值,并根据所测得的数据分析双向模拟开关的工作特性。

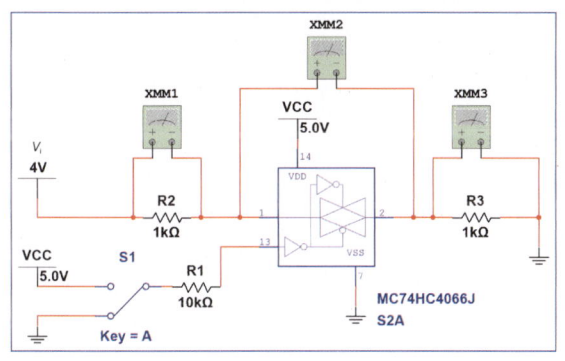 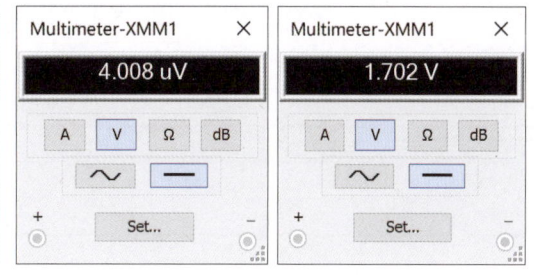

图 6-48 双向模拟开关电路　　图 6-49 仿真结果(左:S1 接 GND;右:S1 接 5V 电源)

表 6-5 万用表测量的电压值

序　号	1	2
S1 连接	5V 电源	GND
XMM1/V		
XMM2/V		
XMM3/V		

6.4.6 导联脱落检测电路仿真

导联脱落检测电路的仿真电路如图 6-50 所示，仿真结果如图 6-51 所示。当输入电压为 1.89V 时，输出为低电平；当输入电压为 1.91V，输出为高电平。仿真结果与理论计算的翻转电平条件一致。搭建该电路，通过分析仿真结果并结合理论计算，在表 6-6 中记录不同输入电压时示波器的电压测量值，从而掌握电压比较器的工作原理。

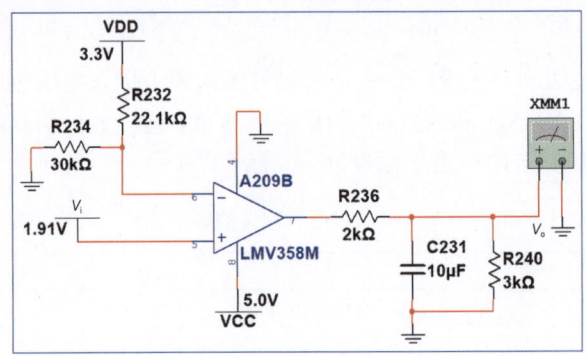

图 6-50　导联脱落检测电路

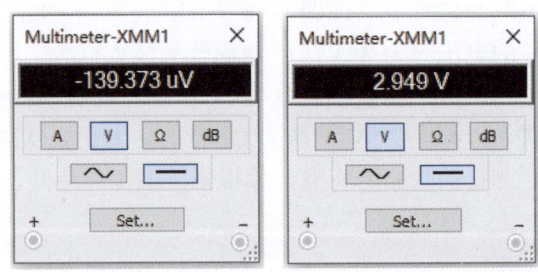

图 6-51　仿真结果（左：V_i = 1.89V；右：V_i = 1.91V）

表 6-6　不同输入电压时示波器的电压测量值

序　号	1	2	3	4	5	6	7
V_i/V	1.65	1.85	1.89	1.9	1.91	1.95	2
测量值/V							

6.5　心电测量电路实测分析

6.5.1　电源电路实测分析

将心电电路板插入 LY-E501 医学电子学开发平台插槽，将心电导联线接入设备的 ECG 接口，并将心电导联线的 3 个电极接入生理参数模拟器的心电端口，设置生理参数模拟器的心率为 80 次/分。使用 B 型 USB 连接线将设备与计算机连接，并通过 DC 12V/2A 电源适配器为设备供电，如图 6-52 所示，观察心电电路板上的发光二极管 3V3_LED 和 5V_LED 是否正常点亮，并将设备与计算机的通信模式设置为 USB 通信。

第 6 章　心电测量电路

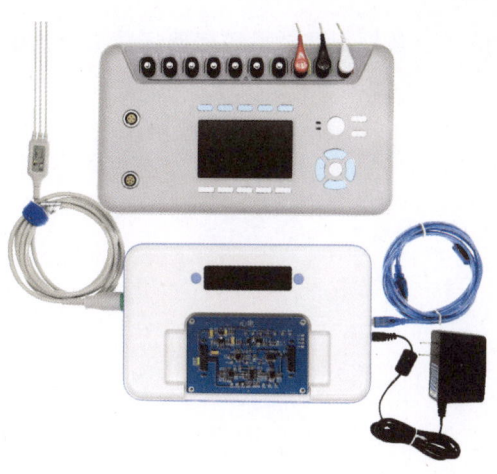

图 6-52　心电实测连接图

使用万用表测量心电电路板上的测试点+5V、−5V、3V3 和 1.65V 的电压值，将结果填入表 6-7 中。

表 6-7　心电电路板电源电压测量值

序　号	1	2	3	4
测试点	+5V	−5V	3V3	1.65V
测量值/V				

6.5.2　LY-E501 医学信号采集软件（心电模块）

打开 LY-E501 医学信号采集软件并打开串口，软件会自动跳转到心电模块，如图 6-53 所示。在界面右侧显示心电导联线的连接情况，确保心电导联线处于连接状态，若显示"导联脱落"，需检查心电导联线与设备的连接情况，直到连接成功。

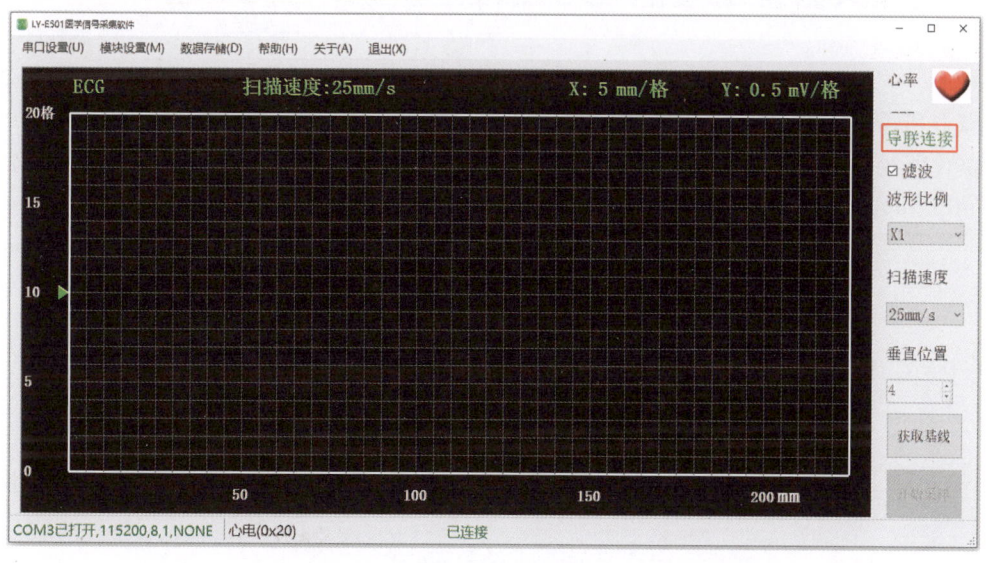

图 6-53　心电模块界面

· 105 ·

如需存储心电数据,单击"数据存储"按钮,选择数据存储路径并勾选保存数据,然后单击"确定"按钮,如图 6-54 所示。

单击"获取基线"按钮,在弹出的对话框中,单击"确定"按钮,如图 6-55 所示。

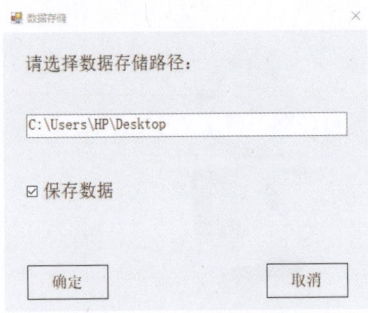

图 6-54 数据存储

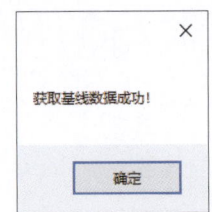

图 6-55 获取基线数据成功

单击"开始采样"按钮,波形显示窗口中会显示设备采集到的心电信号,如图 6-56 所示。

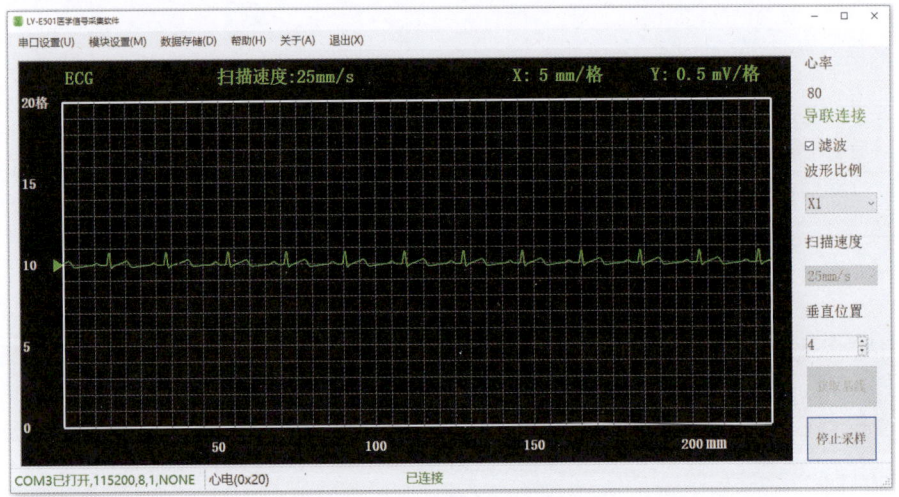

图 6-56 显示心电信号

获取所需数据量后,单击"停止采样"按钮。每次保存的数据会存储在一个 Excel 表格中,文件路径为图 6-54 中选择的路径。利用心电数据绘制折线图,如图 6-57 所示,本次实验共获取 3997 个数据,横轴为采样数据个数,纵轴为 ADC 采样值。

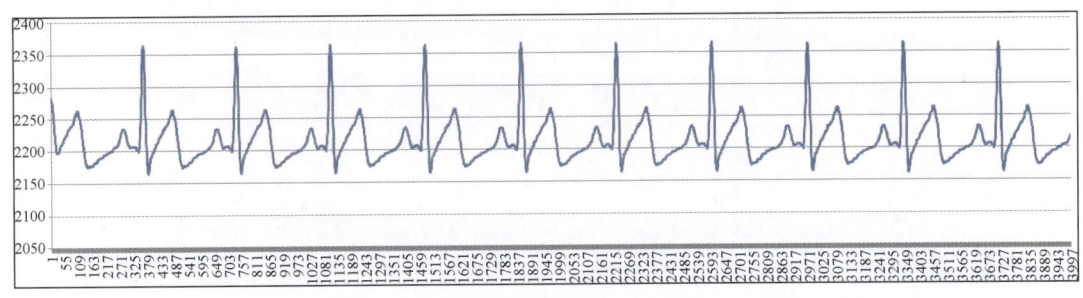

图 6-57 心电数据折线图

单片机每秒采样 500 个数据,即每 0.002s 采样 1 个数据,将横轴转换为时间轴,单位为 s。设备中的单片机 ADC 为 12 位,参考电压为 3.3V,参考电压与 ADC 采样值的关系为

$$参考电压 = 3.3\text{V} \times \frac{\text{ADC采样值}}{2^{12}-1} \tag{6-27}$$

将纵轴转换为电压轴,单位为 V,如图 6-58 所示。标出波形图中相邻两个波峰的横坐标,分别为 0.728s 和 1.474s,心率为每分钟心跳的次数,即

$$心率 = 60 \div (1.474 - 0.728) \approx 80 \text{ 次/分} \tag{6-28}$$

标出波形图中信号的波峰和波谷,分别约为 1.9V 和 1.7V,即电压峰–峰值为 0.2V。在硬件电路中,信号被放大了 330 倍,因此实际心电信号的幅值约为 0.6mV。

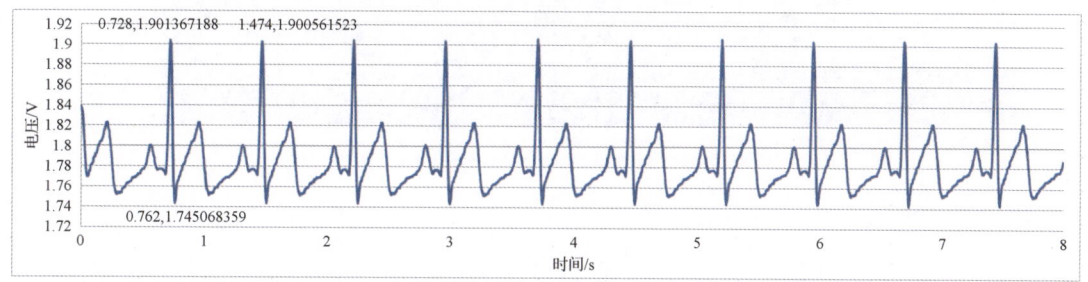

图 6-58 心电数据波形

在 LY-E501 医学信号采集软件中,勾选"滤波"项可使显示的波形更加平滑;通过选择波形比例(如"×4"),可以改变心电波形的显示比例;通过调节垂直位置(如"4"),可以改变心电波形的纵坐标显示位置。在界面的右上角可以看到心率值为 80,如图 6-59 所示。

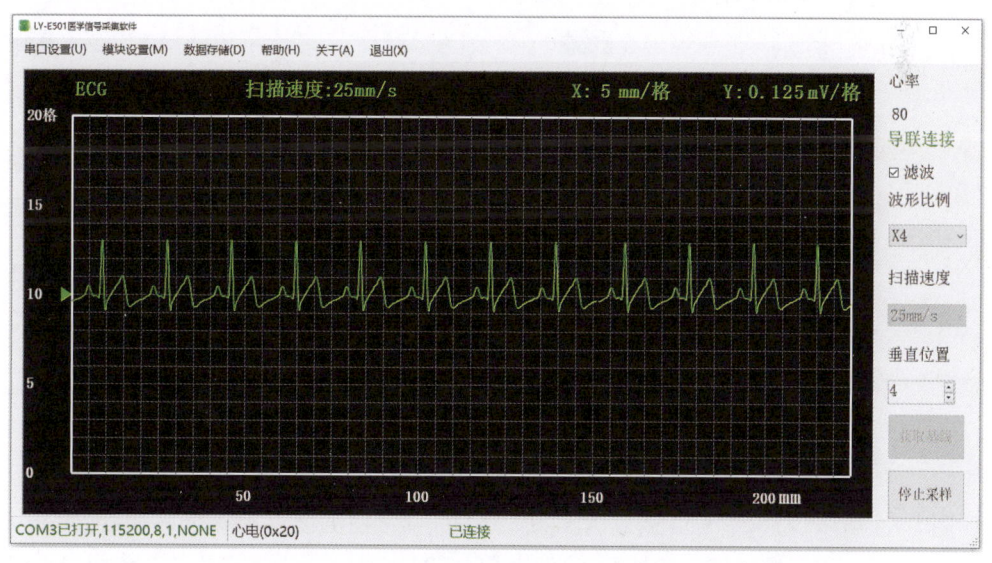

图 6-59 改变心电波形显示比例与显示位置

单击"停止采样"按钮后,选择扫描速度(如 50mm/s),可以改变心电波形在一帧画面中显示的数量。然后单击"开始采样"按钮,如图 6-60 所示。

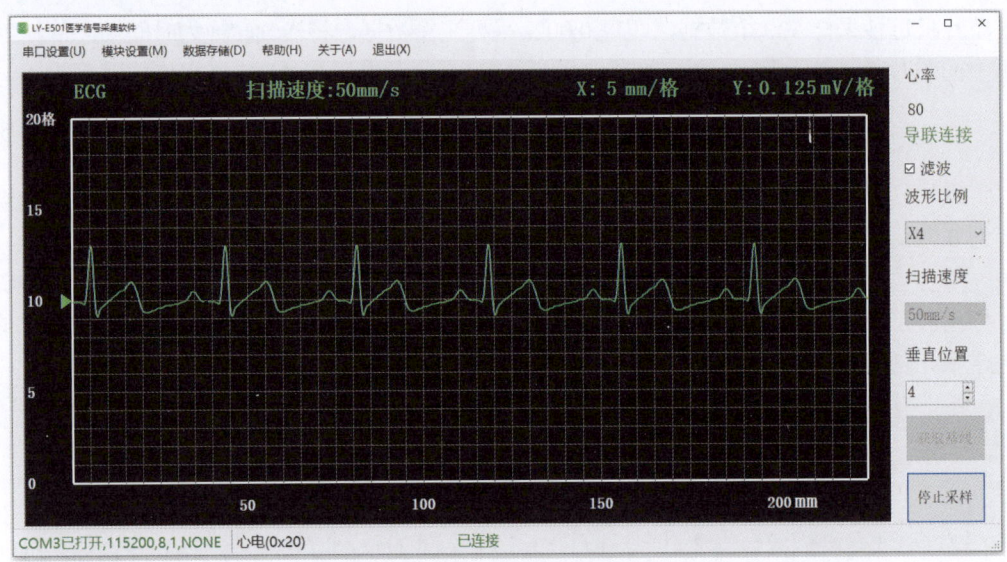

图 6-60　改变扫描速度

6.5.3　仪器仪表放大电路实测分析

当测量测试点 TP5 的信号时，由于心电信号为毫伏级且仪器仪表放大电路仅放大 5 倍，示波器无法清晰地显示出心电信号波形，如图 6-61 所示。将信号测量模式调为直流信号测量后，可以测得参考电压约为 1.65V，如图 6-62 所示。

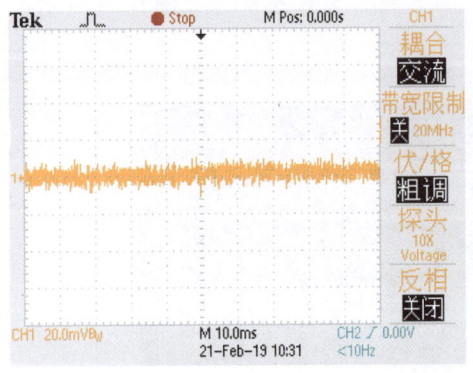 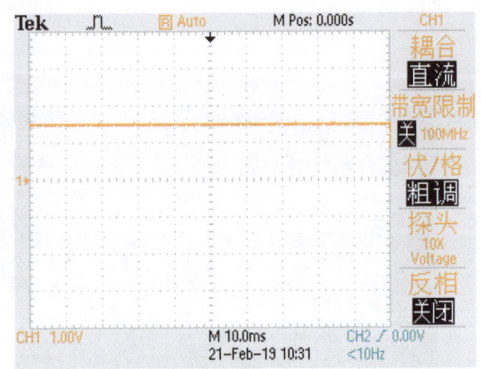

图 6-61　心电仪器仪表交流信号波形　　　　图 6-62　心电仪器仪表直流信号波形

6.5.4　信号放大滤波电路实测分析

如图 6-63 所示，心电信号经运放 A_{107B} 放大 31 倍后，在测试点 TP4 处可观察到心电信号。心电信号经 A_{107A} 再次放大 2.125 倍后，在测试点 TP3 处测量信号，在表 6-8 中记录心电信号的电压峰-峰值、周期，并计算实际的电压放大倍数。

第 6 章 心电测量电路

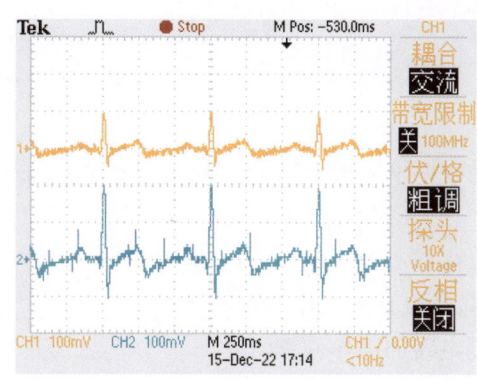

图 6-63 测试点 TP4（黄）与 TP3（蓝）处的信号波形

表 6-8 心电信号电压峰-峰值、周期及电压放大倍数

序　号	1	2
测试点	TP4	TP3
电压峰-峰值/V		
周期/ms		
电压放大倍数 A		

从图 6-63 可以看到，相邻两个波峰的间距约为 250ms × 3 = 750ms = 0.75s，计算出心率为 80 次/分。

6.5.5 导联脱落检测实测分析

测量测试点 TP11、TP8 和 LEAD_OFF 的电压，分别在心电导联线（任一电极）连接或脱落时记录电压值，填入表 6-9 中。

表 6-9 测试点 TP11、TP8 和 LEAD_OFF 电压值（单位：V）

序　号	1	2
导联状态	连接	脱落
TP11		
TP8		
LEAD_OFF		

根据所测得的数据分析测试点 LEAD_OFF 的高低电平所代表的探头连接状态。

 **本章任务**

1．参考仪器仪表放大电路的仿真思路，利用信号发生器和示波器，实测心电电路板上的仪器仪表放大电路的等效输入噪声并计算共模抑制比。请设计实验步骤并详细记录实验数据。

2．参考本章的心电测量电路，选择其他导联方式设计一款心电测量系统。设计、制作并调试电路板。

· 109 ·

本章习题

1. 简述心电图导联方式。若导联线为五导联（RA、LA、RL、LL、V），该如何连接人体？
2. 心电测量电路中为何要引入右腿驱动电路？
3. 在图 6-16 中，双向模拟开关的作用是什么？
4. 简述导联脱落检测电路的工作原理。
5. 在 LY-E501 医学信号采集软件中，心电模块的横轴为 5mm/格，纵轴为 0.5mV/格，观察心电波形在栅格上的显示状况，计算心率值和信号的电压峰-峰值。
6. 使用示波器测量测试点 TP3 处的电压波形，计算心率值和信号的电压峰-峰值。

本章学习资源

第 7 章　呼吸测量电路

7.1　学习目标

本章将学习呼吸的医学临床意义，了解呼吸的测量方法，并对比不同方法的差异和优缺点，理解呼吸的测量原理和电路设计原理，掌握呼吸测量电路的理论推导、仿真和实测方面的知识。

目标：① 掌握阻抗式呼吸测量的工作原理；② 掌握呼吸测量电路设计原理；③ 掌握呼吸信号处理过程；④ 自行设计出各项参数可控的简易呼吸测量电路。

7.2　呼吸测量原理

呼吸是机体与外界环境进行气体交换的过程，是维持正常生命活动所必需的基本生理功能之一，其意义在于及时为机体补充氧气并排出二氧化碳，从而维持血液中氧气和二氧化碳含量的稳定，确保机体新陈代谢正常进行。除此之外，呼吸系统还广泛参与机体的功能调节，具体如下。

① 酸碱平衡的调节：当血液 pH 值发生变化时，呼吸运动会相应调整，通过控制二氧化碳的排出量，来维持机体的酸碱平衡。

② 体温的调节：呼气时可散发机体代谢过程中释放的热量，从而帮助调节体温。

③ 排泄：呼气时，肺可排出多种可挥发性气体（如甲烷等）。

④ 代谢：丰富的肺血管内皮细胞通过参与去甲肾上腺素、前列腺素和 5-羟色胺等生物活性物质的代谢，实现对机体多种功能活动的调节等。

目前，呼吸信号的测量技术相对成熟，主要分为接触式和非接触式两类。

常用的非接触式测量方法有以下几种。① 雷达式呼吸测量法：通过向人体发射单频连续雷达信号，接收反射信号并进行测量；② 光学成像类呼吸测量法：利用相机捕捉胸部的起伏运动来检测呼吸；③ 声波振动式呼吸测量法：通过超声波探测胸腔的震动来实现呼吸信号的非接触式测量。

接触式测量方法通过传感器或电极与人体接触来实现对呼吸的测量，主要包括压力传感器测量法、温度传感器测量法、位移式呼吸测量法、阻抗测量法及睡眠床垫测量法等。其中，阻抗测量法是常用的接触式测量方法，广泛应用于监护仪中，该方法通过检测人体在呼吸过程中胸部起伏导致的阻抗变化来获取呼吸信号。由于呼吸信号的幅值仅为微伏级，通常采用高频载波信号通过心电图的两个电极施加到人体胸部，在电极上拾取呼吸阻抗变化产生的信号。阻抗测量法以其便携、简单、无创等特点，在呼吸信号测量中得到了广泛应用。

呼吸率是指单位时间内呼吸的次数，单位为次/分。呼吸率是人体生命活动的重要指标之一，它反映了人体的呼吸功能状态，对于评估人体健康状况、诊断疾病、监测病情等具有重要意义。机体在安静状态下的呼吸称为平静呼吸，此时呼吸运动均匀平稳，呼吸率为12～18次/分。在不同状态下呼吸率会有所变化。例如，当人体处于运动、紧张、兴奋、恐惧等状态时，呼吸会加快；在睡眠、休息、放松等状态下，呼吸会减慢。某些疾病也会影响呼吸率，例如，肺炎、哮喘、心力衰竭等疾病会导致呼吸率增加；而中枢神经系统疾病、药物中毒等则会导致呼吸率降低。因此，呼吸率的监测是评估人体健康状况的重要手段。

7.2.1 生物组织的电学特性

研究表明，通过体表电极可以检测到生物体的脑电信号、心电信号、肌电信号等，这些信号反映了生物组织的电学特性。根据是否导电，物体可分为导体和绝缘体，导体具有电阻性质，绝缘体具有电容性质。

人体的基本单位是细胞，生物组织和器官由无数细胞组成。细胞由细胞内液、细胞外液和细胞膜组成。细胞外液和细胞内液含有电解质，具有一定的导电性，因此具有电阻性质。

细胞膜的液态镶嵌模型如图 7-1 所示，细胞膜由脂质双层构成，脂质双层内部充满电介质，膜外侧和膜内侧分别充满细胞外液和细胞内液，可被视为导体溶液。因此脂质双层构成的细胞膜在电学上等效为一个电容器（见图7-2），脂质双层作为电容器的两个极板，与导体性质的细胞外液、细胞内液相连，中间充满电介质。细胞膜的结构中还镶嵌着具有不同生理功能的蛋白质，其中一些蛋白质是离子通道，其结构中心对离子有高度亲和力，主要转运 Na^+、K^+、Ca^{2+} 和 Cl^- 等离子。离子通道不仅负责离子的跨膜转运，也是细胞生物电现象的产生和信息转换等功能活动的基础。从物理学角度看，细胞膜是一个"漏电的电容器"，允许电流通过电介质，在一定程度上呈现出低漏电特性。因此，细胞膜除了具有电容性质，还具有电阻性质。

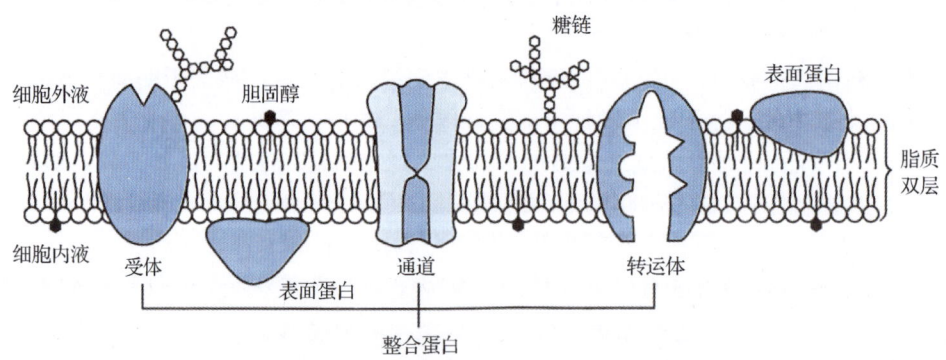

图 7-1 细胞膜的液态镶嵌模型

细胞具有膜式结构，细胞膜的存在使其具有不可忽视的膜电容。对于频率较低的交流电，膜电容表现出较大的容抗；对于频率较高的交流电，其容抗则较小。因此，当直流或低频电流施加于生物组织时，电流不能穿透细胞膜，而是以任意可能的方式绕过细胞，通过细胞外液穿过生物组织；而当施加高频电流时，细胞膜电容的容抗减小，电流可以穿透细胞膜，通过细胞内液和细胞外液。电流穿过细胞的示意图如图 7-3 所示。

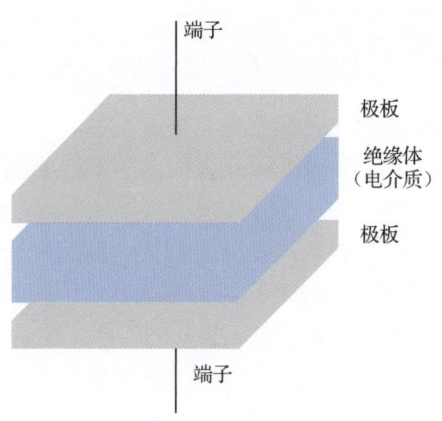

图 7-2 电容器的示意图

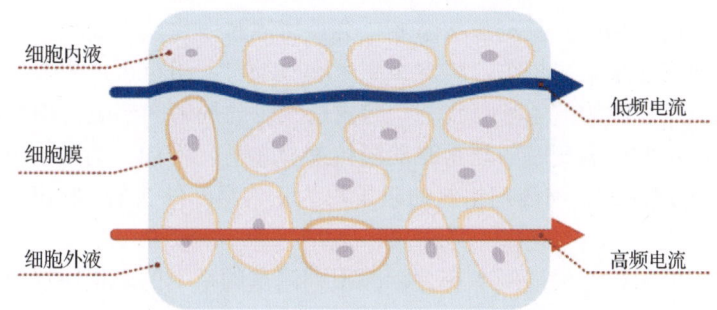

图 7-3 电流穿过细胞的示意图

细胞的阻抗特性可用图 7-4 所示的等效电路表示,由细胞外液电阻 R_e、细胞内液电阻 R_i 和细胞膜电容 C_m 组成。注意,人体的阻抗非常复杂,处理这类问题通常采用等效电路模型进行分析。为了研究人体阻抗,可构造不同形式的等效电路,本书介绍的是最基本的一种等效电路。

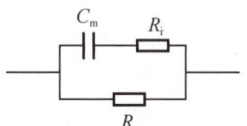

图 7-4 细胞的等效电路

从电路可以看出,当电流频率较低时,容抗 $\frac{1}{\omega C}$(C 表示电容,ω 表示角频率,ω 和频率 f 之间的关系为 $\omega = 2\pi f$)较大,电流主要通过细胞外液 R_e 这一支路。当电流频率较高时,容抗 $\frac{1}{\omega C}$ 变小,电流可以通过细胞内液,频率越高,容抗越小,通过细胞内液的电流也越强。生物组织由大量细胞组成,因此等效电路中的 R_i、R_e 和 C_m 表示整个生物组织的等效内电阻、外电阻和膜电容。

7.2.2 生物组织的阻抗特性

生物体不同部位的组织器官中的细胞单元在细胞类别、聚集程度、组织液体电流传导能力等方面都具有很大的差别，因此不同组织或者同一组织在不同状态下表现出来的阻抗特性不尽相同，主要表现如下。

（1）不同生物组织间存在较大的阻抗差异。例如，胸腔周围组织的电阻率约为 $3\Omega\cdot m$，心脏的约为 $1.5\Omega\cdot m$，肺的约为 $12\Omega\cdot m$，脊椎的约为 $20\Omega\cdot m$。当外加激励信号频率为 $20\sim100kHz$ 时，人体组织的电阻率差异显著，从脑脊髓液的 $0.65\Omega\cdot m$（最小值）到骨组织的 $166\Omega\cdot m$（最大值），上下限之比达 250:1，软组织之间电阻率的最大值与最小值之比也达 35:1。

（2）同一生物组织在不同生理状态下的阻抗不相同。例如，组织温度每改变 1℃，阻抗变化 2%；组织内血液的流动和充盈情况也直接影响阻抗大小，例如脑组织缺血时，阻抗可增大；心脏的活动会导致身体各部分组织的阻抗发生周期性的变化；脏器体积的变化也对阻抗产生较大影响，胃内食物成分及充盈状态变化会使胃阻抗发生较大变化；在呼吸过程中，肺阻抗大小与吸入的空气量紧密相关，肺组织膨胀和收缩时，阻抗可发生数倍的变化，不论是在自然呼吸还是人工控制的被动呼吸状态，肺内空气量与局部胸部阻抗均呈线性关系。

（3）生物组织在发生病变时与正常时的阻抗差异显著。例如，脑肿瘤组织的阻抗约为正常组织的 13 倍，脑震荡或肌肉萎缩组织的阻抗约为正常组织的 2 倍，脑出血组织的阻抗约为正常组织的 1/4。

（4）生物组织的阻抗特性与频率有关，即不同测量频率下的阻抗特性也有差异；某些生物组织的阻抗还具有各向异性，即沿组织不同方向测量时阻抗值不相同。

基于阻抗特性的差异，外部环境可以通过施加不同频率和幅值的激励电流信号来获取生物组织表面的电位信息，为生物组织病变检测及临床诊断提供依据。

7.2.3 阻抗式呼吸检测方法

阻抗式呼吸检测方法将胸腔测量区域等效为一个均匀介质、阻抗均匀分布的整体，引起阻抗变化的主要因素是呼吸运动。在呼吸过程中，胸壁肌肉交替张弛，胸廓形状周期性变化，导致肌体组织的阻抗随之交替变化，变化量为 $0.1\sim3\Omega$。通过检测阻抗的变化规律，可以间接监测人体呼吸状态。

在监护仪中，呼吸测量通常采用两种导联方式，如图 7-5 所示。① I 导联：用于测量胸式呼吸。电极 RA（右臂）和 LA（左臂）水平放置。胸式呼吸主要通过胸部肌肉控制空气进出肺部，是一种较为省力的呼吸方式。② II 导联：用于测量腹式呼吸。电极 RA（右臂）和 LL（左腿）对角放置。腹式呼吸通过腹肌和膈肌的剧烈运动控制空气进出肺部，是一种较为费力的呼吸方式。

呼吸测量过程如图 7-6 所示，测量人体阻抗选用的信号频率通常为 $20\sim100kHz$。频率过低，容易产生极化和刺激作用，不利于提高信噪比；频率过高，容易使体内产生较多的热量。本实验使用正弦波信号发生电路产生的频率约为 $50kHz$ 的高频载波信号作为激励信号加载到人体，同时保持频率和电流强度不变。呼吸过程中阻抗的周期性变化类似于电位器电阻的周期性变化，两测量电极间的电压幅值会因此发生相应变化，电极采集到的电压信号经放大、检波解调和低通滤波等处理后，输入单片机，便可描记出呼吸曲线并计算出呼吸率。

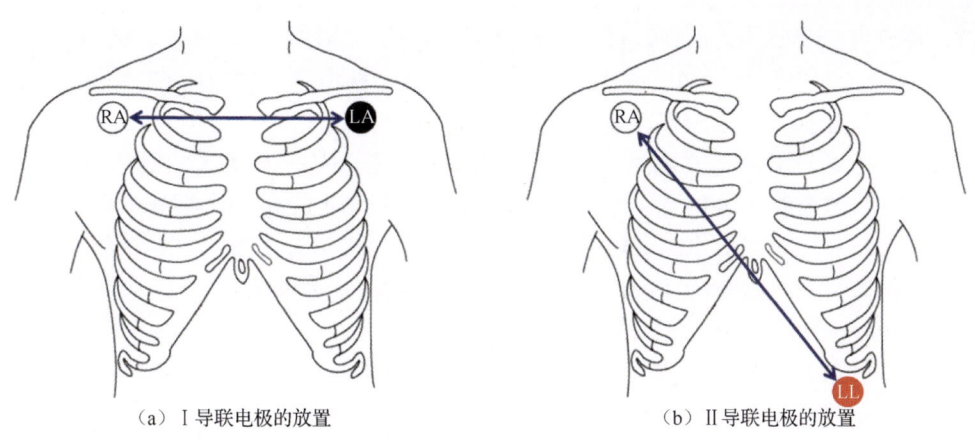

(a) Ⅰ导联电极的放置　　　　　　　(b) Ⅱ导联电极的放置

图 7-5　呼吸测量的两种常用导联方式

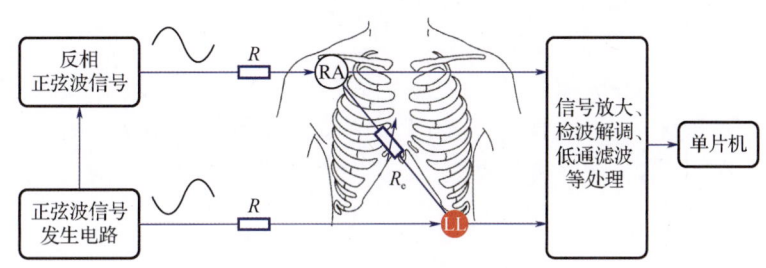

图 7-6　呼吸测量过程示意图

7.3　呼吸测量电路设计

7.3.1　呼吸测量电路设计思路

呼吸测量电路主要由载波电路、仪器仪表放大电路、检波解调电路、基线调节电路及滤波电路等组成，电路结构图如图 7-7 所示。

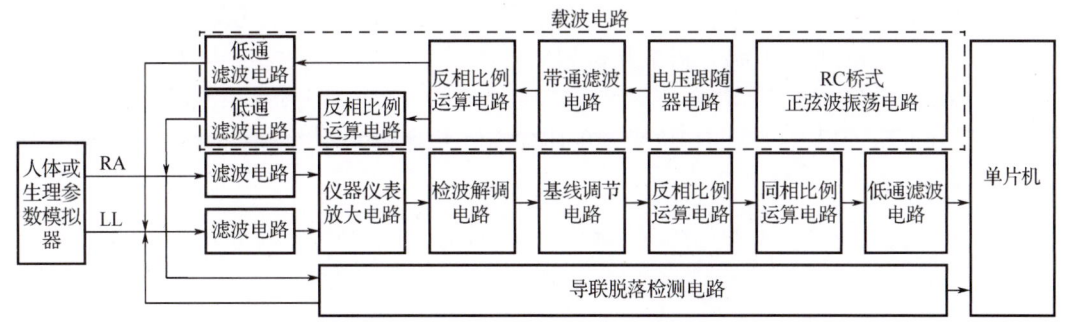

图 7-7　呼吸测量电路结构图

（1）载波电路

载波是一种未受调制的高频周期性振荡信号，可以是正弦波，也可以是非正弦波（如周期性脉冲序列）。载波被调制后的信号称为已调信号，含有调制信号的全部特征。人体中不仅有阻抗，还有容抗和感抗，而在高频信号激励下，容抗和感抗很小，可以忽略不计，此时人体阻抗近似呈纯电阻特性。本实验采用 RC 桥式正弦波振荡电路产生 50～65kHz 的载波信号，并通过电压跟随器抑制基线漂移，通过带通滤波电路改善载波信号，通过反相比例运算电路进行信号放大，通过低通滤波电路输出 LL 电极信号的载波信号。为了提高信号的基线稳定性并使信号基线维持在中心位置，使 RA 电极的载波信号与 LL 电极的载波信号相位相反，还需要经过一个反相比例运算电路。通过电极将载波信号加载到人体胸部或生理参数模拟器上，由呼吸引起的阻抗变化被调制在载波信号上，这种调制方式为调幅。

（2）仪器仪表放大电路

调制在载波信号上的呼吸信号经过多个滤波电路可以滤除低频信号和高频杂波干扰。由于电极采集的信号非常微弱，在检波解调之前必须由放大电路进行放大。此外，由于信号源内阻较高（约 100kΩ），为了避免信号失真，需要选择具有高输入阻抗和高共模抑制比的仪器仪表放大电路。

（3）检波解调电路

调制在载波信号上的呼吸信号经过放大后，需要通过检波解调电路提取呼吸信号。由于解调后的信号仍较微弱，在经过基线调节电路之后，还需要进行多次放大，并利用低通滤波电路对干扰信号进行滤除，最终将呼吸信号送入单片机进行处理。

7.3.2 电源电路

呼吸测量电路涉及的电源转换电路有 6V 转 5V 电路、-6V 转-5V 电路、5V 转 3.3V 电路和 5V 转 2.5V 电路。电源转换电路的具体分析可参见 2.1 节。

7.3.3 载波电路

电极采集到的呼吸信号非常微弱，需要通过载波信号进行传输。呼吸载波电路如图 7-8 所示，载波信号先经过一个电压跟随器，以增强驱动能力，防止基线漂移，使信号更稳定。因为载波是加载在电极上的，人体在低频电流刺激下会产生皮肤极化并引起肌肉收缩。人体感抗很小，一般可忽略不计，容抗在高频作用下也很小，因此综合考虑阻抗和热效应影响，载波的频率一般设置为 50～65kHz。信号紧接着会经过一系列的滤波放大电路，滤除干扰信号并输出两路信号：一路为 LL 电极载波信号；另一路为经过反相比例运算电路后的 RA 电极载波信号。RA 与 LL 电极载波信号的相位相反。

（1）RC 桥式正弦波振荡电路

如图 7-9 所示，根据电路的相位平衡条件和幅值平衡条件可得正弦波振荡频率 f_0 为

$$f_0 = \frac{1}{2\pi R_{12} C_{20}} = \frac{1}{2\pi \times 22\text{k}\Omega \times 100\text{pF}} \approx 72\text{kHz} \tag{7-1}$$

注意，由上式求得的正弦波振荡频率 f_0 是在理想情况下的值，在实际应用中，受限于电阻和电容元件的精度及运放的输入阻抗等，实际的振荡频率会比理论值小一些，约为 50～65kHz。即便如此，载波信号的频率范围用于呼吸测量也是足够的。

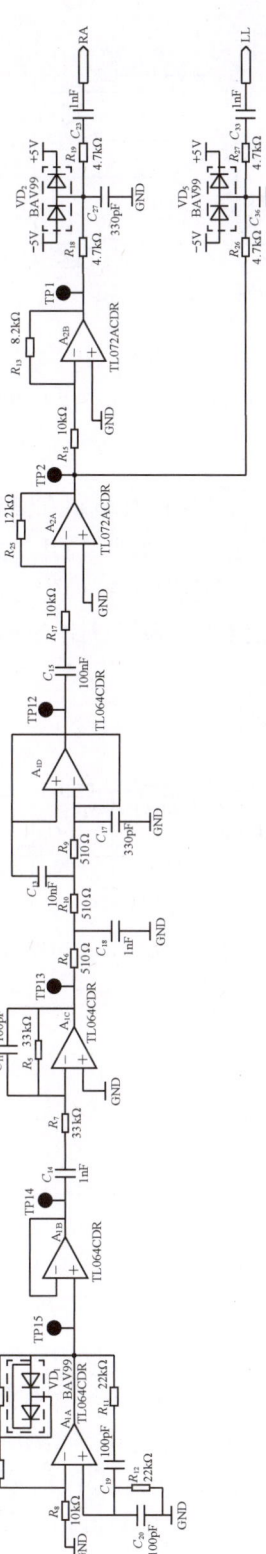

图 7-8 呼吸载波电路

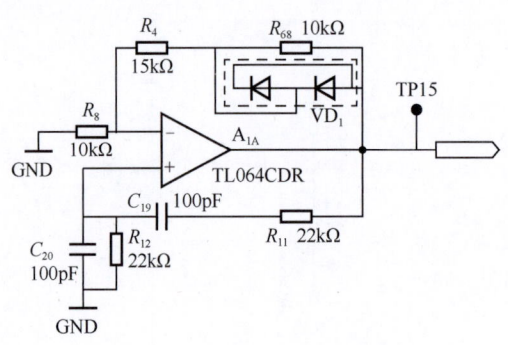

图 7-9 RC 桥式正弦波振荡电路

（2）带通滤波电路

图 7-10 所示为带通滤波电路，由低通滤波电路和高通滤波电路组成，通带频率为 5～110kHz（允许该频率范围的载波信号通过）。在滤波的同时，该电路还可以对 RC 桥式正弦波振荡电路产生的正弦波信号进行整形，得到更稳定的信号，整形效果如图 7-11 所示，整形前的信号略有失真，整形后更接近于正弦波。为使对比更明显，可将两个波形重叠观察。

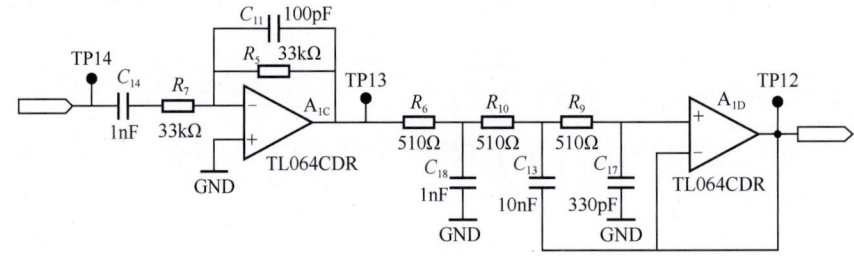

图 7-10 带通滤波电路

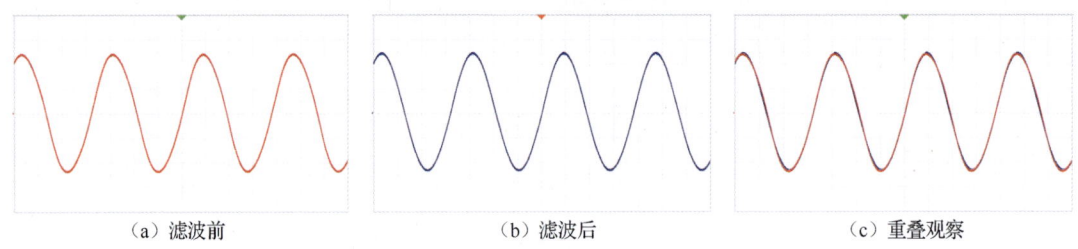

（a）滤波前　　　　　　　　　（b）滤波后　　　　　　　　　（c）重叠观察

图 7-11 带通滤波电路整形效果

（3）放大滤波电路

放大滤波电路如图 7-12 所示，载波信号经过反相比例运算电路放大 1.2 倍并输出两路信号：一路为 LL 电极载波信号，该载波信号经过电容加载到 LL 电极，并连接到人体；另一路为 RA 电极载波信号，该信号经过反相比例运算电路使相位与 LL 电极载波信号相位相反。理论上电阻 R_{13} 应该取 10kΩ，这样 RA 和 LL 电极载波信号才能对称，但由于误差的存在，在实际测量中发现经过反相比例运算电路后，信号反相的同时被放大了，测试发现，电阻 R_{13} 取 8.2kΩ 能使两路载波信号更为对称。

第 7 章 呼吸测量电路

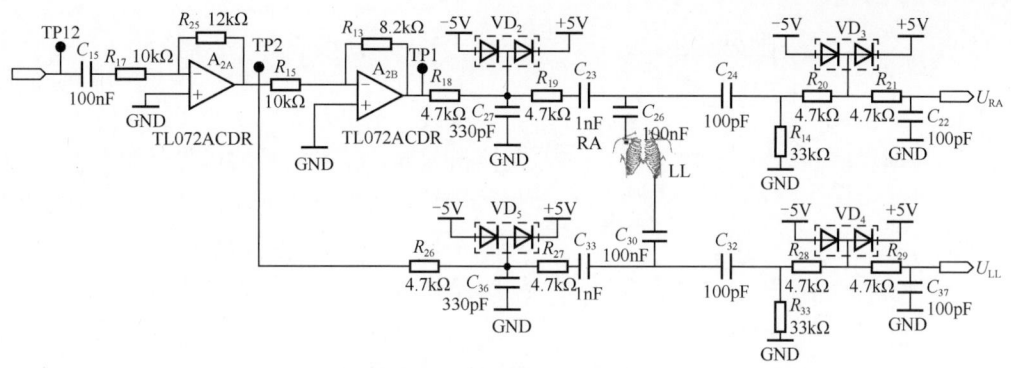

图 7-12 放大滤波电路

通过 LL、RA 电极连接人体，测量由呼吸引起的电信号。电信号经耦合电容输入后级电路。另外，电路中设计了 4 个钳位二极管，用于保护人体和后级电路安全。

7.3.4 仪器仪表放大电路

由于呼吸信号幅值较小，需要通过仪器仪表放大电路进行放大，放大倍数为 14.2，放大电路如图 7-13 所示。仪器仪表放大电路的输入阻抗高，共模抑制能力强。

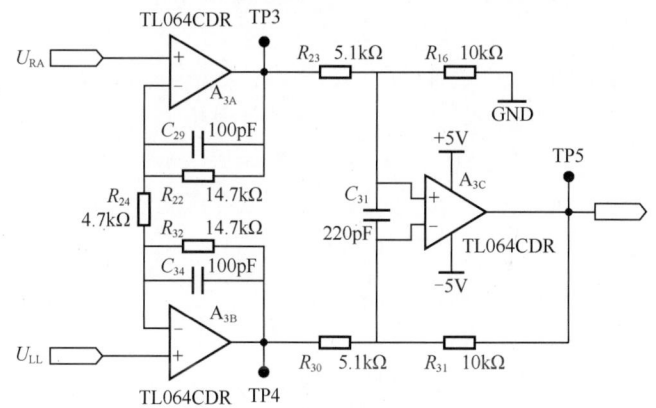

图 7-13 仪器仪表放大电路

根据图 7-13，可得

$$U_{RA} - U_{LL} = \frac{R_{24}}{R_{22} + R_{24} + R_{32}} \times (U_{TP3} - U_{TP4}) \qquad (7\text{-}2)$$

$$U_{TP5} = \frac{R_{31}}{R_{30}} \times (U_{TP3} - U_{TP4}) = 14.2(U_{RA} - U_{LL}) \qquad (7\text{-}3)$$

7.3.5 检波解调电路

检波解调电路如图 7-14 所示，该电路利用二极管的单向导通特性解调高频调幅信号，检出高频信号幅值变化的包络线（随阻抗变化的信号）。R_{38} 和 C_{44} 组成无源低通滤波器，滤除高频载波信号；C_{45} 进一步滤除高频载波信号。

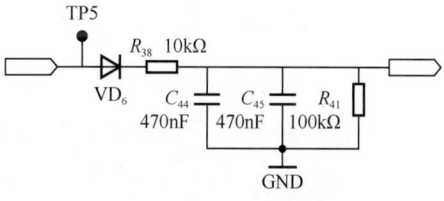

图 7-14 检波解调电路

7.3.6 基线调节电路

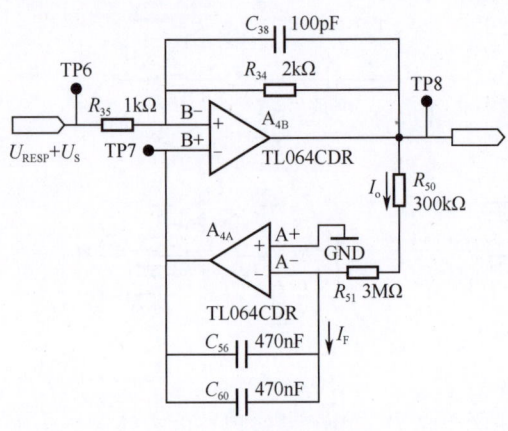

图 7-15 基线调节电路

基线调节电路如图 7-15 所示,由于不同个体的阻抗差异,输出信号的基线可能不一致,导致信号漂移,影响后级的信号处理,因此需要对解调后的信号进行基线调零。

基线调节电路由两部分组成。上半部分电路是由运放 A_{4B} 构成的反相比例运算电路,其同相输入端接入电压 U_{TP7};下半部分电路是由运放 A_{4A} 构成的反相比例运算电路,用于处理交流信号。首先分析上半部分电路,由反相比例运算电路的计算公式可得

$$U_{TP8} = \left(1 + \frac{R_{34}}{R_{35}}\right)U_{TP7} - \frac{R_{34}}{R_{35}}U_{TP6} = 3U_{TP7} - 2U_{TP6} \tag{7-4}$$

只要求出 U_{TP7},即可得到输入与输出之间的关系。将解调后的呼吸信号写为直流与交流叠加的形式,设交流信号为 U_{RESP},直流信号为 U_S,那么 U_{TP6} 可以表示为

$$U_{TP6} = U_{RESP} + U_S \tag{7-5}$$

根据运放的"虚短"和"虚断"特征,有

$$U_{A-} = U_{A+} = 0, \quad I_{A-} = I_{A+} = 0 \tag{7-6}$$

$$U_{B-} = U_{B+}, \quad I_{B-} = I_{B+} = 0 \tag{7-7}$$

当输入为直流信号 U_S 时,运放 A_{4B} 的输出 U'_{TP8} 也为直流信号,根据电容"通交流、隔直流"的特点,C_{56} 和 C_{60} 在直流情况下相当于断路,即

$$I_F = 0 \tag{7-8}$$

可得

$$I_o = I_{A-} + I_F = 0 \tag{7-9}$$

因此,R_{50} 和 R_{51} 无电流经过,即测试点 TP8 与 A−引脚之间无压降:

$$U'_{TP8} = U'_{A-} = 0 \tag{7-10}$$

由反相比例运算电路公式可得

$$\frac{U_S - U'_{B-}}{R_{35}} = \frac{U'_{B-} - U'_{TP8}}{R_{34}} \tag{7-11}$$

结合前面的结论,整理可得

$$U'_{TP7} = U'_{B+} = U'_{B-} = \frac{2}{3}U_S \tag{7-12}$$

当输入为交流信号 U_{RESP} 时,运放 A_{4B} 的输出 U''_{TP8} 也为交流信号,且频率与 U_{RESP} 相同,设该频率为 f。在交流情况下,C_{56} 和 C_{60} 表现出电阻的特性,其容抗为

$$X_C = \frac{1}{2\pi f(C_{56} + C_{60})} \tag{7-13}$$

此时,由运放 A_{4A} 组成的下半部分电路相当于反相比例运算电路,因此有

$$U''_{TP7} = -\frac{X_C}{R_{50} + R_{51}}U''_{TP8} = -\frac{1}{2\pi f(C_{56} + C_{60})(R_{50} + R_{51})}U''_{TP8} \tag{7-14}$$

其中，f 为呼吸频率，约为 0.2~1Hz。因此，可以得出

$$0.051|U''_{TP8}| \leq |U''_{TP7}| \leq 0.257|U''_{TP8}| \tag{7-15}$$

由于检波解调后的呼吸信号幅值较小（几毫伏），经过运放 A_{4A} 进一步缩小后，与伏级的直流信号相比，U''_{TP7} 的信号可忽略不计，因此可以近似认为

$$U''_{TP7} \approx 0 \tag{7-16}$$

最后分析两者叠加的情况，当输入信号同时包含交流分量 U_{RESP} 与直流分量 U_S 时，根据叠加定理，有

$$U_{TP7} = U'_{TP7} + U''_{TP7} \approx \frac{2}{3}U_S \tag{7-17}$$

结合反相比例运算电路的计算公式，有

$$U_{TP8} = 3U_{TP7} - 2U_{TP6} \approx 3 \times \frac{2}{3}U_S - 2(U_{RESP} + U_S) = -2U_{RESP} \tag{7-18}$$

可以看到，经过基线调节电路后，呼吸信号的基线被调节到了 0V，从而使电路能够适配不同个体的基线差异，兼容性更强。

7.3.7 反相比例运算电路

反相比例运算电路如图 7-16 所示，由于基线调节电路已将呼吸信号反相，此处采用反相比例运算电路对信号进行放大，放大倍数为 100。

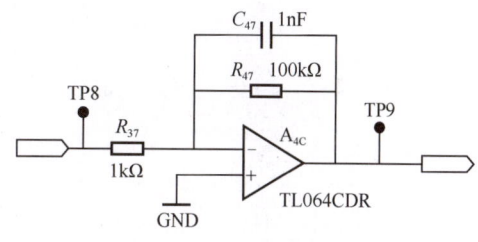

图 7-16 反相比例运算电路

7.3.8 同相比例运算电路

呼吸信号经过反相比例运算电路后，再进入两级同相比例运算电路进行进一步处理。第一级同相比例运算电路如图 7-17 所示，电容 C_{42}、C_{43} 与电阻 R_{44} 组成无源高通滤波电路，截止频率为 0.085Hz。呼吸信号经过高通滤波后，通过同相比例运算电路放大 11.93 倍。

$$U_{TP10} = \left(1 + \frac{R_{48}}{R_{49}}\right)U_+ \approx 11.93 U_{TP9} \tag{7-19}$$

第二级同相比例运算电路如图 7-18 所示，具体分析如下。

对于运放 A_{5A}，根据"虚短"和"虚断"特性可得

$$U_+ = U_- \tag{7-20}$$

$$I_+ = I_- = 0 \tag{7-21}$$

进一步可得

$$\frac{U_{TP10} - U_+}{R_{40}} = \frac{U_+ - U_{R25V}}{R_{36}} \tag{7-22}$$

$$\frac{U_{TP11} - U_-}{R_{46}} = \frac{U_- - 0}{R_{45}} \tag{7-23}$$

整理后得到

$$U_{TP11} = U_{TP10} + U_{R25V} = U_{TP10} + 2.5V \tag{7-24}$$

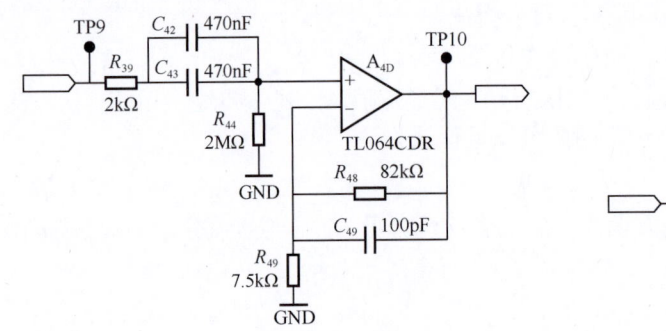

图 7-17 第一级同相比例运算电路

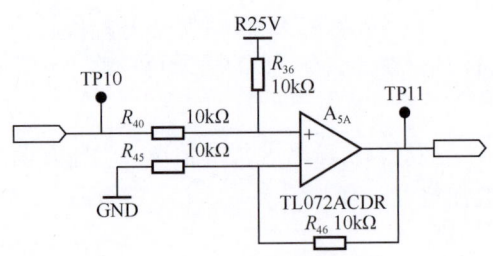

图 7-18 第二级同相比例运算电路

不难看出,第二级同相比例运算电路的主要作用是将呼吸信号的电压抬高 2.5V,避免负电压影响单片机的采样结果。

7.3.9 无源低通滤波电路和钳位二极管电路

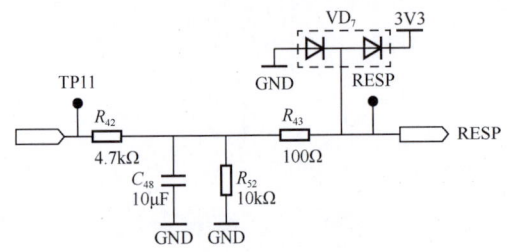

图 7-19 无源低通滤波电路和钳位二极管电路

无源低通滤波电路和钳位二极管电路如图 7-19 所示,电阻 R_{42} 和电容 C_{48} 组成无源低通滤波电路,截止频率为 3.39Hz。同时,为了防止信号放大后幅值过大而损坏单片机,在电路中加钳位二极管 VD_7,将输出电压限制在 $-0.7 \sim (3.3+0.7)$V 之间,从而保护单片机。

7.3.10 导联脱落检测电路

导联脱落检测电路如图 7-20 所示,RA 导联采集的信号首先经过二阶无源低通滤波电路(截止频率约为 315Hz,远低于载波信号的频率),再经由电压跟随器连接到单片机进行导联脱落判断。下面简单介绍导联脱落的检测原理。

在 LL 导联接入人体的同时,一个 5V 的直流电压也被加载到人体上,当 LL 和 RA 两个导联均正常连接时,5V 直流电压通过人体传导至 RA 电极,使得 RA 电极的载波信号基线被抬高至约 5V。随后,信号经过二阶低通滤波电路,滤除高频电刀干扰及载波信号,输出 U_{TP19} 为一个约为 5V 的直流信号,该信号经过电压跟随器 A_{9A},由于其正极电源为 3.3V,LEAD_OFF 端输出一个 3.3V 的高电平至单片机,用于指示导联连接正常。

反之,如果 RA 或 LL 导联中的任意一个发生脱落,RA 电极上的 5V 直流信号将消失,导致 RA 电极的载波信号基线回落至 0V 附近。该信号经过二阶低通滤波电路后,载波信号被滤除,输出 U_{TP19} 变为一个接近 0V 的直流信号,该信号经过电压跟随器 A_{9A},由于其负极电源接地(GND),LEAD_OFF 端输出一个 0V 的低电平至单片机,用于指示导联脱落。

单片机通过检测 LEAD_OFF 电平的高低,即可判断出导联是否脱落。

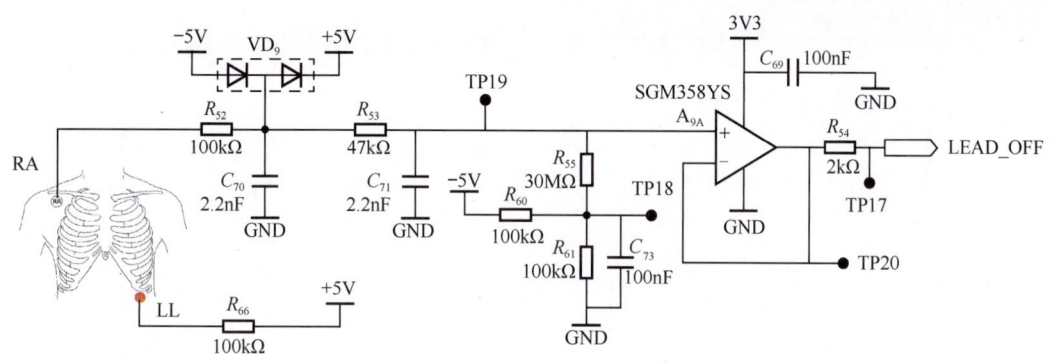

图 7-20 导联脱落检测电路

7.4 呼吸测量电路仿真

7.4.1 载波电路仿真

（1）RC 桥式正弦波振荡电路

RC 桥式正弦波振荡电路的仿真电路图如图 7-21 所示，仿真结果如图 7-22 和图 7-23 所示。仿真过程中，开关从断开状态切换至闭合状态，电路开始自激振荡并产生正弦波，其中同相端的输入信号的电压峰-峰值为 2.172V，输出信号的电压峰-峰值为 6.347V，放大倍数稳定在 3 倍左右，与理论分析一致；正弦信号的周期 $T ≈ 69.048\text{ms} × 2 ≈ 138\text{ms}$，即频率 $f_0 = 1/T ≈ 7.2\text{Hz}$，与理论计算的振荡频率接近。由于在电路中加入了非线性环节（二极管），产生的正弦波信号存在轻微失真。

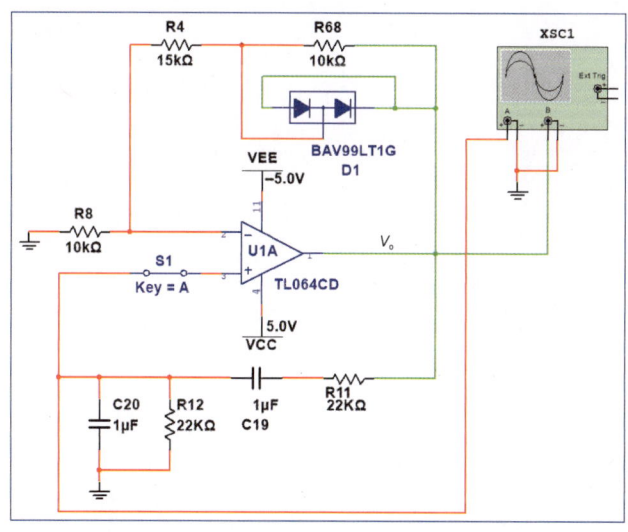

图 7-21 RC 桥式正弦波振荡电路的仿真电路图

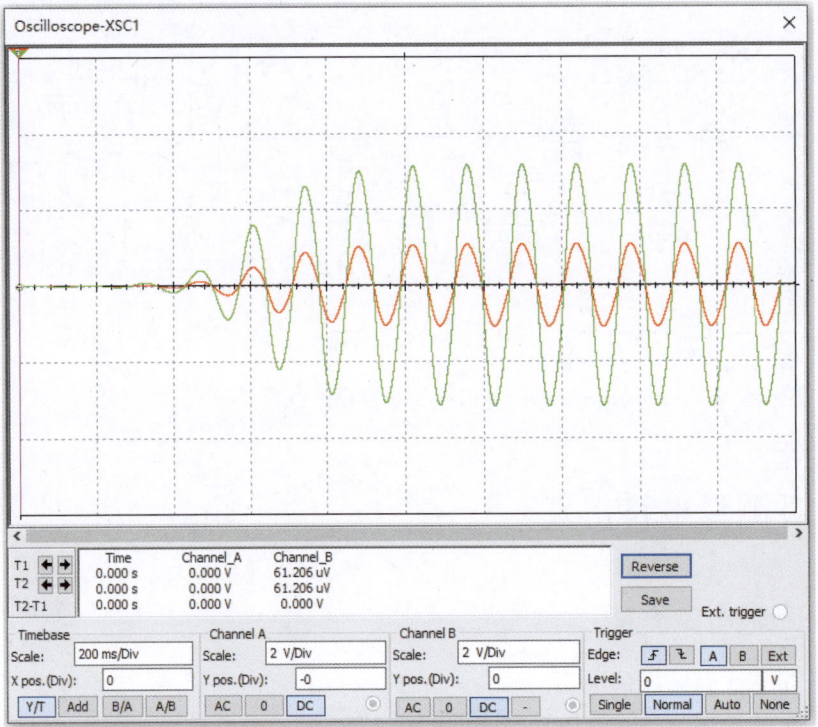

图 7-22　仿真结果 1（电容值为 1μF）

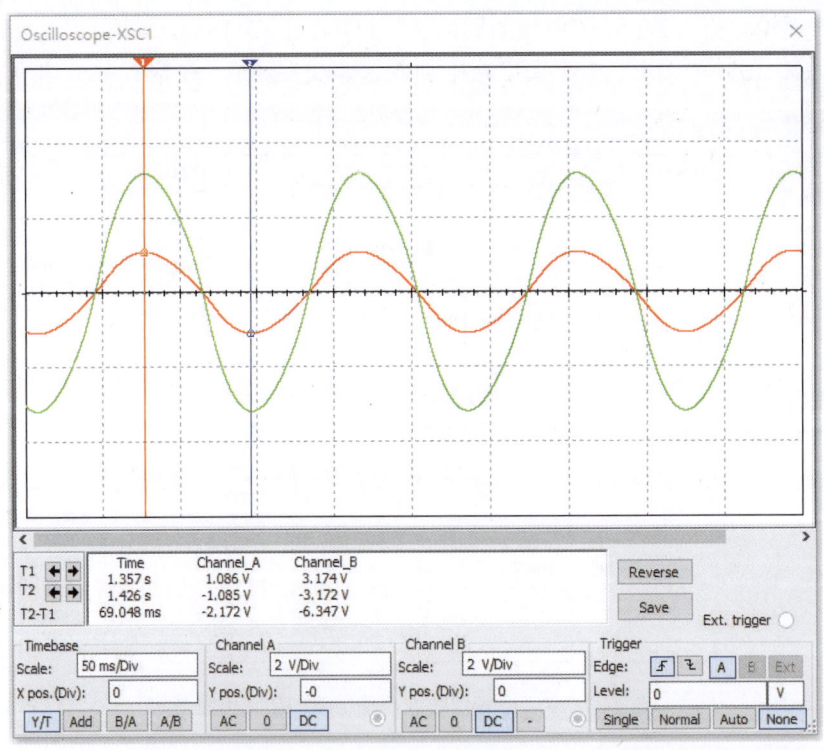

图 7-23　仿真结果 2（电容值为 1μF）

搭建仿真电路，通过改变电容 C_{19} 和 C_{20} 的值，观察输入、输出波形的变化，记录电压峰-峰值并计算频率和电压放大倍数，将结果填入表 7-1 中。结合仿真结果与理论计算，掌握 RC 桥式正弦波振荡电路的基本结构和工作原理。

表 7-1　输入不同频率正弦波时的输入、输出电压峰-峰值、频率及电压放大倍数

序　号	1	2	3	4	5	6
C_{19}、C_{20}	1μF	100nF	10nF	1nF	100pF	10pF
输入电压峰-峰值/V						
输出电压峰-峰值/V						
频率/Hz						
电压放大倍数 A						

（2）带通滤波电路

带通滤波电路的仿真电路图如图 7-24 所示，采用理想运放进行仿真。XBP1 的仿真结果如图 7-25 所示，下限截止频率 f_L 约为 5kHz，上限截止频率 f_H 约为 111kHz。50kHz 的载波信号在通频带范围内，从图中可以看出，输出信号在高频段迅速衰减，滤波效果良好。

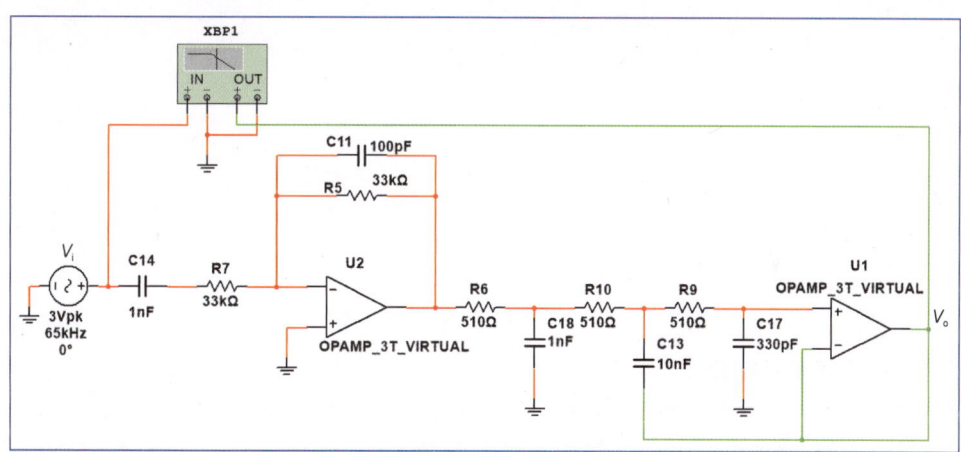

图 7-24　带通滤波电路的仿真电路图

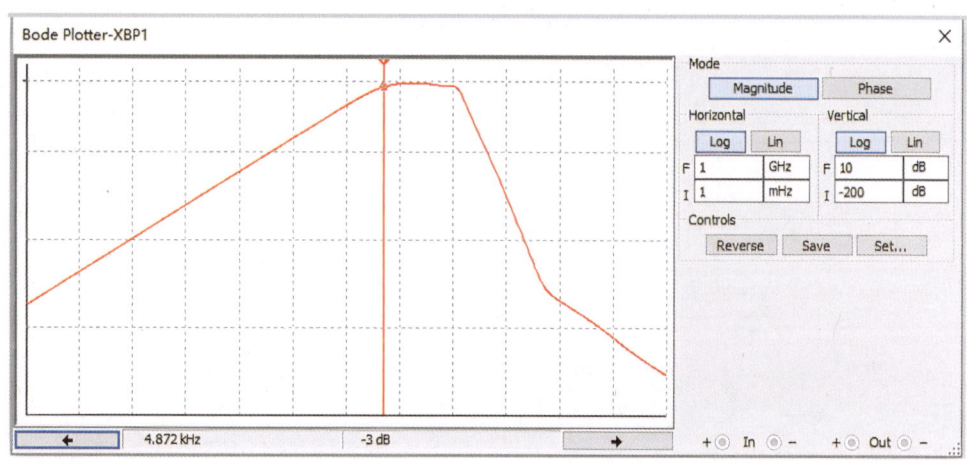

图 7-25　XBP1 的仿真结果

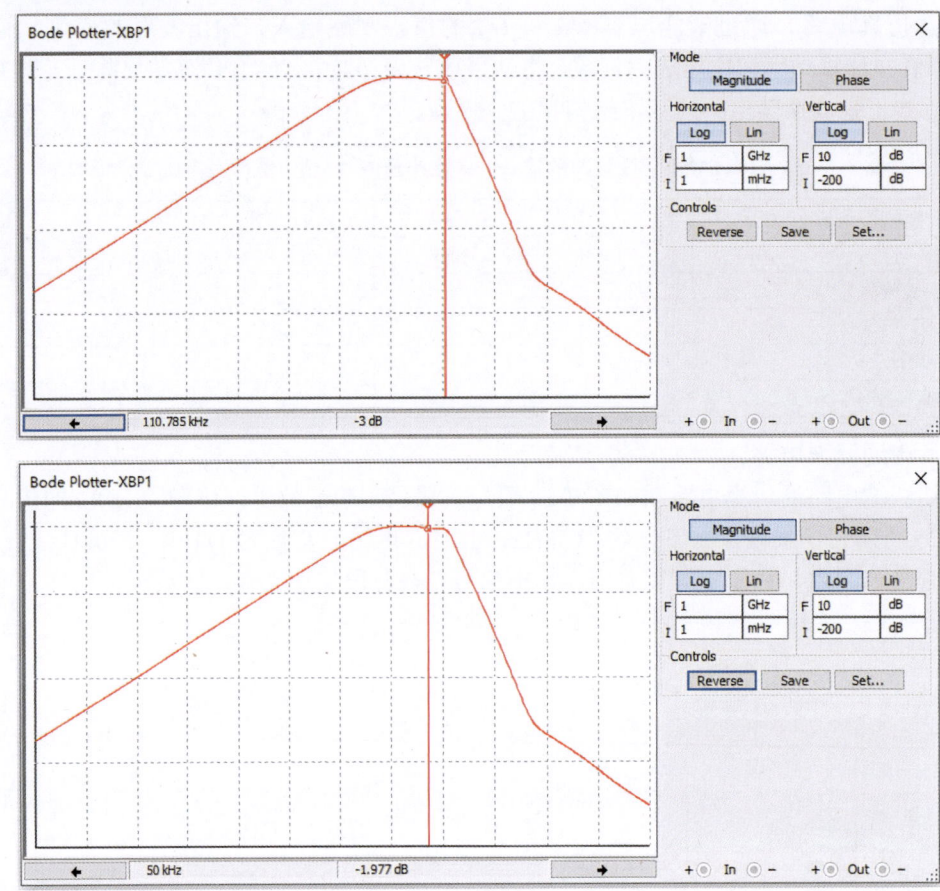

图 7-25 XBP1 的仿真结果（续）

（3）反相比例运算电路

反相比例运算电路的仿真电路图如图 7-26 所示，仿真结果如图 7-27、图 7-28 所示。XSC1 的输入信号电压峰-峰值为 3.926V，输出信号电压峰-峰值为 4.711V，放大倍数与理论计算接近；XSC2 的输入信号与输出信号相位相反，确保 RA 与 LL 电极输出反相的载波信号。

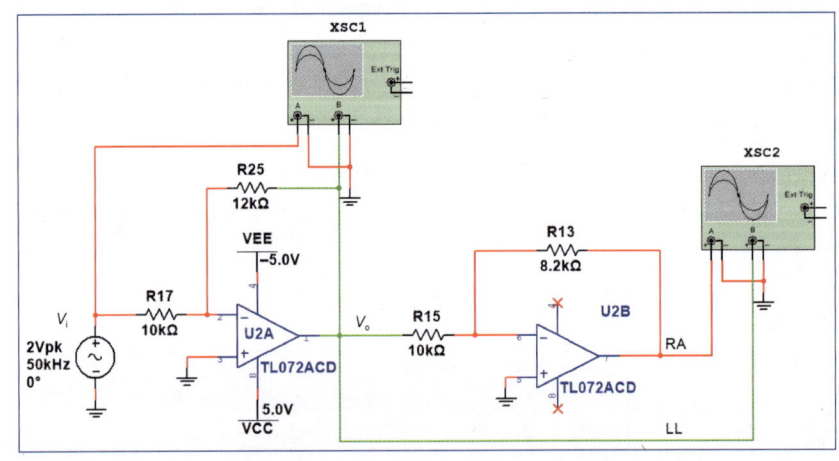

图 7-26 反相比例运算电路的仿真电路图

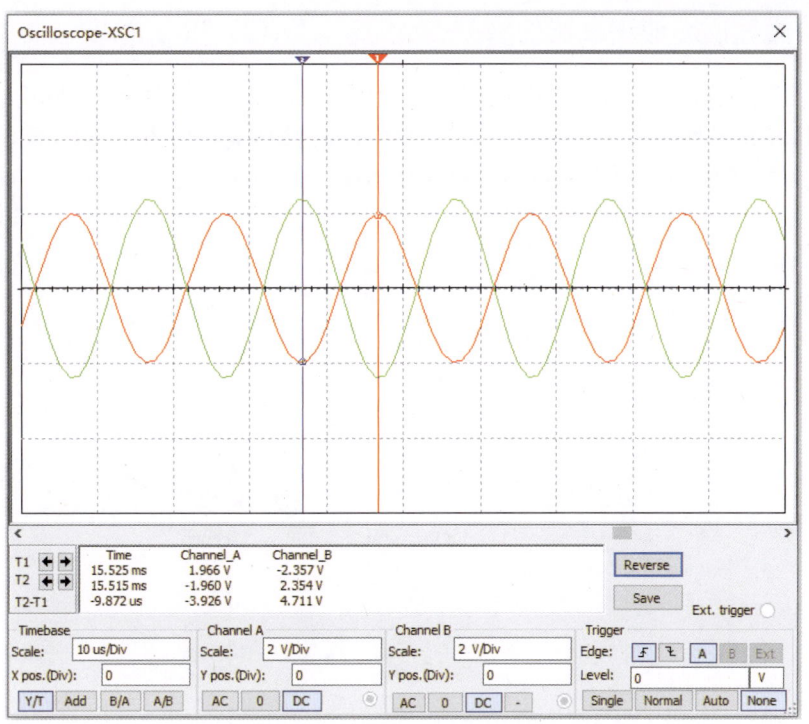

图 7-27 XSC1 仿真结果

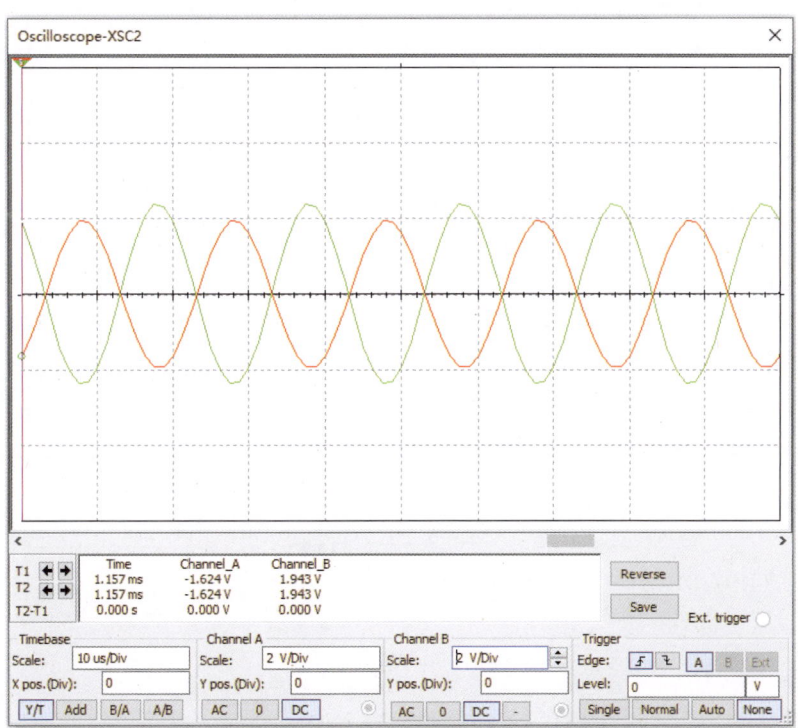

图 7-28 XSC2 仿真结果

7.4.2 仪器仪表放大电路仿真

仪器仪表放大电路的仿真电路图如图 7-29 所示，输入信号是有效值为 5mV、频率为 1Hz 的正弦波，仿真结果如图 7-30 所示。输入信号电压峰–峰值的差值为 19.682mV，输出信号电压峰–峰值为 279.957mV，放大倍数与理论计算结果一致。

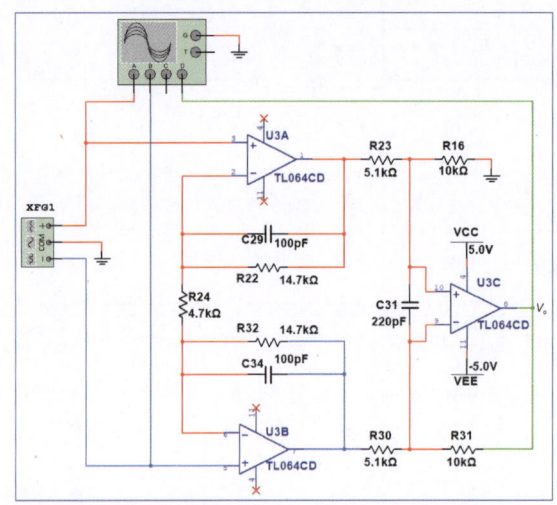

图 7-29　仪器仪表放大电路的仿真电路图

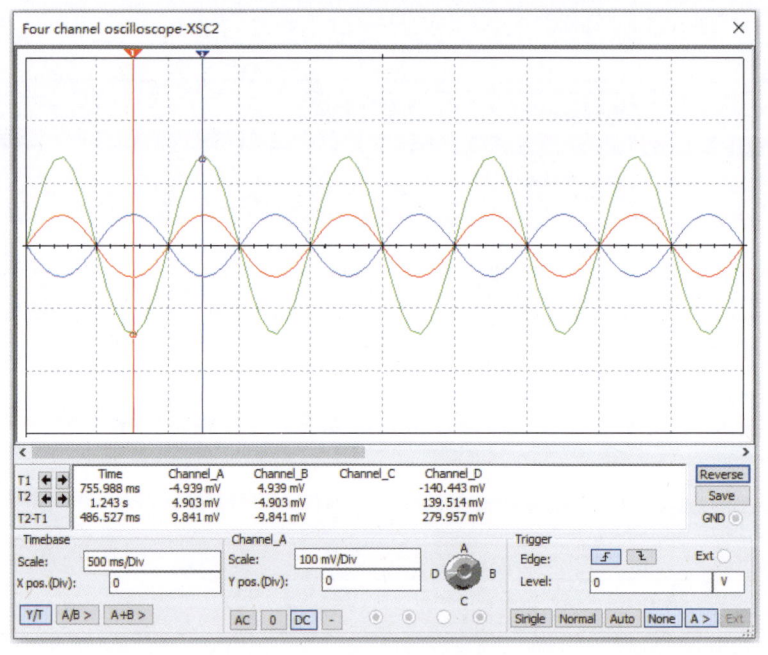

图 7-30　仿真结果

搭建仿真电路，通过调整电阻 R_{24} 的值观察输入/输出波形，将输出信号的电压峰–峰值和计算所得的放大倍数填入表 7-2 中。结合仿真结果与理论计算，掌握仪器仪表放大电路的基本结构和工作原理。

第 7 章 呼吸测量电路

表 7-2 R_{24} 不同阻值时的电压峰-峰值与电压放大倍数

序 号	1	2	3	4	5
R_{24}/kΩ	1	3	5	7	10
电压峰-峰值/V					
电压放大倍数 A					

7.4.3 检波解调电路仿真

检波解调电路的仿真电路图如图 7-31 所示，信号源为 AM_VOLTAGE，载波信号的参数设置如下：幅值为 500mV、频率为 10kHz、调制指数为 0.5、信号频率为 10Hz 的，仿真结果如图 7-32 所示。载波信号经过二极管后，由于二极管的单向导通特性，信号的下半部分被滤除。随后，信号经过电容和电阻低通滤波器后，高频载波信号被滤除，最终输出解调后的波形信号。

搭建仿真电路并观察输出波形，掌握检波解调电路的基本结构和工作原理。

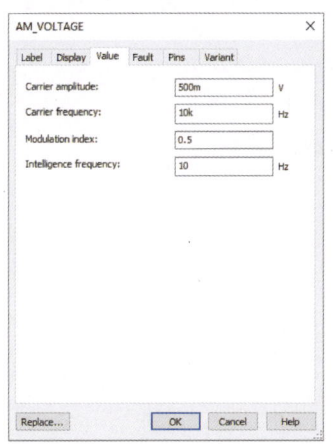
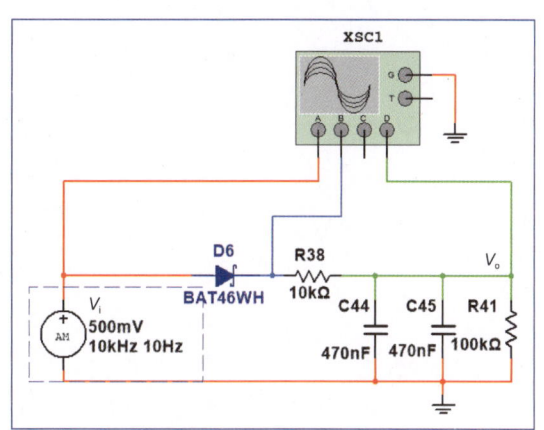

图 7-31 检波解调电路的仿真电路图

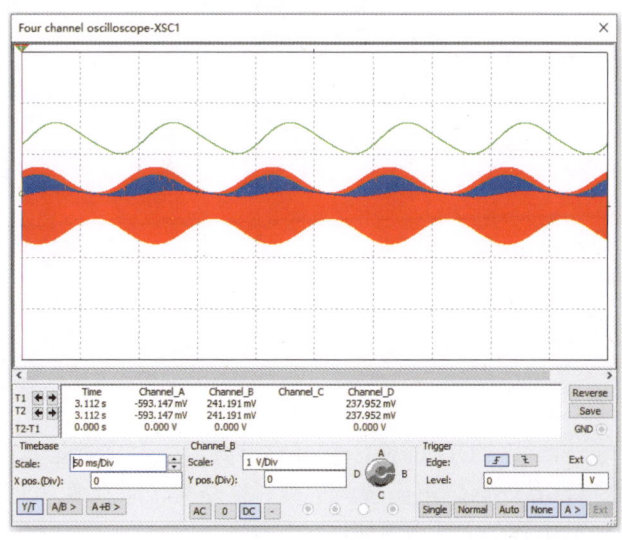

图 7-32 仿真结果

7.4.4 基线调节电路仿真

基线调节电路的仿真电路图如图 7-33 所示，仿真结果如图 7-34 所示。输入信号的电压峰-峰值为 19.446mV，基线位于 1V 附近，输出信号的电压峰-峰值为 38.846mV，基线被调节至 0V 附近，放大倍数接近理论计算的 2 倍。同时，V_+ 约为 667mV，与理论计算结果一致。

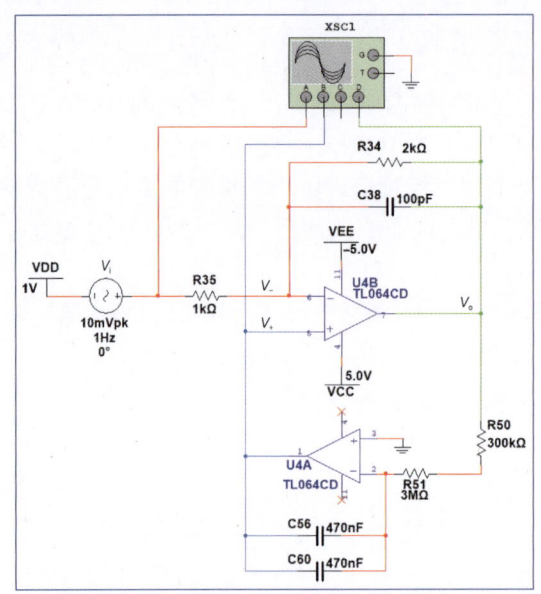

图 7-33 基线调节电路的仿真电路图

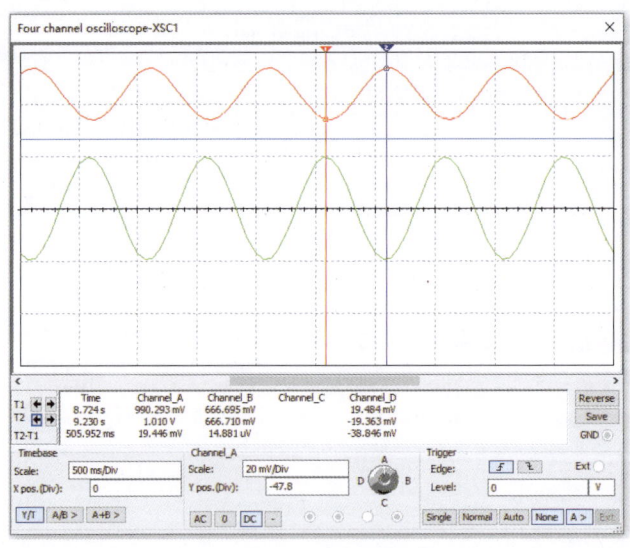

图 7-34 仿真结果

搭建仿真电路，通过改变 VDD 的值，观察输出波形的偏移量是否为 0，记录 V_+ 的值及输出信号的电压峰-峰值，并计算出电压放大倍数，将结果记录在表 7-3 中。结合仿真结果与理论计算，掌握基线调节电路的基本结构和工作原理。

表 7-3　不同 VDD 下的输入、输出电压峰-峰值及电压放大倍数

序　号	1	2	3
VDD/V	1	2	3
V_+/V			
输出电压峰-峰值/mV			
电压放大倍数 A			

7.4.5　反相比例运算电路仿真

反相比例运算电路的仿真电路图如图 7-35 所示，仿真结果如图 7-36 所示。输入信号的电压峰-峰值为 19.620mV，输出信号的电压峰-峰值为 1.960V，放大倍数约为 100，输出波形与输入波形相位相反，与理论计算结果一致。搭建该电路并观察输入/输出波形，结合仿真结果与理论计算，掌握反相比例运算电路的基本结构和工作原理。

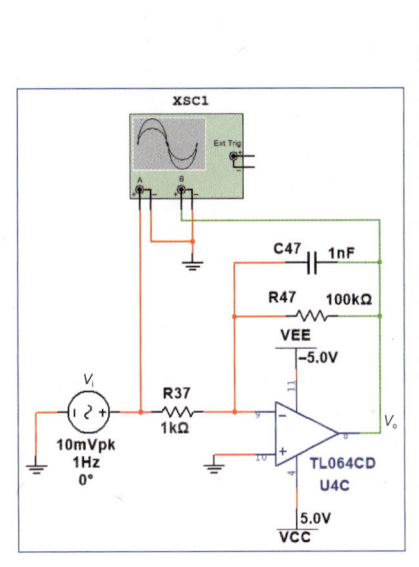

图 7-35　反相比例运算电路的仿真电路图

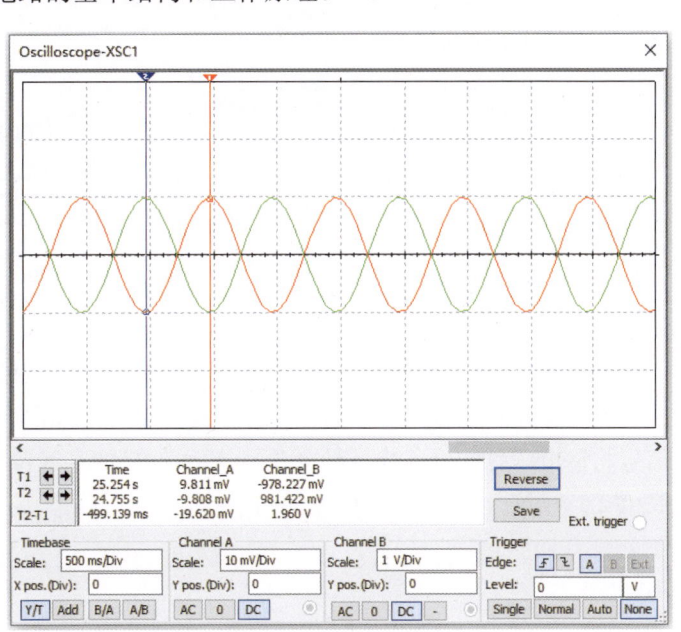

图 7-36　仿真结果

7.4.6　同相比例运算电路仿真

第一级同相比例运算电路的仿真电路图如图 7-37 所示，仿真结果如图 7-38、图 7-39 所示，其输入信号电压峰-峰值为 194.937mV，输出信号电压峰-峰值为 2.345V，放大倍数与理论计算得出的 11.93 倍相近；同时，从波特图仪可以看到，当电路增益上升到 -3dB 时，信号的频率为 84.846mHz，与理论计算的结果相近。

搭建该电路并观察输入/输出波形，分析仿真结果并结合理论计算，掌握同相比例运算电路的基本结构和工作原理。

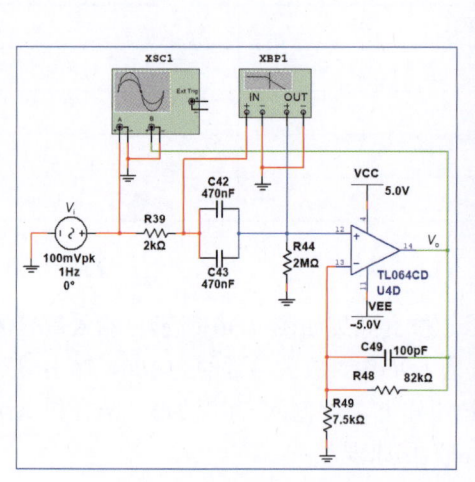

图 7-37 第一级同相比例运算电路的仿真电路图

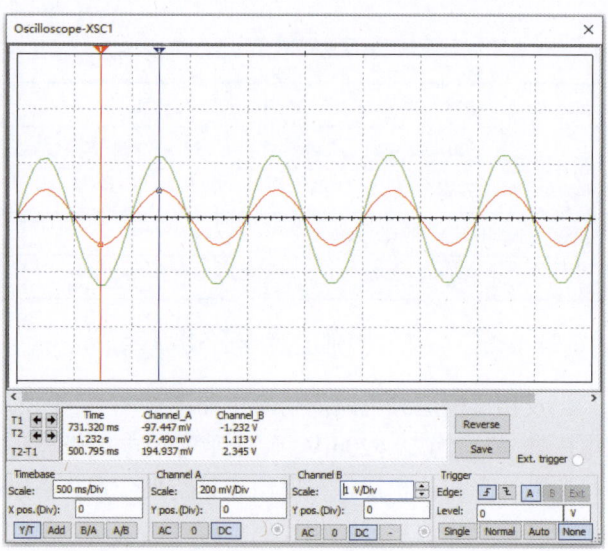

图 7-38 XSC1 仿真结果

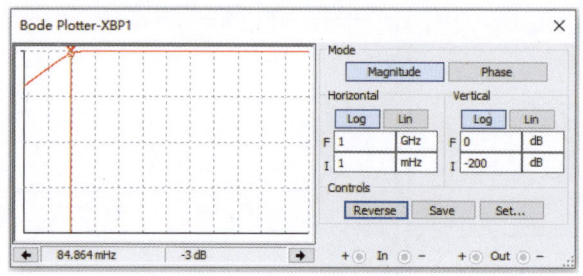

图 7-39 XBP1 仿真结果

第二级同相比例运算电路的仿真电路图如图 7-40 所示，仿真结果如图 7-41 所示。输入信号与输出信号的电压峰-峰值相同，输入信号的基线位于 0V 附近，而输出信号的基线被抬高至 2.5V 附近，这与理论计算的结果一致。

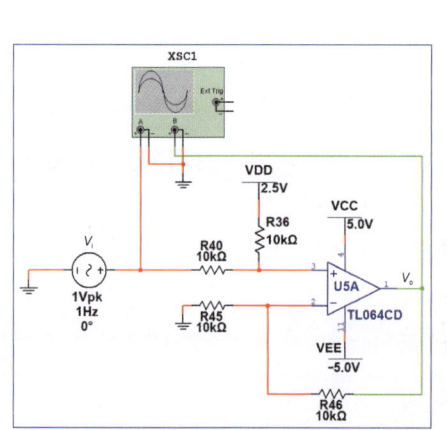

图 7-40 第二级同相比例运算电路的仿真电路图

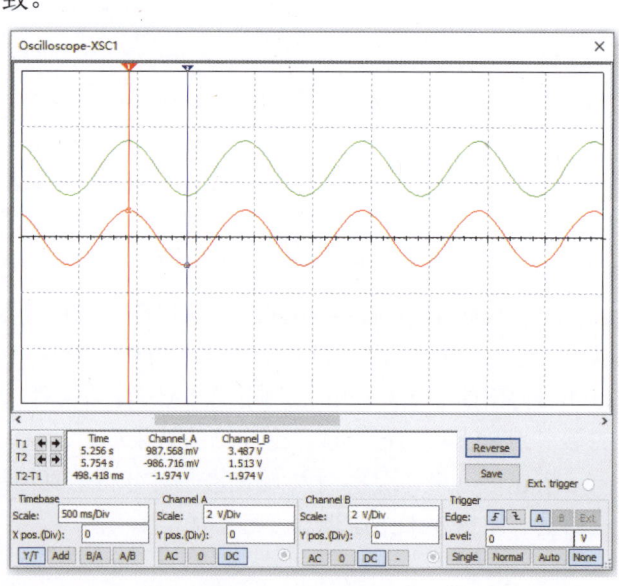

图 7-41 仿真结果

搭建仿真电路，通过改变 VDD 的值，观察输出波形及输出信号的基线位置，将结果记录在表 7-4 中。结合仿真结果与理论计算，掌握第二级同相比例运算电路的基本结构和工作原理。

表 7-4 不同 VDD 值对应的输出信号的基线位置

序 号	1	2	3	4	5
VDD/V	1	1.5	1.65	2	2.5
基线位置/V					

7.4.7 导联脱落检测电路仿真

导联脱落检测电路的仿真电路图如图 7-42 所示，采用理想运放，工作电压设为 0～3.3V，仿真结果如图 7-43、图 7-44 所示。开关 S1 接地（GND），表示 RA 或 LL 导联脱落，载波信号的基线位于 0V 附近，经过低通滤波后，输出信号电压 V_o 为 0V；S1 接 LL，表示 RA 与 LL 导联正常连接，载波信号的基线位于 5V 附近，滤波后的直流信号电压约为 5V，输出信号电压 V_o 约为 3.3V，与理论分析的结果一致。无论导联是否脱落，载波信号经过无源二阶低通滤波电路之后都变为一条直线。

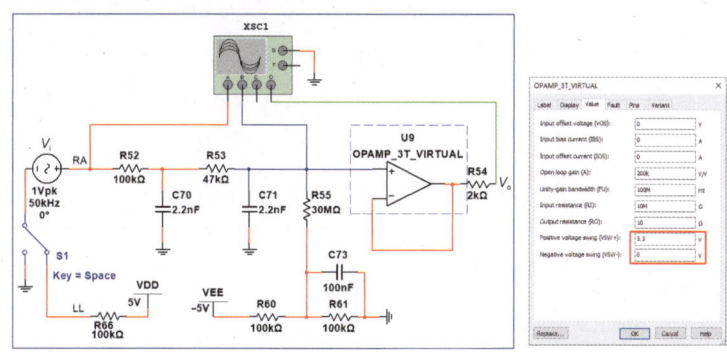

图 7-42 导联脱落检测电路的仿真电路图

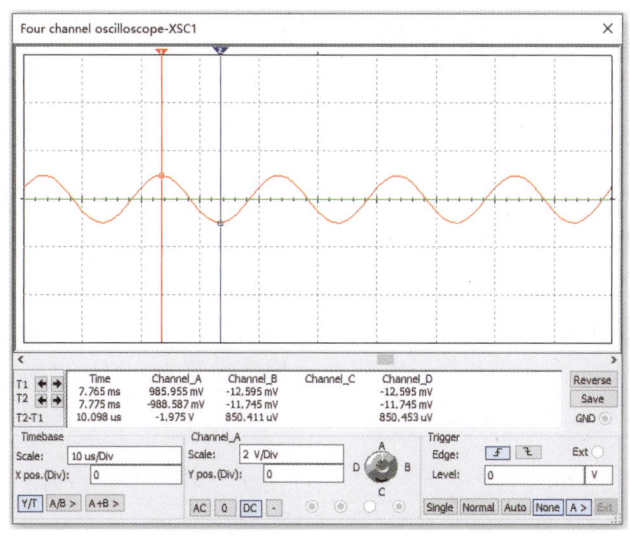

图 7-43 仿真结果 1（S1 接 GND）

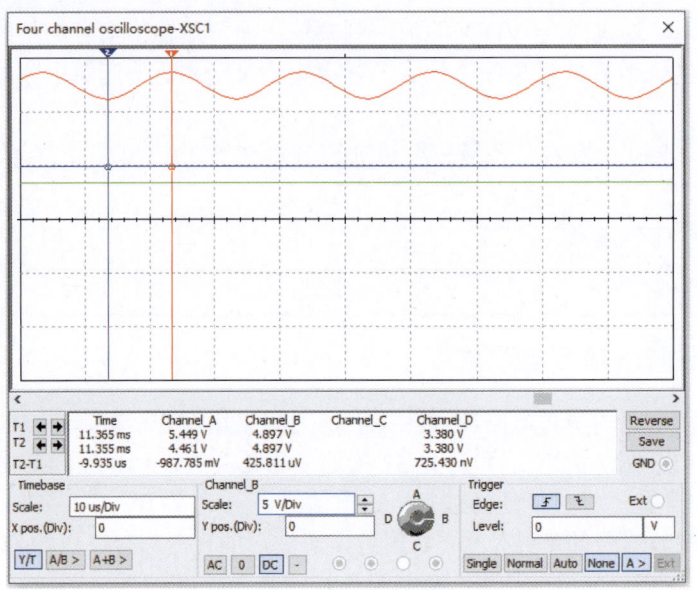

图 7-44　仿真结果 2（S1 接 LL）

搭建仿真电路，通过 S1 模拟导联脱落与连接状态，观察输入/输出信号，将不同情况下的输出电压值记录在表 7-5 中。结合仿真结果与理论计算，掌握导联脱落检测电路的基本结构和工作原理。

表 7-5　S1 接不同通路时的输出电压值

序　号	1	2
S1 连接	GND	LL
电压值/V		

7.5　呼吸测量电路实测分析

7.5.1　电源电路实测分析

将呼吸电路板插入 LY-E501 医学电子学开发平台的插槽，此时呼吸与心电测量公用一根导联线，将心电导联线接入 ECG/RESP 接口，并将 RA 和 LL 电极接入生理参数模拟器的心电端口。设置生理参数模拟器的呼吸率为 20 次/分，通过 DC12V/2A 电源适配器供电，并使用 B 型 USB 连接线与计算机连接，如图 7-45 所示。观察呼吸电路板上的发光二极管 3V3_LED 和 5V_LED 是否正常点亮，并将通信模式设置为 USB 通信。

用万用表测量呼吸电路板上的测试点 +5V、−5V、3V3 和 R25V 的电压值，将结果填入表 7-6 中。

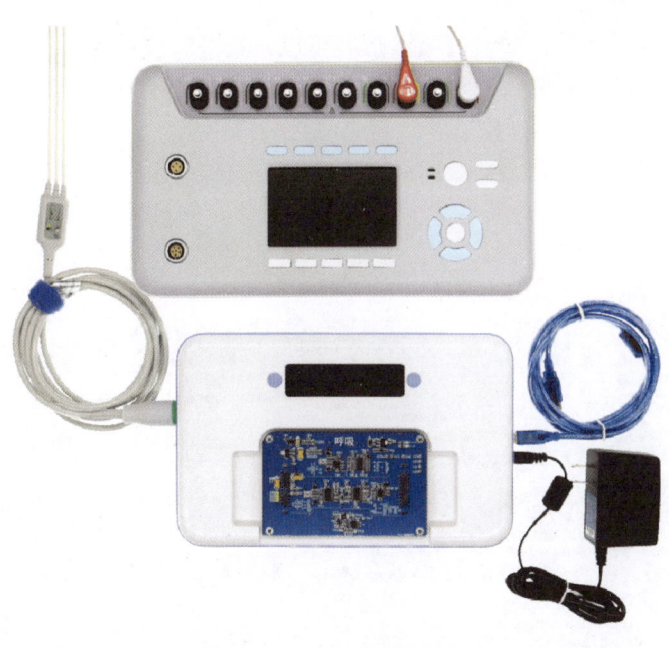

图 7-45　呼吸实测连接图

表 7-6　呼吸电路板电源电压值测量

序　号	1	2	3	4
测 试 点	+5V	−5V	3V3	R25V
电压值/V				

7.5.2　LY-E501 医学信号采集软件（呼吸模块）

打开 LY-E501 医学信号采集软件，系统自动跳转到呼吸模块，如图 7-46 所示。

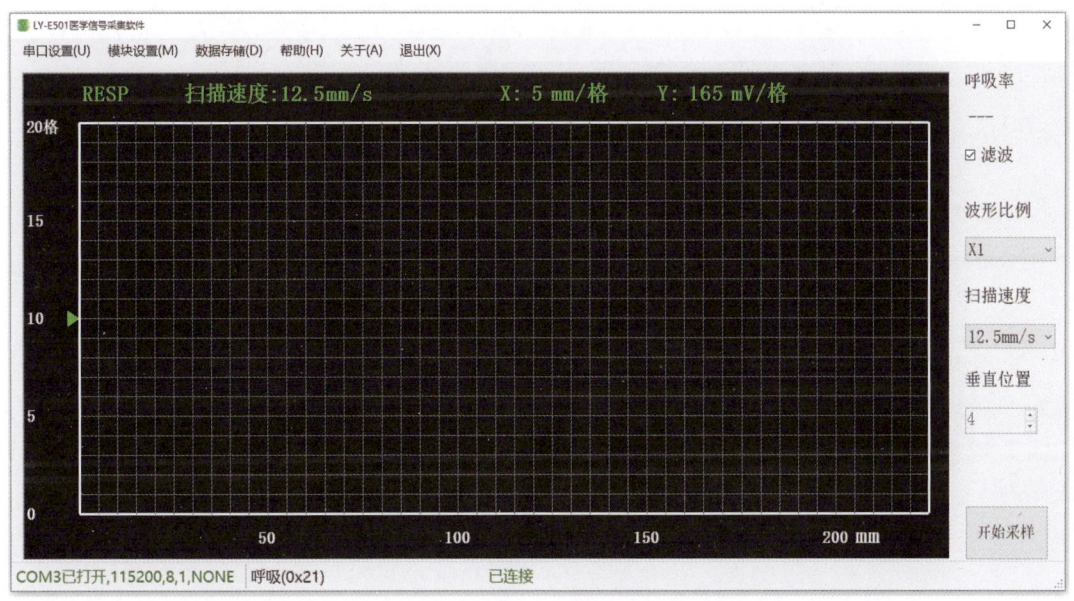

图 7-46　呼吸模块设置

单击"开始采样"按钮,观察呼吸波形。可以设置呼吸波形的滤波、波形比例和垂直位置,波形显示窗口将显示采集到的呼吸信号波形,如图 7-47 所示。在软件的右上角可以看到呼吸率为 20 次/分。若要调整扫描速度,需先停止采样再重新设置。

存储呼吸数据并绘制如图 7-48 所示的折线图,横轴为采样数据个数,纵轴为 ADC 采样值。

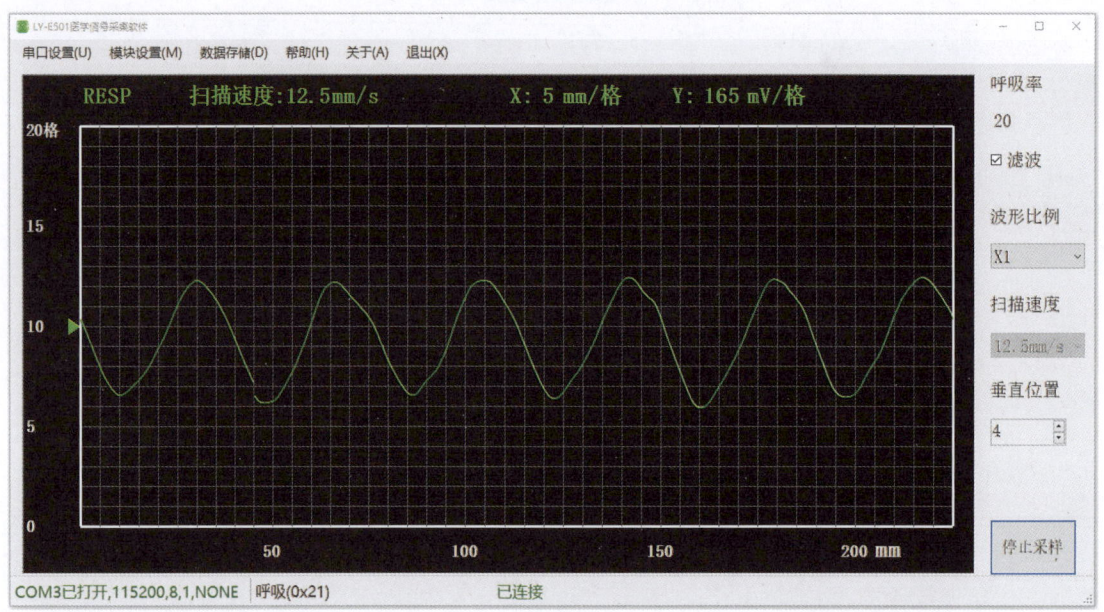

图 7-47　显示呼吸信号波形

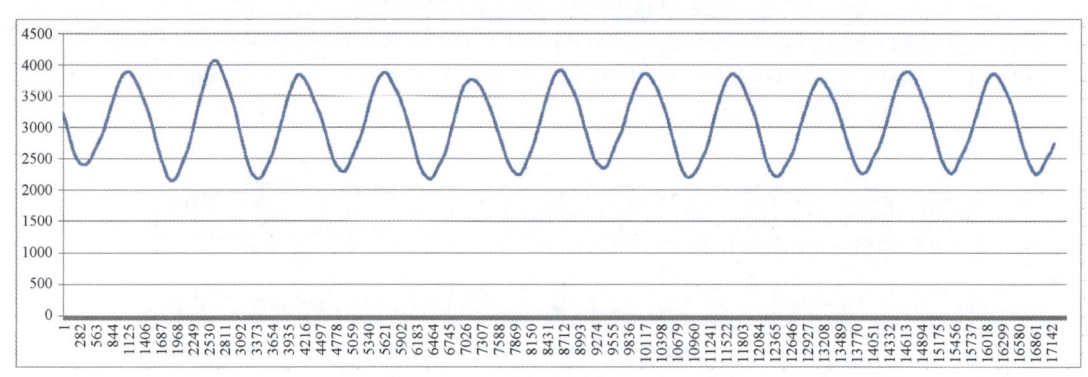

图 7-48　呼吸数据折线图

由于单片机每秒采样 500 个数据(每 0.002s 采样 1 个数据),可将横轴转换为时间轴(单位为 s);单片机的 ADC 分辨率为 12 位,参考电压为 3.3V,可将纵轴转换为电压轴(单位为 V),如图 7-49 所示。标出波形图中相邻波峰的时间轴坐标,分别为 8.228s 和 11.220s,可计算呼吸率为

$$RespRate = 60 \div (11.220 - 8.228) \approx 20 次/分 \qquad (7-25)$$

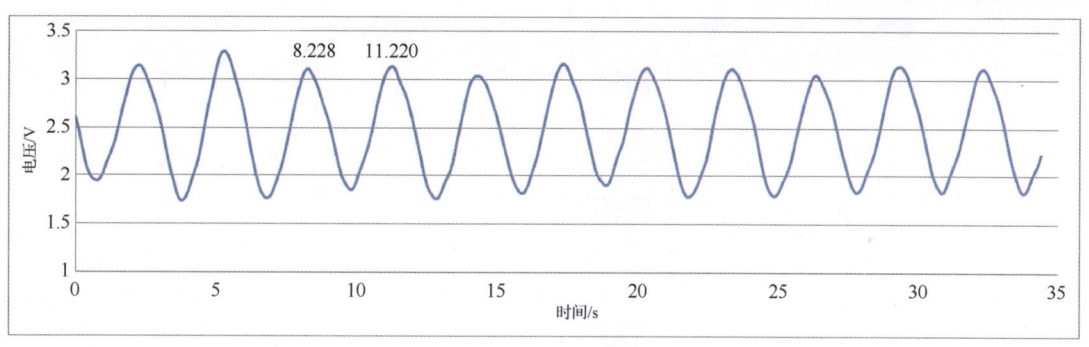

图 7-49　呼吸数据波形

7.5.3　载波信号实测分析

用示波器测量测试点 TP15 处的信号如图 7-50、图 7-51 所示。RC 桥式正弦波振荡电路输出的是电压峰-峰值约为 5.12V、频率约为 52kHz 的正弦波，波形腰部略有失真。用示波器测量测试点 TP15 处的电压并记录载波信号的电压峰-峰值和频率，将结果填入表 7-7 中。

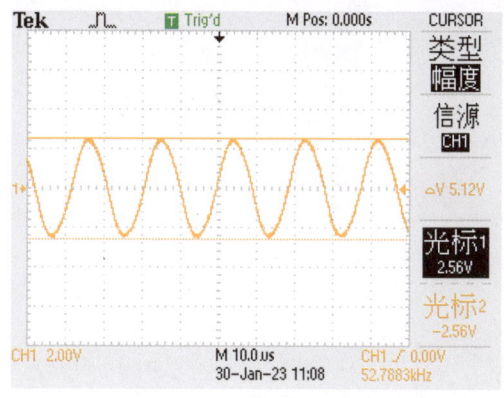

图 7-50　测试点 TP15 处信号的电压峰-峰值　　　　图 7-51　测试点 TP15 处信号的频率

表 7-7　测试点 TP15 处信号的测量结果

序　号	1	2
测量项目	电压峰-峰值	频率
测　量　值		

用示波器测量测试点 TP14 和 TP12 的电压，电压波形如图 7-52 所示，TP14 处的信号经过带通滤波电路后即为 TP12 处的信号，该过程对原本有些失真的正弦波信号进行整形，输出更稳定的正弦波信号。

用示波器测量测试点 TP12 和 TP2 的电压，电压波形如图 7-53 所示，TP12 处的信号经过反相比例运算电路放大后施加至 TP2。

用示波器测量测试点 TP1 和 TP2 的电压，电压波形如图 7-54 所示，TP2 处的信号经过反相比例运算电路后输出相位相反的信号至 TP1。

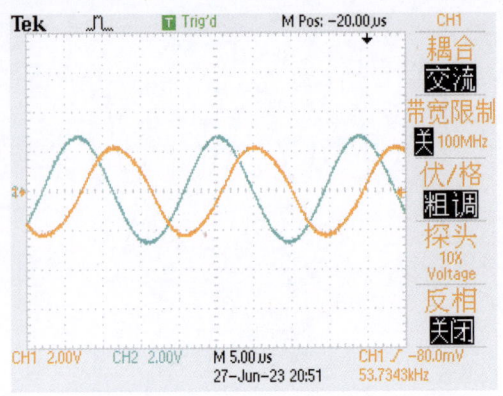

图 7-52 测试点 TP14（黄）和 TP12（蓝）的电压波形

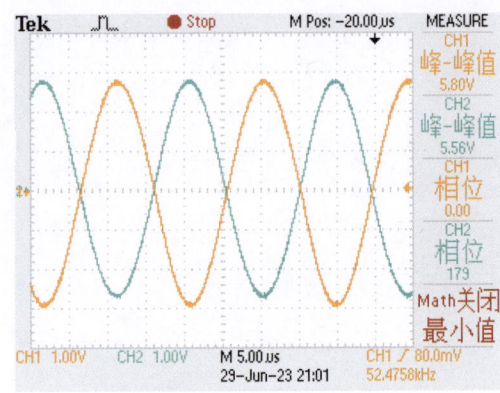

图 7-53 测试点 TP12（蓝）和 TP2（黄）的电压波形

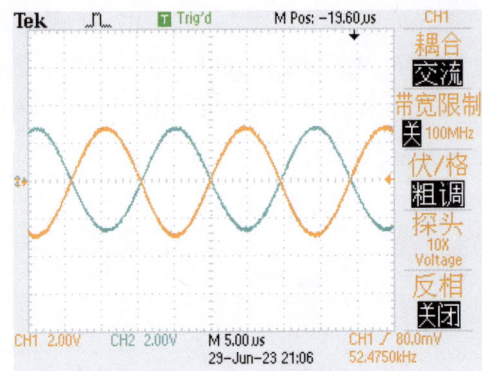

图 7-54 测试点 TP2（黄）和 TP1（蓝）的电压波形

7.5.4 基线调节电路实测分析

用示波器测量测试点 TP6、TP7 和 TP8 的电压，电压波形如图 7-55 至图 7-57 所示。由于呼吸信号十分微弱，TP6 和 TP8 的波形几乎为一条直线，基线位于 2.3V 附近。经过基线调节电路后，TP8 的信号基线被调节至 0V 附近，达到了基线调零的效果。TP7 的电压值与理论值接近。

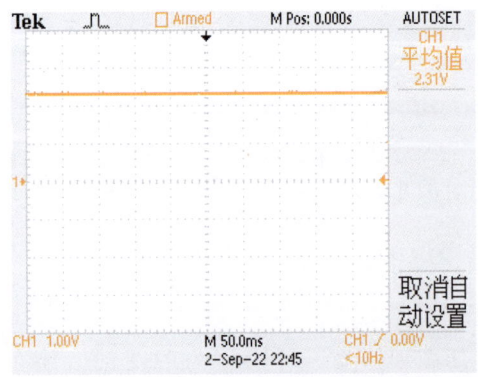

图 7-55 测试点 TP6 的电压波形

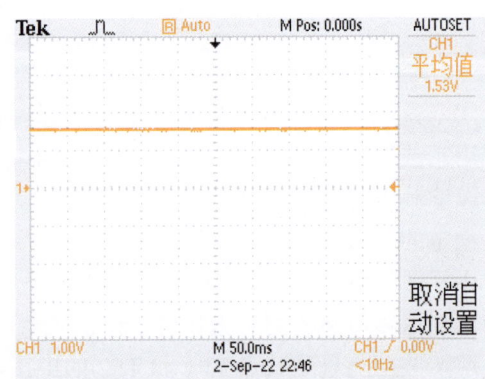

图 7-56 测试点 TP7 的电压波形

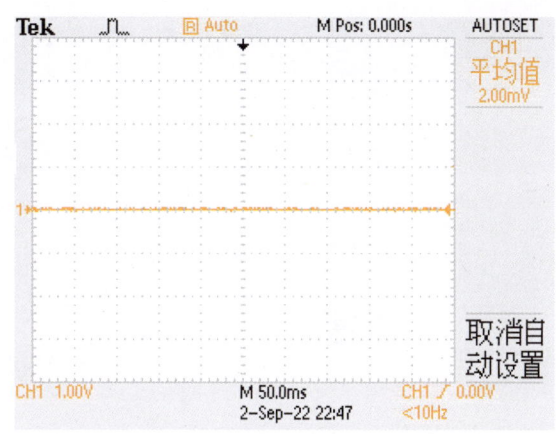

图 7-57 测试点 TP8 的电压波形

将测试点 TP6、TP7 和 TP8 的电压值记录在表 7-8 中,并与理论计算结果进行对比分析。

表 7-8 测试点 TP6、TP7 和 TP8 的电压值

序 号	1	2	3
测试点	TP6	TP7	TP8
电压值/V			

7.5.5 反相比例运算电路实测分析

用示波器测量测试点 TP9 的电压,电压波形如图 7-58 所示。TP8 处的信号经过反相比例放大电路放大 100 倍后,波形已可见,但幅值仍较小,需要进一步放大。

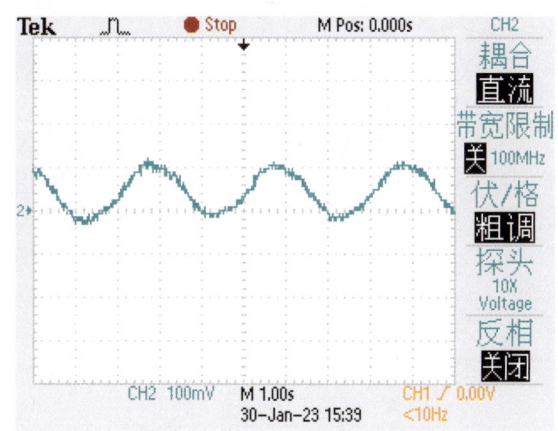

图 7-58 测试点 TP9 的电压波形

7.5.6 同相比例运算电路实测分析

用示波器测量测试点 TP9 和 TP10 的电压,电压波形如图 7-59 和图 7-60 所示。TP9 处的信号经过同相比例运算电路放大 11.93 倍后输出至 TP10。

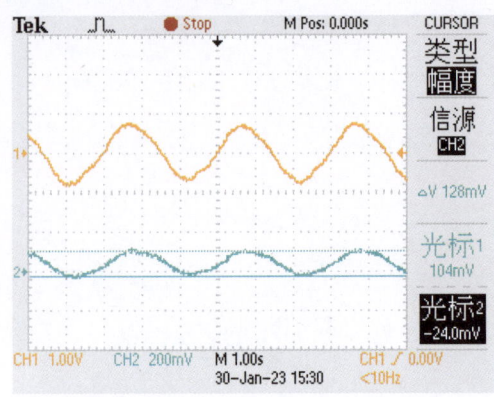
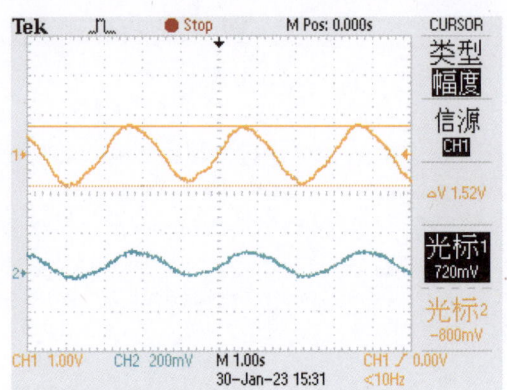

图 7-59 测试点 TP9（蓝）和 TP10（黄）的电压波形 1

图 7-60 测试点 TP9（蓝）和 TP10（黄）的电压波形 2

用示波器测量测试点 TP10 和 TP11 的电压，电压波形如图 7-61 和图 7-62 所示。TP10 的信号存在负压，无法直接由单片机采样，需要将信号抬高。TP11 的信号经过第二级同相比例运算电路被抬高 2.5V 后，电压峰-峰值仍约为 1.5V，但此时负压已经消失，适合单片机采样。

记录 TP10 和 TP11 的电压最大值和最小值，填入表 7-9 中。

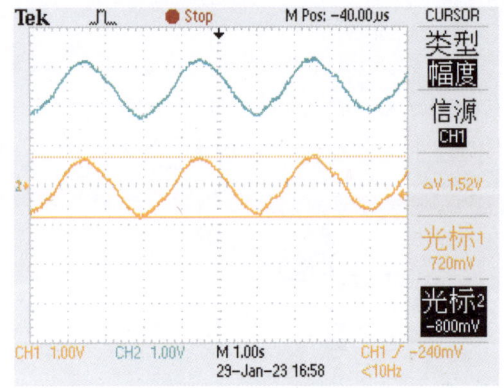
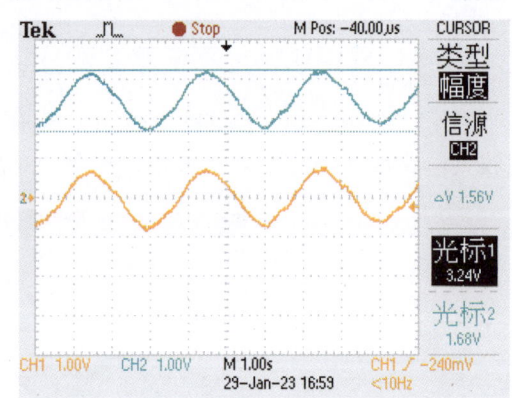

图 7-61 测试点 TP10（黄）和 TP11（蓝）的电压波形 1

图 7-62 测试点 TP10（黄）和 TP11（蓝）的电压波形 2

表 7-9 测试点 TP10 和 TP11 的电压测量结果

序 号	1		2	
测 试 点	TP10		TP11	
测量项目	电压最大值	电压最小值	电压最大值	电压最小值
电压值/V				

用示波器测量测试点 RESP 的电压，电压波形如图 7-63 所示，相邻两个波峰的时间间隔为 3s，计算得到呼吸率为 20 次/分。

第 7 章 呼吸测量电路

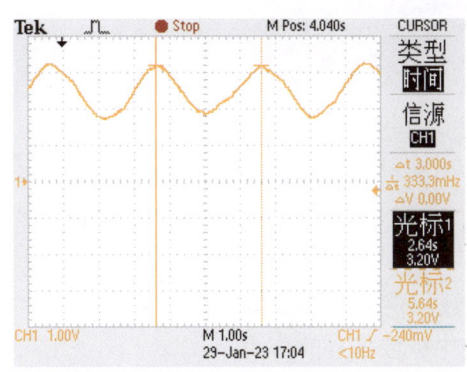

图 7-63　测试点 RESP 的电压波形

7.5.7　导联脱落检测电路实测分析

用示波器测量测试点 TP17 的电压,电压波形如图 7-64、图 7-65 所示。当导联正常连接时,TP17 的电压为 3.33V(高电平);当导联脱落时,TP17 的电压约为 2mV(低电平)。

将导联连接和脱落时 TP17 的电压值记录在表 7-10 中。

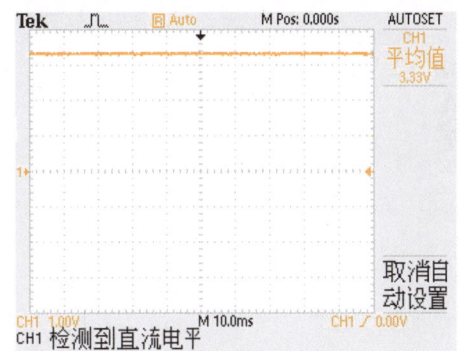

图 7-64　导联连接时 TP17 的电压波形

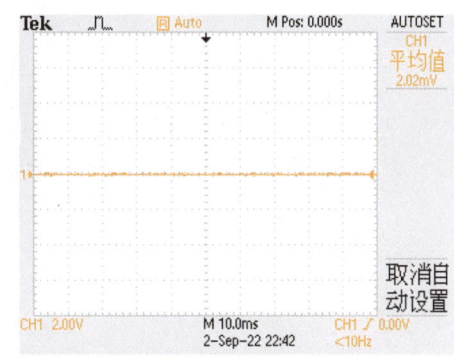

图 7-65　导联脱落时 TP17 的电压波形

表 7-10　测试点 TP17 的电压测量结果

序　号	1	
测　试　点	TP17	
测试状态	导联连接	导联脱落
电压值/V		

本章任务

1. 使用信号发生器与示波器实测呼吸电路板上仪器仪表放大电路的共模抑制比与等效输入噪声。

2. 使用信号发生器与示波器实测呼吸电路板上带通滤波器的截止频率,并与仿真结果进行对比。

3. 参考本章的呼吸测量电路,自行设计一款基于微控制器的呼吸测量系统,设计电路板并测试验证。

 **本章习题**

1. 简述呼吸阻抗的常用测量方法及其特点。
2. 通过 Multisim 软件仿真检波电路，更换不同容值的电容，观察变化情况并简述发生变化的原因。
3. 简述 RC 桥式正弦波振荡电路的工作原理。
4. 简述呼吸测量系统中载波信号的作用。
5. 简述基线调节电路的作用。能否直接通过一个电容来滤除呼吸信号中的直流信号？为什么？
6. 使用示波器测量测试点 TP22 的电压波形，并计算呼吸率。
7. 使用 LY-E501 医学信号采集软件测量呼吸波形，并计算呼吸率。
8. 在 LY-E501 医学信号采集软件中，呼吸模块的横轴为 5mm/格，扫描速度为 12.5mm/s，观察显示在栅格上的呼吸波形，并计算呼吸率。

本章学习资源

第8章 血氧饱和度测量电路

8.1 学习目标

本章将学习血氧各项参数的医学临床意义,比较不同血氧饱和度测量方法的优缺点,理解血氧饱和度测量的原理和电路设计,掌握血氧饱和度测量电路的理论推导、仿真和实测方面的知识。

目标:① 掌握指夹式光电传感器测量血氧饱和度的工作原理;② 掌握血氧饱和度测量电路的设计原理;③ 学习血氧饱和度信号的处理过程;④ 自行设计出各项参数可控的简易血氧饱和度测量电路。

8.2 血氧饱和度测量原理

血氧饱和度(SpO_2)是指血液中氧合血红蛋白(HbO_2)占总可结合血红蛋白(包括氧合血红蛋白和还原血红蛋白,即HbO_2+Hb)的比例:

$$SpO_2 = \frac{c_{HbO_2}}{c_{HbO_2} + c_{Hb}} \times 100\%$$

它是评估呼吸循环系统健康状况的关键生理参数。临床上,SpO_2正常值通常不低于94%,若低于94%则提示供氧不足;而SpO_2低于90%则被定义为低氧血症的标准。

人体内的血氧含量需维持在特定范围内以保障健康。血氧不足可能导致注意力不集中、记忆力减退、头晕目眩及焦虑等症状。长期缺氧可能引发心肌衰竭、血压下降,影响正常的血液循环,严重时甚至会对大脑皮层造成损害,引起脑组织变性和坏死。相反,长期血氧过高会加速细胞老化,使各个器官提前出现功能衰退,从而影响正常生理活动。因此,监测血氧水平有助于及时发现缺氧状况并采取补氧措施,从而降低相关疾病的发生风险。

传统的血氧饱和度测量方法利用血气分析仪对新鲜采集的血样进行电化学分析,计算出血氧饱和度。该方法虽然精确,但操作复杂且有创,仅适用于需要高精度测量的场合。本实验采用目前临床上主流的指夹式光电传感器进行无创测量。测量时,将传感器套在手指上,采集光信号并经过信号处理传输至上位机,可实时显示血氧饱和度。

氧合血红蛋白(HbO_2)与还原血红蛋白(Hb)对同一波长或不同波长光的吸收特性存在显著差异,尤其是在近红外区域,它们各自具有独特的吸收峰。随着脉搏跳动,动脉血管内的血容量变化会导致光线穿透血液的光程发生变化,由于动脉血对光的吸收量与光程长度相关，光程的变化会引起光吸收量的改变，进而影响血氧探头检测到的信号强度。根据信号强度的变化，结合朗伯-比尔定律，可以推导出脉搏血氧饱和度（SpO_2）。

8.2.1 脉搏信号

脉搏是指人体浅表可触摸到的动脉搏动，而脉率是指每分钟动脉搏动的次数。正常情况下，脉率与心率一致。动脉搏动具有节律性，其波形特征可通过脉搏波结构图（见图8-1）进行分析。升支是脉搏波形中从基线上升至主波波峰的部分，反映了心室的快速射血期。降支是从主波波峰下降至基线的部分，对应心室射血后期至下一次心动周期的开始。主波是脉搏波形的主体波幅，其顶点为波形的最高峰，代表动脉内压力与容积的最大值。潮波（或称重搏前波）位于降支主波之后，通常低于主波但高于重搏波。潮波反映了左心室停止射血后，动脉内血液压力下降及动脉血管壁扩张的过程。这种扩张导致血液压力进一步降低，从而形成动脉扩张降压现象。在此过程中，血液压力的变化和血管壁弹性作用使部分血液产生逆向流动，冲击动脉壁并形成反射波，即潮波的主要组成部分。降中峡（或称降中波）是主波降支与重搏波升支之间形成的波谷。主波降支对应心室收缩结束后脉搏波形的下降部分；重搏波升支对应心室舒张早期，由于主动脉瓣关闭和血液回流，脉搏波形再次上升的部分。降中峡的形成与主动脉内血液压力的变化密切相关。当左心室停止射血后，主动脉内血液压力开始下降，这一过程称为主动脉静压排空。降中峡的出现标志着主动脉静压排空的一个特定时间点，即血液压力降至一定程度的时间点。由于降中峡位于心脏收缩末期至舒张开始之间，因此被视为心脏收缩与舒张的分界点。

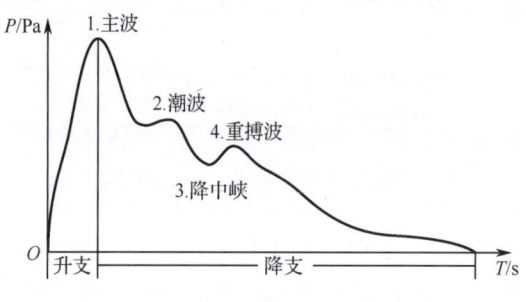

图8-1 脉搏波结构图

8.2.2 脉搏血氧饱和度测量方法

血氧饱和度的测量方法可分为电化学法和光学法两类。电化学法通过动脉穿刺采集血液样本，利用血气分析仪分析动脉血中的氧分压，再通过计算得出血氧饱和度。该方法虽然测量精度高，但由于其有创性、操作复杂且实时性差，通常仅用于需要极高精度的特殊场合。与电化学法相比，光学法是一种连续的、无创的血氧饱和度测量方法，广泛应用于临床等领域。其原理是通过血氧探头检测血液对光吸收量的变化，计算氧合血红蛋白占总血红蛋白的百分比，从而直接获得血氧饱和度。光学法具有操作简便、实时性强等优点，但其测量精度略低于电化学法。

在介绍光学法之前，可以通过一个简单实验直观理解其基本原理。打开手机的手电筒功能，用手指按住闪光灯，可以观察到手指变得又红又亮。手指在白色的闪光灯下却变成红色，原因如下：① 白光并非单色光，而是由红、橙、黄、绿、青、蓝、紫等多种色光组成的（见图 8-2），其中红光波长最长，穿透性最强。② 手指肌肉中的肌红蛋白和血液中的血红蛋白均呈现红色，能够反射红光。因此，当强光照射时，手指主要呈现红色。

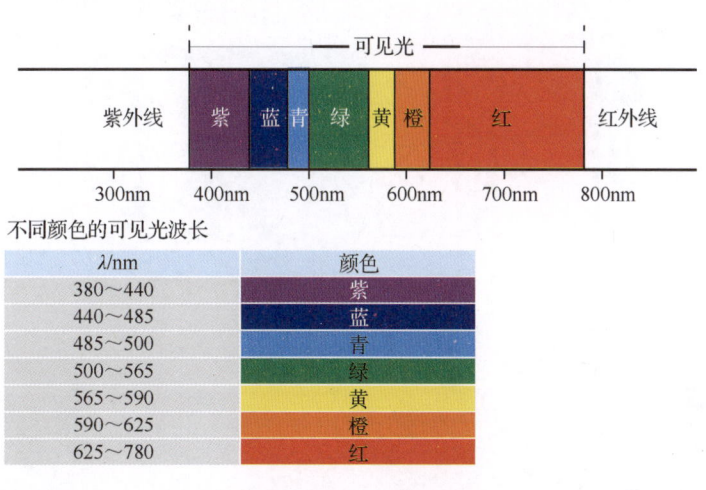

图 8-2 可见光波长图

下面介绍血氧指夹探头（见图 8-3）是如何测量得到血氧饱和度的。根据探头内传感器对光的采样方式，血氧探头可分为透射式和反射式，如图 8-4 所示。本实验采用的血氧指夹探头为透射式，该方式也是目前临床医学中的主流方法。探头内的发射端由双波长红外发射管组成，内部集成了红外光发光二极管和红光发光二极管；接收端采用光电二极管（Photodiode，PD）作为感光器件，光电二极管是一种将光信号转换为电信号的光探测器，对光的变化极为敏感。

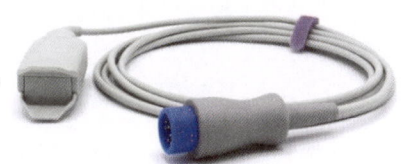

图 8-3 血氧指夹探头

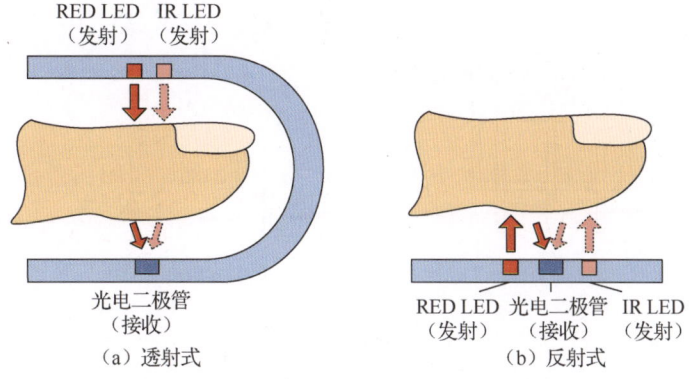

图 8-4 透射式和反射式测量方法示意图

光电二极管和双波长红外发射管实物图如图 8-5 所示。

根据红外发射管内两种发光二极管的极性接法，可分为交流型、共阳型和共阴型，如图 8-6 所示。在进行血氧饱和度测量时，采用分时复用的方式驱动双波长红外发射管，周期性点亮红光和红外光。当红光工作时，红外光关闭，这样可以保证红光和红外光互不干扰，光电二极管能够检测到两种波长的光信号。光电二极管将检测到的光信号转换为电信号，经模拟电路处理后，由单片机进行采样计算，最终将数据发送到上位机进行显示。

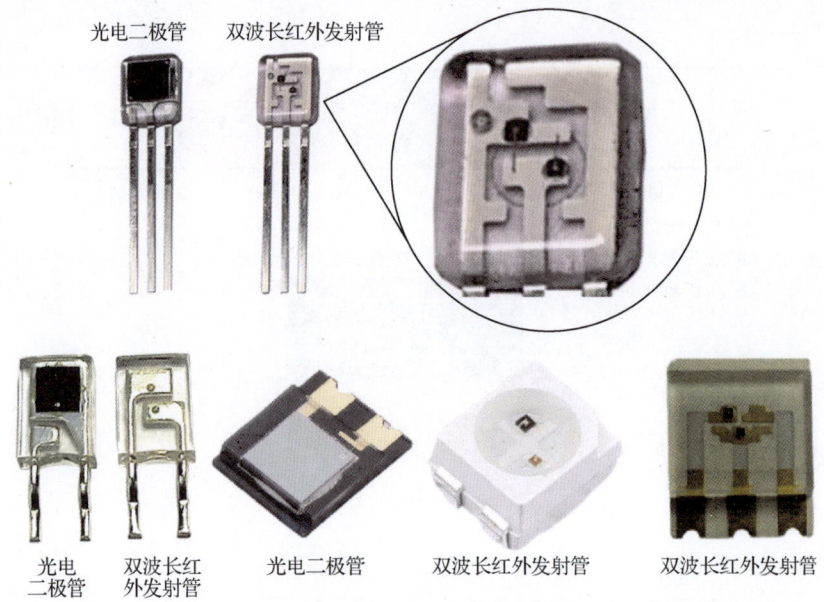

图 8-5　光电二极管和双波长红外发射管实物图

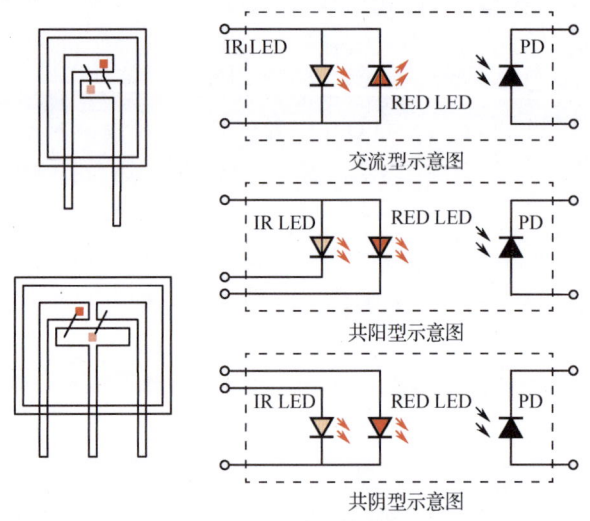

图 8-6　光电二极管和双波长红外发射管示意图

双波长红外发射管内有两个不同波长的光源，本实验使用的血氧探头采用 660nm 红光和 940nm 红外光作为双波长光源。下面详细解释选用这两种波长的原因。

血液中的氧合血红蛋白（HbO_2）和还原血红蛋白（Hb）对红光和红外光的吸光系数显著不同，具体如图 8-7 所示。在约 805nm 波长处，HbO_2 和 Hb 的吸光系数相等；在 600～805nm 波长处，Hb 的吸光系数大于 HbO_2；在 805～1000nm 波长处，HbO_2 的吸光系数大于 Hb。为了使光电二极管能够有效检测到光信号，吸光系数不宜过大。如果吸光系数过大，大部分光会被吸收，导致透光性变差，从而影响测量的准确性，甚至可能使设备无法正常工作。在660nm波长处，HbO_2与Hb的吸光系数差异最大。这意味着即使血氧饱和度发生微小变化，也能通过该波长光源检测到明显的信号差异，从而提高了测量的灵敏度。在880~960nm 波长范围内，HbO_2和Hb的吸光系数差异较小，且吸收曲线较为平坦。这种特性使得波长偏差对吸光系数的影响较小，从而提高了测量的精度和稳定性。在实际应用中，不同厂商可能选择880nm、905nm或940nm等波长，具体选择需综合考虑光源功率、成本及生产工艺等因素。此外，根据朗伯-比尔定律（见8.2.3节）可知，为了使血氧饱和度与吸光系数等参数的关系呈简单的线性关系，波长应选择805nm，但由于该波长附近吸收曲线的斜率较大，发光二极管的波长偏差会显著影响测量结果。因此，805nm波长不适用于工业化生产中的血氧探头设计。

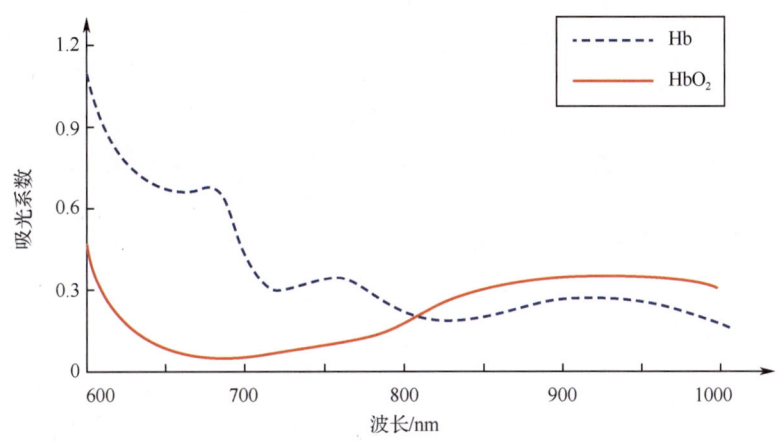

图8-7　HbO_2和Hb的吸收光谱曲线

8.2.3　朗伯-比尔定律

朗伯定律：当溶液的浓度一定时，吸光度与液层厚度成正比，即
$$A = K_1 L \tag{8-1}$$
式中，A为吸光度，K_1为吸光系数，L为液层厚度。

比尔定律：1852年，比尔（Beer）在研究各种无机盐对红光的吸收特性时发现，在液层厚度一定的条件下，当单色光通过溶液时，溶液的吸光度与其浓度成正比，即
$$A = \lg \frac{I_0}{I} = K_2 c \tag{8-2}$$
式中，I_0为入射的单色光的强度，I为单色光通过溶液后的强度，K_2为吸光系数，c为溶液的浓度。

朗伯-比尔定律是朗伯定律和比尔定律的结合，描述了单色光通过溶液时，光强度的衰减与溶液浓度和液层厚度的关系。其表达式为
$$A = \lg \frac{I_0}{I} = KLc \tag{8-3}$$
式中，A为吸光度，K为摩尔吸光系数（简称吸光系统），c为溶液的浓度，L为液层的厚度。该定律也可写为
$$I = I_0 10^{-KLc} \tag{8-4}$$

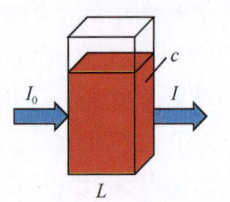

图 8-8　朗伯-比尔定律模型

朗伯-比尔定律模型如图 8-8 所示，该定律表明，特定波长的光被透明介质吸收的比例与入射光强度无关，而取决于吸光物质的浓度 c 及吸收层的厚度 L。

无创血氧饱和度的检测基于动脉血对光的吸收量随动脉搏动而变化这一原理。当心脏的收缩与舒张引起动脉规律性的搏动时，动脉血管内的血容量也随之发生规律性的改变，进而影响血液对光的吸收量。光的吸收曲线如图 8-9 所示。

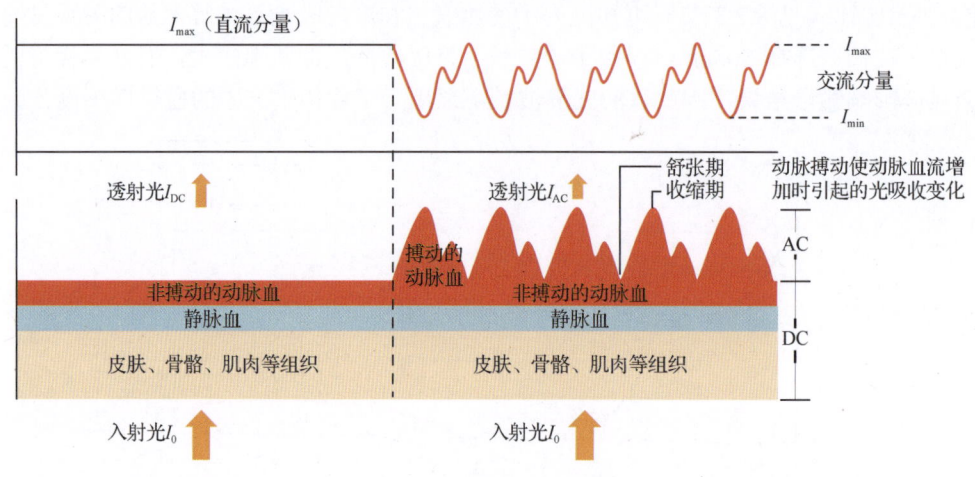

图 8-9　光的吸收曲线

下面分析脉搏对透射光的影响。

（1）无脉搏状态

在无脉搏状态下，入射光穿透皮肤、骨骼、肌肉等组织层，以及流经的静脉血和非搏动的动脉血时，一部分光线被这些介质吸收，它们对光的吸收量保持相对稳定。透射光的强度也相对稳定，称为直流分量，表示在无脉搏时，入射光通过组织和血液被吸收后剩余的强度。

（2）有脉搏状态

在有脉搏时，动脉血流量随心脏收缩和舒张周期性变化，导致入射光的吸收量也发生周期性变化。透射光的强度因此呈现周期性波动，这一变化的强度分量称为交流分量。在心脏收缩期，动脉血容量增大，对光的吸收达到最大值，透射光强度为最小值；在心脏舒张期，动脉血容量减小，对光的吸收达到最小值，透射光强度为最大值。

由以上分析可知，直流分量代表无脉搏时的透射光强度，是一个相对稳定的值；交流分量反映因脉搏引起的透射光强度的周期性变化。直流分量通常大于交流分量，因为不论在哪种状态下，都会有一部分光会被组织和血液吸收。直流分量与交流分量的差值反映了动脉搏动时增加的动脉血流所吸收的光量，这一差值可用于计算血氧饱和度。

根据朗伯-比尔定律，在无脉搏时，透射光强度 I_{DC} 可表示为

$$I_{DC} = I_0 10^{-K_0 c_0 L} \times 10^{-K_{HbO_2} c_{HbO_2} L} \times 10^{-K_{Hb} c_{Hb} L} \tag{8-5}$$

式中，I_0 为入射光强度；K_0 为组织（骨骼、皮肤、肌肉等）总的吸光系数；c_0 为吸光物质浓度；K_{HbO_2} 为氧合血红蛋白吸光系数；c_{HbO_2} 为氧合血红蛋白浓度；K_{Hb} 为还原血红蛋白吸光系

数；c_{Hb} 为还原血红蛋白浓度；L 为光程。

当动脉搏动时，假设光程变化了 ΔL（$\Delta L > 0$），交流分量透射光强度 I_{AC} 为

$$I_{AC} = I_0 10^{-K_0 c_0 L} \times 10^{-K_{HbO_2} c_{HbO_2}(L+\Delta L)} \times 10^{-K_{Hb} c_{Hb}(L+\Delta L)} \tag{8-6}$$

$$I_{AC} = I_{DC} \times 10^{-(K_{HbO_2} c_{HbO_2} + K_{Hb} c_{Hb})\Delta L} \tag{8-7}$$

增加的动脉血流吸收的光量 ΔI 为

$$\Delta I = I_{DC} - I_{AC} \tag{8-8}$$

由式（8-7）、式（8-8）可得

$$\frac{I_{DC} - \Delta I}{I_{DC}} = 10^{-(K_{HbO_2} c_{HbO_2} + K_{Hb} c_{Hb})\Delta L} \tag{8-9}$$

两边取对数，得

$$\lg \frac{I_{DC} - \Delta I}{I_{DC}} = -(K_{HbO_2} c_{HbO_2} + K_{Hb} c_{Hb})\Delta L \tag{8-10}$$

已知泰勒级数展开式为

$$\ln(1+x) = \sum_{n=1}^{\infty} \frac{(-1)^{n+1}}{n} x^n = x - \frac{x^2}{2} + \frac{x^3}{3} - \frac{x^4}{4} + \frac{x^5}{5} - \cdots \tag{8-11}$$

按泰勒级数展开式（8-10）。由于在透射光中 ΔI 占 I_{DC} 的比例很小，只取泰勒级数的第一项，可得

$$\lg \frac{I_{DC} - \Delta I}{I_{DC}} = -\frac{\Delta I}{I_{DC}} \tag{8-12}$$

将式（8-12）代入式（8-10），可得

$$\frac{\Delta I}{I_{DC}} = (K_{HbO_2} c_{HbO_2} + K_{Hb} c_{Hb})\Delta L \tag{8-13}$$

式（8-13）即为脉搏波传统光吸收模型。式中的 ΔL 为未知数，其值随测量对象的不同而变化，也因同一对象的不同部位而变化，所以要用消元法把 ΔL 消去。先用控制变量法，用不同波长的光照射同一对象的同一部位。

假设两种光的波长分别为 λ_1 和 λ_2，那么

① 波长为 λ_1 的血流灌注指数（Perfusion Index，PI）为

$$PI_1 = \frac{\Delta I_1}{I_{DC1}} \tag{8-14}$$

② 波长为 λ_2 的血流灌注指数为

$$PI_2 = \frac{\Delta I_2}{I_{DC2}} \tag{8-15}$$

血流灌注指数是指动脉血流与非搏动静态血流的比值，反映了脉动血流情况，即血流灌注能力。脉动血流越大，脉动分量越多，PI 值越大。

脉搏血氧信号特征值 R 定义为

$$R = \frac{PI_1}{PI_2} = \frac{\Delta I_1/I_{DC1}}{\Delta I_2/I_{DC2}} = \frac{K_{HbO_2(1)} c_{HbO_2} + K_{Hb(1)} c_{Hb}}{K_{HbO_2(2)} c_{HbO_2} + K_{Hb(2)} c_{Hb}} \tag{8-16}$$

化简得

$$\frac{c_{\text{HbO}_2}}{c_{\text{Hb}}} = \frac{K_{\text{Hb}(1)} - R \times K_{\text{Hb}(2)}}{R \times K_{\text{HbO}_2(2)} - K_{\text{HbO}_2(1)}} \tag{8-17}$$

即

$$\text{SpO}_2 = \frac{K_{\text{Hb}(2)} \times R - K_{\text{Hb}(1)}}{(K_{\text{HbO}_2(1)} - K_{\text{Hb}(1)}) - (K_{\text{HbO}_2(2)} - K_{\text{Hb}(2)}) \times R} \tag{8-18}$$

选取恰当的波长 λ_2，使得

$$K_{2\text{HbO}_2} \approx K_{2\text{Hb}} \tag{8-19}$$

则式（8-18）可以写为

$$\text{SpO}_2 = \frac{K_{\text{Hb}(2)} \times R - K_{\text{Hb}(1)}}{K_{\text{HbO}_2(1)} - K_{\text{Hb}(1)}} = \frac{K_{\text{Hb}(1)}}{K_{\text{Hb}(1)} - K_{\text{HbO}_2(1)}} - \frac{K_{\text{Hb}(2)}}{K_{\text{Hb}(1)} - K_{\text{HbO}_2(1)}} \times R \tag{8-20}$$

令

$$A = \frac{K_{\text{Hb}(1)}}{K_{\text{Hb}(1)} - K_{\text{HbO}_2(1)}} \tag{8-21}$$

$$B = \frac{K_{\text{Hb}(2)}}{K_{\text{Hb}(1)} - K_{\text{HbO}_2(1)}} \tag{8-22}$$

可得脉搏血氧饱和度测量的标定公式：

$$\text{SpO}_2 = A - BR \tag{8-23}$$

令 PI_1 为红光的血流灌注指数，PI_2 为红外光的血流灌注指数，则

$$R = \frac{\text{PI}_{\text{red}}}{\text{PI}_{\text{ir}}} = \frac{\Delta I_{\text{red}}/I_{\text{redDC}}}{\Delta I_{\text{ir}}/I_{\text{irDC}}} \tag{8-24}$$

在实际测量中，通过红光和红外光数据波形分别提取最大值和最小值，计算 ΔI 和 I_{DC}。

$$\frac{\Delta I}{I_{\text{DC}}} = \frac{I_{\max} - I_{\min}}{(I_{\max} + I_{\min})/2} \tag{8-25}$$

由此得到 R 值为

$$R = \frac{\dfrac{I_{\text{redmax}} - I_{\text{redmin}}}{(I_{\text{redmax}} + I_{\text{redmin}})/2}}{\dfrac{I_{\text{irmax}} - I_{\text{irmin}}}{(I_{\text{irmax}} + I_{\text{irmin}})/2}} = \frac{(I_{\text{irmax}} + I_{\text{irmin}}) \times (I_{\text{redmax}} - I_{\text{redmin}})}{(I_{\text{redmax}} + I_{\text{redmin}}) \times (I_{\text{irmax}} - I_{\text{irmin}})} \tag{8-26}$$

通过大量实验发现

$$\frac{I_{\text{irmax}} + I_{\text{irmin}}}{I_{\text{redmax}} + I_{\text{redmin}}} \approx 1 \tag{8-27}$$

因此，式（8-26）可写为

$$R = \frac{I_{\text{redmax}} - I_{\text{redmin}}}{I_{\text{irmax}} - I_{\text{irmin}}} \tag{8-28}$$

在测量电路中，最终输出的血氧脉搏波信号的电压值（U）与光强度（I）为线性关系，因此式（8-28）可以转换为

$$R = \frac{U_{\text{redmax}} - U_{\text{redmin}}}{U_{\text{irmax}} - U_{\text{irmin}}} \tag{8-29}$$

然后使用生理参数模拟器对血氧饱和度进行标定，标定方法如下：设置生理参数模拟器输出 97%的血氧饱和度，通过式（8-29）计算出 R 值，因为计算得到的是浮点数，所以将 R 值乘以 1000 放大为整数，以便于单片机计算。重复此操作，输出不同的血氧饱和度，得到不同的 R 值，建立表 8-1。在后续测量中，可以通过 R 值表逆推得到血氧饱和度。例如，当 R 值为 660 时，查表可得血氧饱和度为 98%。

注意，当采用不同的电路、生理参数模拟器及血氧探头时得到的 R 值表不同，表 8-1 仅供参考。

表 8-1 R 值表

R 值	血氧饱和度	R 值	血氧饱和度
590<R≤640	99%	940<R≤970	88%
640<R≤680	98%	970<R≤1000	87%
680<R≤720	97%	1000<R≤1030	86%
720<R≤750	96%	1030<R≤1060	85%
750<R≤780	95%	1060<R≤1080	84%
780<R≤810	94%	1080<R≤1100	83%
810<R≤840	93%	1100<R≤1120	82%
840<R≤860	92%	1120<R≤1150	81%
860<R≤880	91%	1150<R≤1170	80%
880<R≤910	90%	1170<R≤1200	79%
910<R≤940	89%		

8.3 血氧饱和度测量电路设计

8.3.1 血氧饱和度测量电路设计思路

血氧饱和度测量电路主要由血氧探头发光二极管驱动电路和信号放大滤波电路等组成，电路结构图如图 8-10 所示。

血氧探头发光二极管驱动电路由模拟开关电路和压控恒流源电路组成。单片机控制这两个电路产生恒定电流，驱动血氧探头周期性地发出红光和红外光。入射光（红光或红外光）穿透被测手指，血氧探头内的光电二极管将透射光转换为电信号，即光电容积脉搏波信号。该信号经过信号放大滤波电路处理后，由单片机采样并计算，最终得到血氧饱和度。

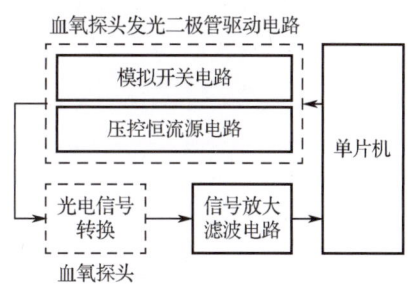

图 8-10 血氧饱和度测量电路结构图

下面分别对电源电路、血氧探头发光二极管驱动电路、参考电压输出电路和信号放大滤波电路进行介绍。

8.3.2 电源电路

血氧饱和度测量电路采用的电源转换电路为 6V 转 3.3V 电路。具体分析可参见 2.1 节。

8.3.3 血氧探头发光二极管驱动电路

血氧探头发光二极管驱动电路如图 8-11 所示，下面分模块介绍驱动血氧探头发光的过程。

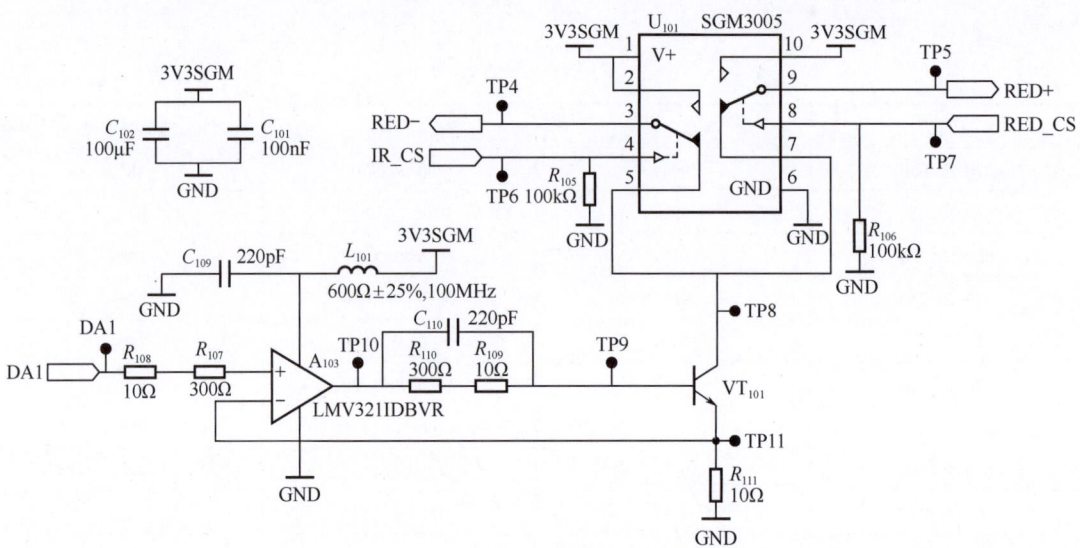

图 8-11 血氧探头发光二极管驱动电路

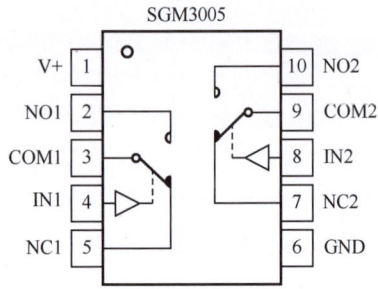

图 8-12 SGM3005 引脚图

1. 模拟开关电路

模拟开关采用 SGM3005 芯片，其引脚图如图 8-12 所示，引脚说明如表 8-2 所示。NO、NC 和 COM 既可用作输入端，也可用作输出端。当 IN1 为低电平时，控制 COM1 连接 NC1；当 IN1 为高电平时，控制 COM1 连接 NO1；IN2 与之相同。

表 8-2 SGM3005 引脚说明

引脚名称	引脚号	功　能
V+	1	电源
GND	6	地
IN1、IN2	4、8	数字控制引脚，用于将公共端子连接到常开或常闭端子
COM1、COM2	3、9	公共端子
NO1、NO2	2、10	常开端子
NC1、NC2	5、7	常闭端子

血氧探头发射/接收管的结构示意图如图 8-13 所示,RED LED(红光发光二极管)和 IR LED(红外光发光二极管)以正负极相反的方式并联,RED+ 和 RED- 分别连接发光二极管的正负极。当 RED+ 接 3.3V 电源,RED- 接地时,RED LED 导通,此时探头发出红光。当 RED- 接 3.3V 电源,RED+ 接地时,IR LED 导通,此时探头发出红外光。因此,只要改变 RED+、RED- 两端的电压极性,就可以实现红光发光二极管与红外光发光二极管交替点亮。PD+ 和 PD- 输出的是经光电二极管转换光得到的电信号。

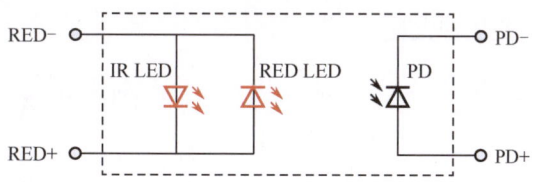

图 8-13 血氧探头发射/接收管的结构示意图

下面介绍红光发光过程。血氧探头红光发光二极管驱动电路如图 8-14 所示,为方便介绍,将血氧探头发光二极管驱动电路稍做修改。RED_CS 和 IR_CS 连接至单片机,由单片机控制其输出高/低电平。当 RED_CS 为高电平时,SGM3005 的 9 号引脚与 10 号引脚相连,即 RED+ 连接 3V3SGM;同时 IR_CS 为低电平,3 号引脚与 5 号引脚相连,即 RED- 接地,此时 RED LED 发光。当 IR_CS 为高电平,RED_CS 为低电平时,IR LED 发光;当 IR_CS 和 RED_CS 均为低电平时,2 个 LED 均熄灭。

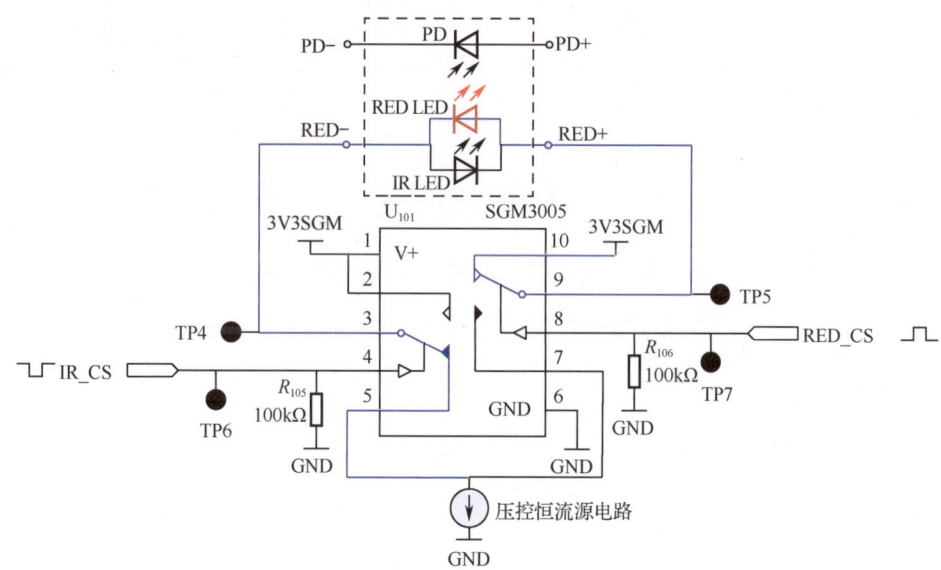

图 8-14 血氧探头红光发光二极管驱动电路

IR_CS 和 RED_CS 在一个周期(10ms)内的信号时序图如图 8-15 所示。

为实现红光发光二极管与红外光发光二极管交替点亮,每次只有一个发光二极管通过公共端子连接到 3V3SGM,另一个发光二极管通过公共端子连接压控恒流源电路中晶体管的集电极,而压控恒流源电路为发光二极管提供了稳定的工作电流,通过调节电流大小来控制光强,从而实现血氧饱和度测量的调光过程。

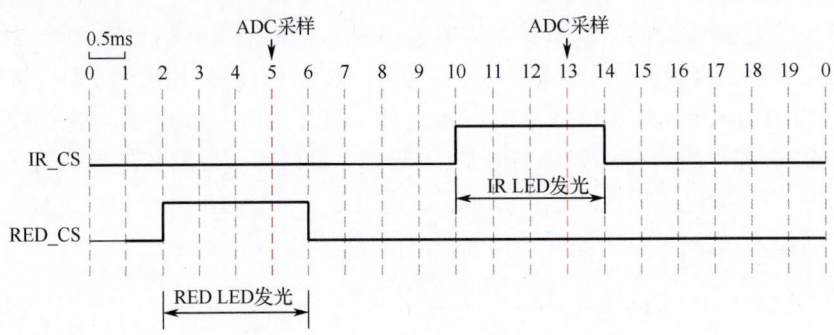

图 8-15 IR_CS 和 RED_CS 的信号时序图

2. 压控恒流源电路

在发光二极管驱动电路中,由晶体管和运放组成的压控恒流源电路非常关键,如图 8-16 所示,DA1 引脚连接单片机的 DAC 引脚,R_{111} 为采样电阻,R_{110} 和 R_{109} 用于输出缓冲,起到保护运放的作用。

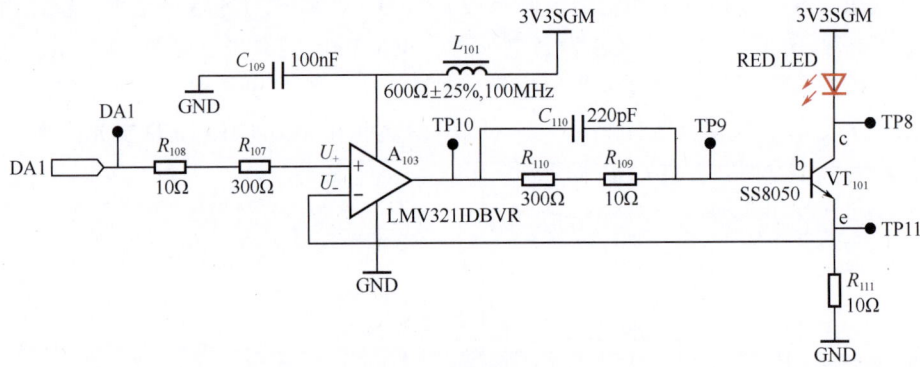

图 8-16 压控恒流源电路

该电路实际输出的电流为晶体管的集电极电流,而采样电阻采集的是晶体管的发射极电流,二者之比为 $\dfrac{\beta}{\beta+1}$,β 为晶体管的电流放大倍数。对于晶体管 VT_{101},有

$$I_c = \beta I_b \tag{8-30}$$

由晶体管特性可知

$$I_e = I_c + I_b \tag{8-31}$$

合并式(8-30)与式(8-31),可得

$$I_e = (\beta+1)I_b \tag{8-32}$$

即

$$\frac{I_c}{I_e} = \frac{\beta I_b}{(\beta+1)I_b} = \frac{\beta}{\beta+1} \tag{8-33}$$

不同晶体管的 β 值不同,小至三四十,大至三四百,因此

$$\frac{\beta}{\beta+1} \approx 1 \tag{8-34}$$

$$I_c \approx I_e \tag{8-35}$$

下面分析该电路是如何实现"压控"的。对于运放 A_{103} 有

$$U_{DA1} = U_+ \quad (8-36)$$

$$U_{TP11} = U_- \quad (8-37)$$

$$U_{TP10} = A_{od}(U_+ - U_-) = A_{od}(U_{DA1} - U_{TP11}) \quad (8-38)$$

$$I_+ = I_- = 0 \quad (8-39)$$

通过电路分析可得

$$U_{TP11} = I_e R_{111} \quad (8-40)$$

则有

$$I_c \approx I_e = \frac{U_{TP11}}{R_{111}} = \frac{U_-}{R_{111}} \quad (8-41)$$

当晶体管处于静态工作状态时,由晶体管的输入特性可知,硅管的 U_{be} 变化范围很小,可近似认为 $U_{be} = 0.7\text{V}$,因此

$$U_{TP9} = U_{TP11} + U_{be} = U_{TP11} + 0.7\text{V} \quad (8-42)$$

$$I_b = \frac{U_{TP10} - U_{TP9}}{R_{110} + R_{119}} \quad (8-43)$$

晶体管与运放形成负反馈回路:假设电流 I_c 增大,则 I_e 增大,U_{TP11} 增大,由于 U_{DA1} 不变,U_{TP10} 减小,I_b 减小,输出电流 I_c 受到负反馈调节;假设电流 I_c 减小,则 I_e 减小,U_{TP11} 减小,由于 U_{DA1} 不变,U_{TP10} 增大,I_b 增大,输出电流 I_c 受到负反馈调节。这样运放输出 U_{TP10} 不断微调,从而使电路工作更稳定。

因此,在晶体管的放大区内,通过调节 U_{DA1} 的大小可以控制输出电流 I_c 的大小,进而控制红光发光二极管的光强。

8.3.4 参考电压输出电路

如图 8-17 所示,在参考电压输出电路中,先用 3V3A 电源通过两个 100kΩ 电阻(R_{121}、R_{124})分压得到 1.65V,然后通过有源低通滤波电路和无源低通滤波电路,将原始参考电压逐步滤波缓冲,最终得到平稳的 1.65V 参考电压输出。

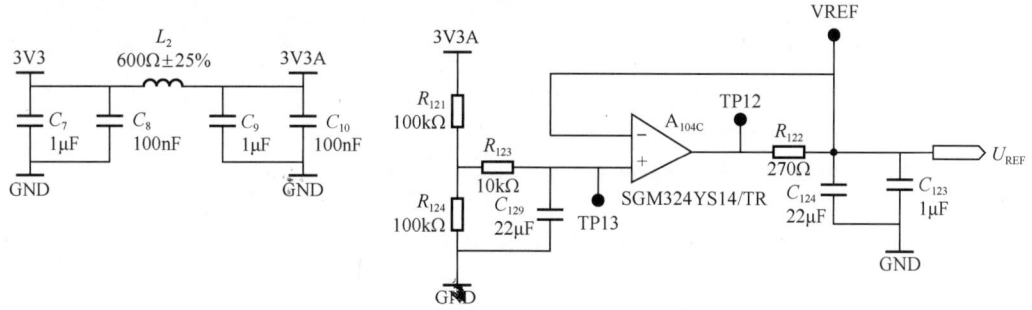

图 8-17 参考电压输出电路

8.3.5 信号放大滤波电路

信号放大滤波电路如图 8-18 所示。在放大采样电路中,血氧探头返回的电信号通过 PD+、PD- 传输,由于 PD+、PD- 信号微弱,且系统为单电源供电,需先添加一个直流信号 U_{REF} 将

信号抬高。然后通过运放 A_{104A} 对信号进行放大，根据 R_{112} 和 R_{113} 之间的阻值关系，计算得放大倍数为 20。接着，信号再经过运放 A_{104B} 放大 5.7 倍，最终由单片机采样得到血氧信号 VSIG。

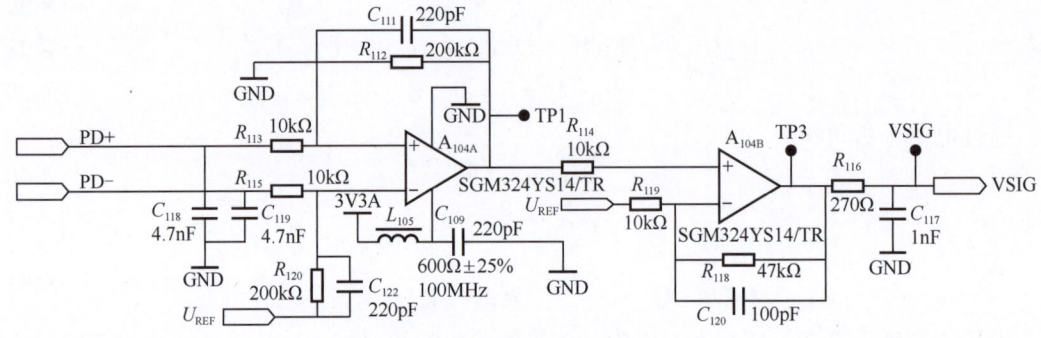

图 8-18　信号放大滤波电路

8.4　脉搏血氧饱和度测量电路仿真

8.4.1　压控恒流源电路仿真

压控恒流源电路的仿真电路如图 8-19 所示，仿真结果如图 8-20 所示，XMM1 测得的电压为 86.109mV，XMM2 测得的电流为 8.558mA，与理论计算结果相符。调整运算放大器同相输入端的电压 V_i，将万用表 XMM1 测得的电压值 V_e、XMM2 测得的电流值 I_c 记录在表 8-3 中。

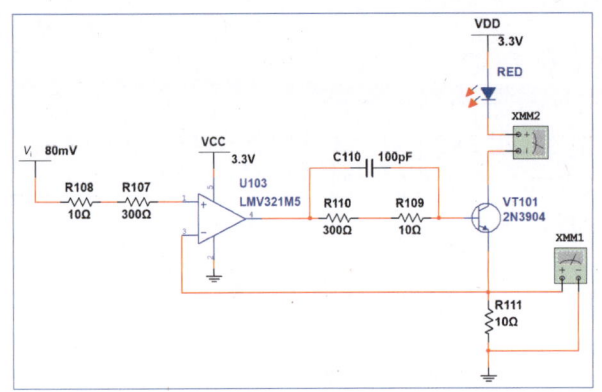

图 8-19　压控恒流源电路仿真电路

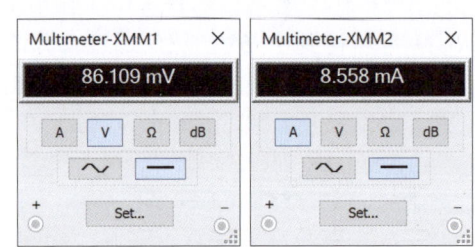

图 8-20　仿真结果

表 8-3　不同输入电压 V_i 时的电压 V_e 和电流 I_c

序号	1	2	3	4	5	6	7
V_i/mV	80	100	150	200	1000	1100	1200
V_e/mV							
I_c/mA							

8.4.2 血氧探头发光二极管驱动电路仿真

血氧探头发光二极管驱动电路的仿真电路如图 8-21 所示。通过拨动开关 S1 和 S2，观察 RED LED 和 IR LED 在不同开关位置下的亮灭情况，并将结果记录在表 8-4 中。

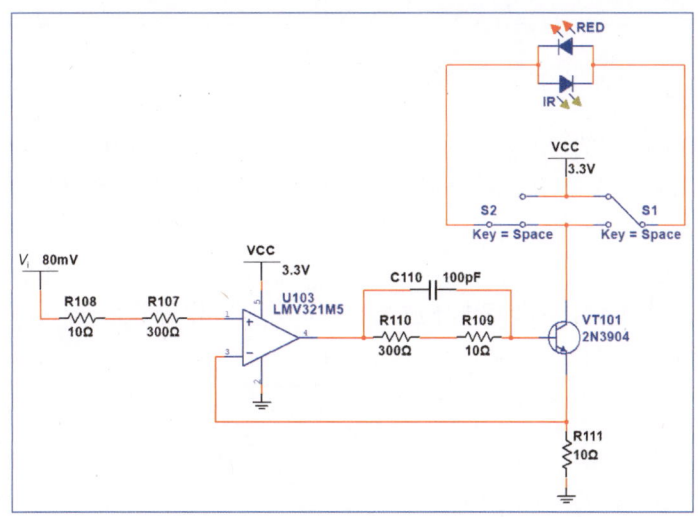

图 8-21　血氧探头发光二极管驱动电路的仿真电路

表 8-4　S1、S2 不同接法下 RED LED 和 IR LED 的亮灭情况

序　号	1	2	3	4
S1 连接	VCC	VCC	集电极	集电极
S2 连接	VCC	集电极	VCC	集电极
RED LED				
IR LED				

8.4.3 参考电压输出电路仿真

参考电压输出电路的仿真电路如图 8-22 所示，仿真结果如图 8-23 所示。万用表 XMM1、XMM2 测得的输出电压均为 1.65V，与理论计算结果一致。搭建该电路，记录万用表 XMM1 和 XMM2 测得的电压值，填入表 8-5 中，并与理论计算值进行对比分析。

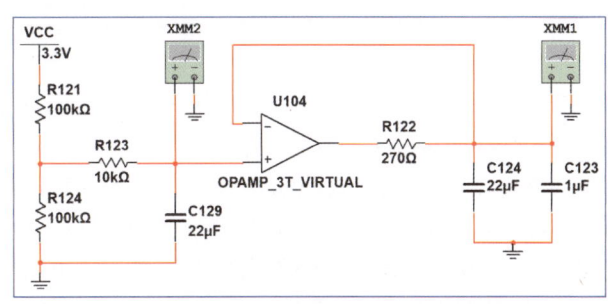

图 8-22　参考电压输出电路的仿真电路

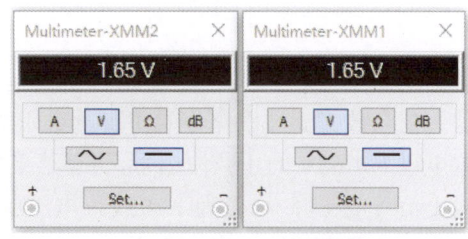

图 8-23　仿真结果

表 8-5　万用表 XMM1 和 XMM2 测得的电压值

序　号	1	2
万 用 表	XMM1	XMM2
电压值/V		

8.4.4　信号放大滤波电路仿真

信号放大滤波电路 1 的仿真电路如图 8-24 所示，输入频率为 100Hz、幅值为 0.5mV 的正弦波，仿真结果如图 8-25 所示。两个输入信号电压峰–峰值的差值约为 1.985mV，输出信号电压峰–峰值为 39.678mV，输出信号电压峰–峰值与输入信号电压峰–峰值的差值之比与理论计算结果相近。搭建该电路，观察示波器中的输入/输出信号，并将同一时间的输入/输出信号的电压峰–峰值填入表 8-6 中。计算电压放大倍数，并与理论计算值对比。

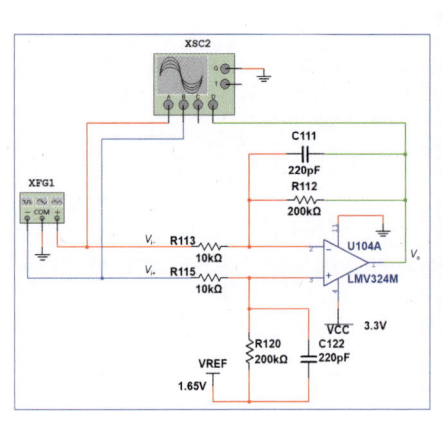

图 8-24　信号放大滤波电路 1 的仿真电路　　　　图 8-25　仿真结果

表 8-6　输入/输出信号的电压峰–峰值及电压放大倍数

序　号	1	2	3
信 号 源	V_{i-}	V_{i+}	V_o
电压峰–峰值/mV			
电压放大倍数 A			

信号放大滤波电路 2 的仿真电路如图 8-26 所示，输入频率为 100Hz、幅值为 150mV、偏置电压为 1.65V 的正弦波信号，仿真结果如图 8-27 所示。输入信号电压峰–峰值为 298.996mV，输出信号电压峰–峰值为 1.705V，电压放大倍数与理论计算得出的 5.7 倍相近。搭建该电路，观察示波器中的输入/输出信号，并将输入/输出信号的电压峰–峰值填入表 8-7 中。计算电压放大倍数，并与理论计算值对比。

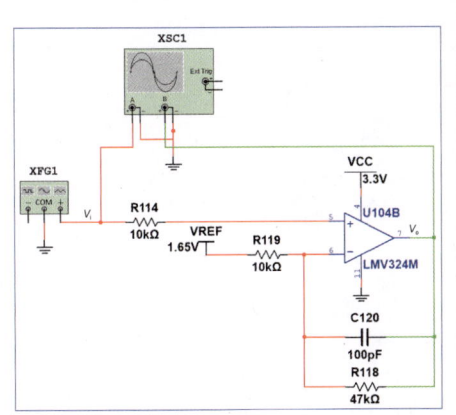

图 8-26　信号放大滤波电路 2 的仿真电路

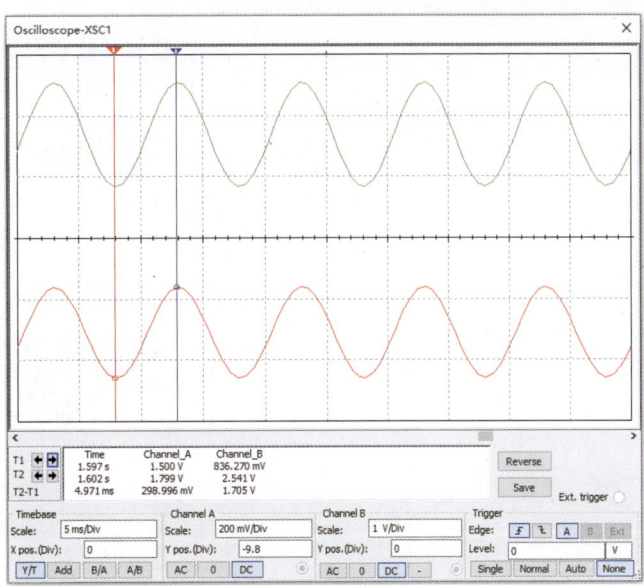

图 8-27　仿真结果

表 8-7　输入/输出信号的电压峰-峰值及放大倍数

序　号	1	2
信号源	V_i	V_o
电压峰-峰值/mV		
电压放大倍数 A		

8.5　血氧饱和度测量电路实测分析

8.5.1　电源电路实测分析

将血氧电路板插入 LY-E501 医学电子学开发平台的插槽中。将血氧探头的一端接入设备的 SpO_2 接口，另一端连接生理参数模拟器。设置生理参数模拟器的血氧饱和度为 98%，脉率为 60 次/分。使用 B 型 USB 连接线将设备与计算机连接，通过 DC 12V/2A 电源适配器为设备供电，如图 8-28 所示。观察血氧电路板上的发光二极管 3V3_LED 是否正常点亮，并将设备与计算机的通信模式设置为 USB 通信。

用万用表测量血氧电路板上的测试点 3V3、3V3A 和 3V3SGM 的电压，将测得的电压值填入表 8-8 中。

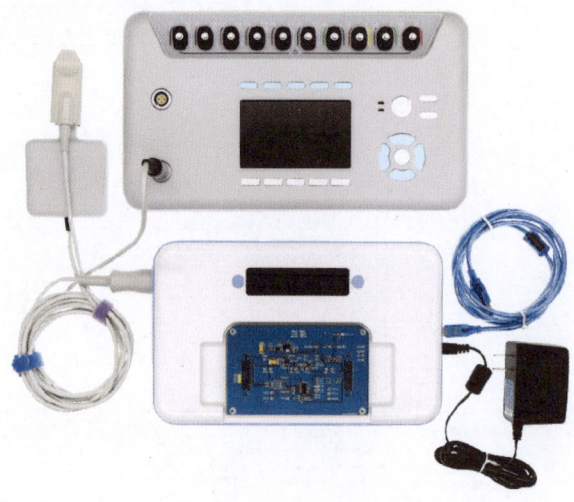

图 8-28 血氧实测连接图

表 8-8 血氧电路板电源电压值测量

序 号	1	2	3
测试点	3V3	3V3A	3V3SGM
电压值/V			

8.5.2 LY-E501 医学信号采集软件（血氧模块）

打开 LY-E501 医学信号采集软件，软件自动跳转到血氧模块界面，如图 8-29 所示。

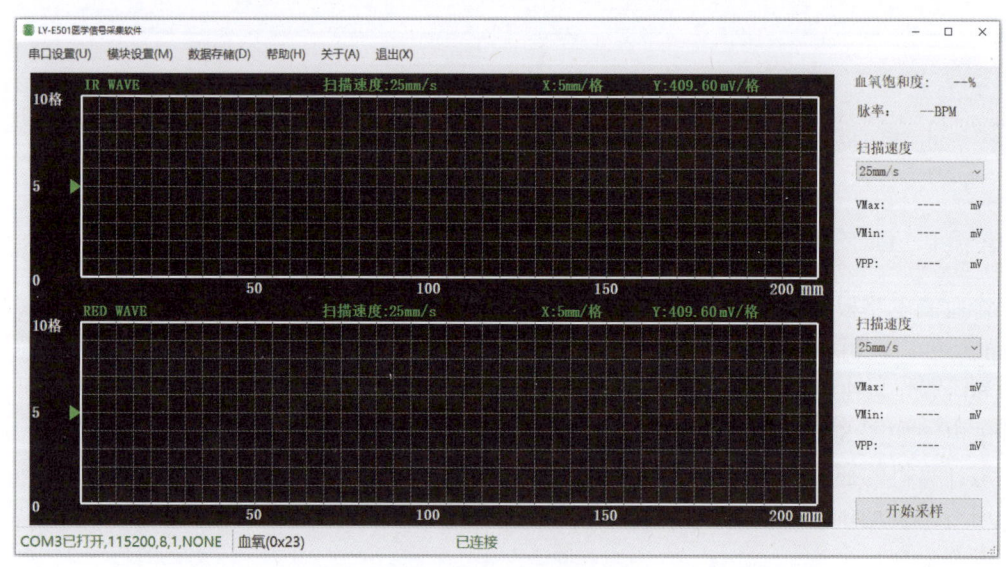

图 8-29 血氧模块界面

单击"开始采样"按钮，在波形显示窗口中可以看到红外光和红光测得的脉搏波信号波形，如图 8-30 所示。从图中可知红外光测得的波形信号电压峰-峰值为 87.01mV，红光测得的波形信号电压峰-峰值为 56.40mV，根据式（8-29）计算得 R 值约为 0.6482，放大 1000 倍后，查表 8-1，可得血氧饱和度为 98%。已知扫描速度为 25mm/s，横轴为 5mm/格，相邻两波峰的间距约为 5 格，可计算得脉率为 60 次/min。

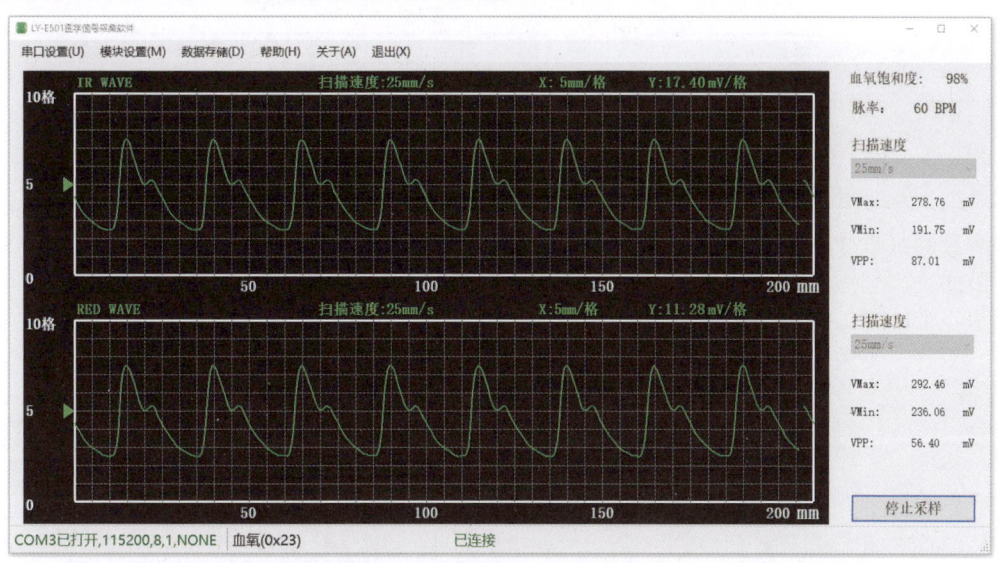

图 8-30　显示脉搏波信号波形

8.5.3　压控恒流源电路与血氧探头发光二极管驱动电路实测分析

在压控恒流源电路中，通过单片机 DAC 引脚 DA1 的电压控制晶体管 VT_{101} 的集电极电流。由于测量原理与程序设计的要求，每个测量周期内只需分别点亮一次红光发光二极管和红外光发光二极管（驱动一个大电流通过，且两个发光二极管需要通过的驱动电流不一样），所以 DA1 处的电压在一个测量周期内应出现两个峰。

DA1 处的电压经过运放 A_{103} 及后续的滤波电路后，测量晶体管 VT_{101} 集电极（测试点 TP8）的电压，得到电压波形图如图 8-31 所示。

单片机通过控制 IR_CS 与 RED_CS 引脚交替产生高电平，使 RED+ 与 RED- 交替接入 3V3SGM 产生高电平，从而实现使血氧探头交替发出红光与红外光。测量测试点 TP6 与 TP7 的电压，得到如图 8-32 所示波形图。

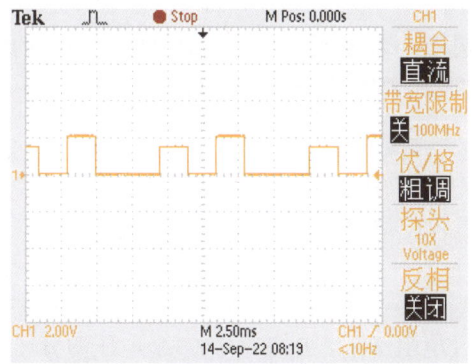

图 8-31　晶体管集电极的电压波形图

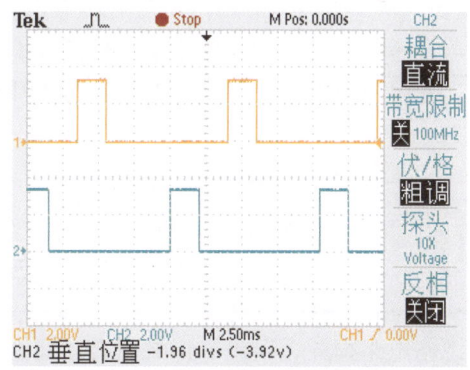

图 8-32　TP7（黄）与 TP6（蓝）的电压波形图

分别记录测试点 TP6 与 TP7 处信号的脉宽与周期，填入表 8-9 中。

表 8-9　测试点 TP6 与 TP7 处信号的脉宽与周期

序　号	1	2
测试点	TP6	TP7
脉宽/ms		
周期/ms		

测量测试点 TP5 与 TP4 的电压，得到如图 8-33 所示的 RED+ 与 RED− 交替接入 3V3SGM 的波形图。

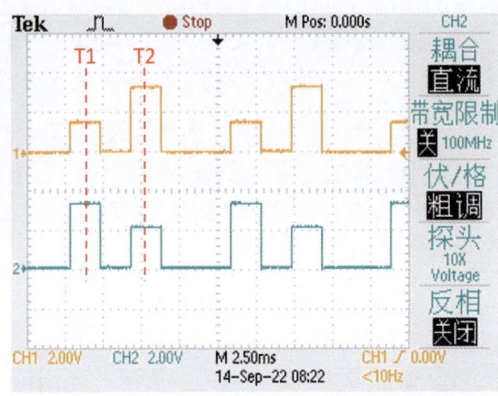

图 8-33　TP5（黄）与 TP4（蓝）的电压波形图

分别记录测试点 TP5 与 TP4 处信号的幅值 U_{TP5} 和 U_{TP4}，并计算同一时刻 TP5 与 TP4 的电压差，判断红灯与红外灯的状态，将结果填入表 8-10 中。

表 8-10　TP5 与 TP4 处信号的幅值与灯状态

时　刻	U_{TP5}/V	U_{TP4}/V	$U_{TP5}-U_{TP4}$/V	红灯状态（亮/灭）	红外灯状态（亮/灭）
T_1					
T_2					

8.5.4　参考电压输出电路实测分析

若参考电压过高，会导致单片机信号识别不灵敏；若过低，则会使部分低于 0V 的信号丢失。使用万用表测量测试点 VREF 与 TP13 的电压，将结果填入表 8-11 中。

表 8-11　参考电压测量

序　号	1	2
测试点	VREF	TP13
电压值/V		

忽略电路损耗、误差等影响因素，理论上通过电阻 R_{121}、R_{124} 对 3V/3A 电压源分压后，测试点 TP13 的电压约为 1.65V，同时作为运放 A_{104C} 的同相输入端。由于 A_{104C} 为电压跟随器，其输出电压与输入电压相同，因此测试点 VREF 的电压理论上等于 TP13 的电压。

8.5.5 信号放大滤波电路实测分析

在信号放大滤波电路中，运放 A_{104A} 的输出端 TP1 的电压与输入端电压的关系如下：

$$U_{TP1} = U_{VREF} - 20(U_{PD+} - U_{PD-}) \quad (8-44)$$

血氧探头连接手指后，电路在 TP1 处将 PD+和 PD−的输入信号差值放大 20 倍，并通过 VREF 的参考电压搭载该信号，实测 TP1 处的信号波形如图 8-34 所示。

尽管信号放大了 20 倍，但仍不够稳定和明显，需要进一步放大。如图 8-35 所示，TP3 处的信号为 TP1 处信号的 5.7 倍放大信号。

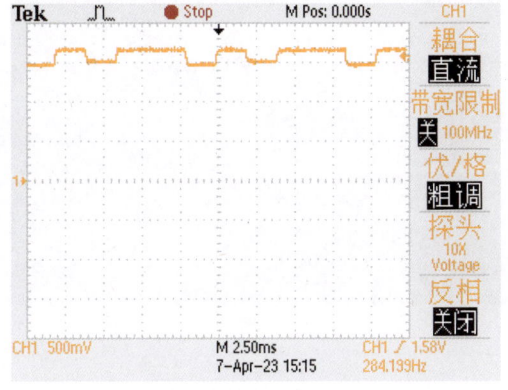

图 8-34　测试点 TP1 处的信号波形图

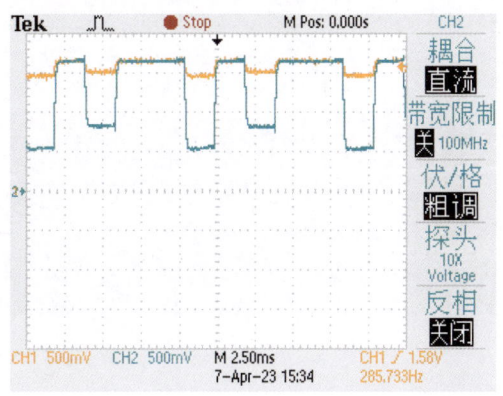

图 8-35　TP1（黄）与 TP3（蓝）处的信号波形图

8.5.6 脉搏波信号实测分析

测量测试点 VSIG 的电压，得到脉搏波信号波形如图 8-36 所示，但信号显示不明显。更换性能更好的示波器后，测量结果如图 8-37 所示，可以清晰地看到脉搏波信号。

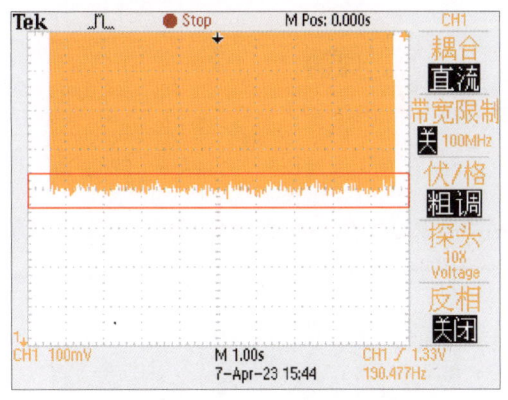

图 8-36　VSIG 信号波形图 1

测量测试点 TP7（RED_CS）和 VSIG 的电压，信号波形如图 8-38 所示，当 RED_CS 为高电平时，红光 LED 点亮。

测量测试点 TP6（IR_CS）和 VSIG 的电压，信号波形如图 8-39 所示，当 IR_CS 为高电平时，红外 LED 点亮。

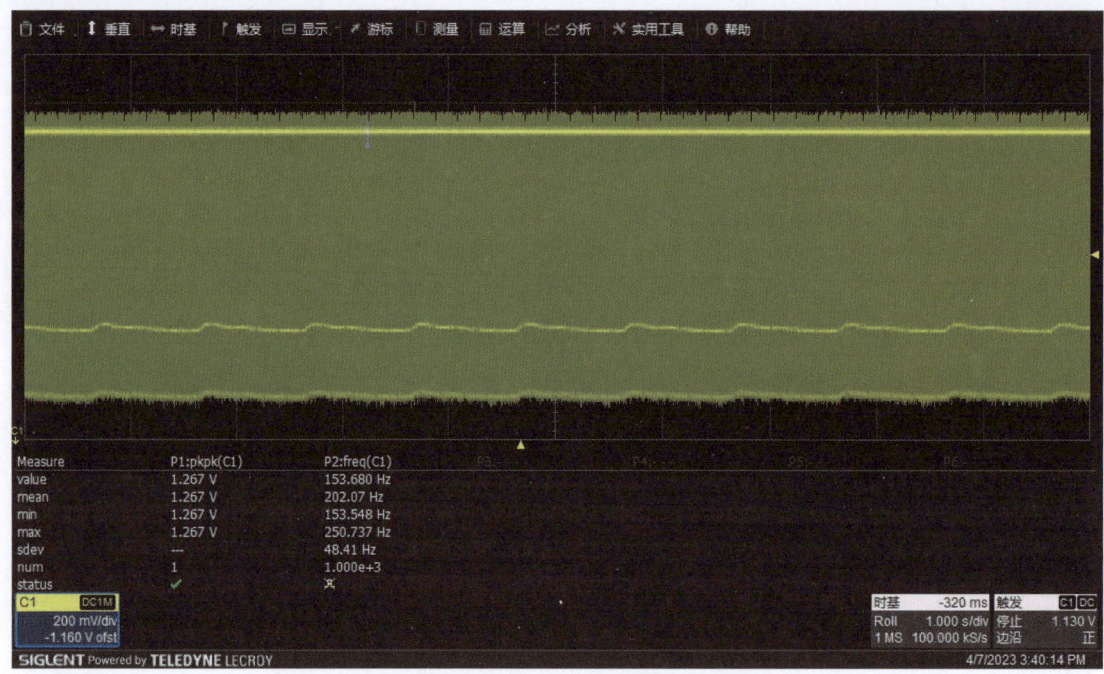

图 8-37　VSIG 信号波形图 2

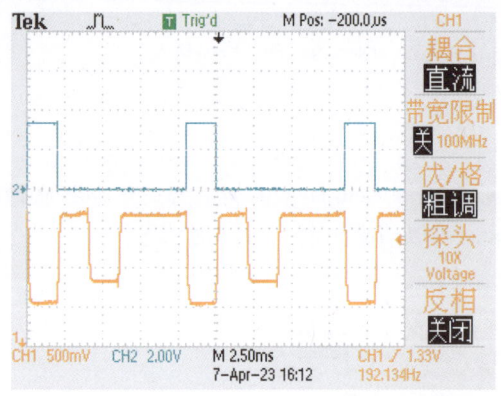 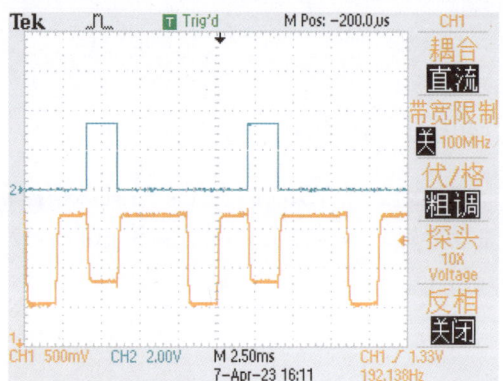

图 8-38　TP7（蓝）和 VSIG（黄）的电压波形图　　图 8-39　TP6（蓝）和 VSIG（黄）的电压波形图

在图 8-37 中，上方显示的脉搏波信号为红外光测量结果，下方为红光测量结果，信号波形图如图 8-40 所示。

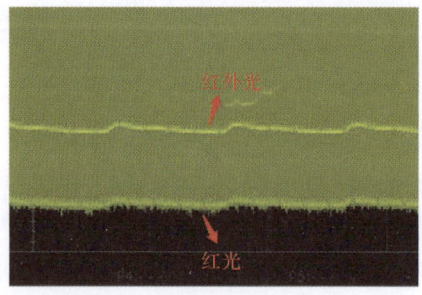

图 8-40　脉搏波信号波形图

 **本章任务**

1. 通过示波器测量测试点 VSIG 处的脉搏波信号，计算脉率和脉搏血氧信号特征值 R，然后通过查询 R 值表得到血氧饱和度。

2. 通过 LY-E501 医学信号采集软件测量血氧波形，计算脉率和脉搏血氧信号特征值 R，然后通过查询 R 值表得到血氧饱和度。

3. 参考本章的血氧饱和度测量电路，自行设计一款基于微控制器的血氧饱和度测量系统，设计电路板并测试验证。

 **本章习题**

1. 简述指夹式光电传感器测量血氧饱和度的原理。
2. 简述指夹式光电传感器与传统采血法测量血氧饱和度的优缺点。
3. 在血氧饱和度测量过程中，红光、红外光是如何发光的？
4. 简述基于单片机的脉搏血氧饱和度测量系统的设计思路。

本章学习资源

第 9 章 血压测量电路

9.1 学习目标

本章将学习血压各项参数的医学临床意义，了解血压测量方法，理解血压测量原理和电路设计原理，掌握血压测量电路理论推导、仿真和实测。

目标：① 掌握示波法测量血压的原理；② 掌握血压测量电路的设计方法；③ 掌握血压信号处理的基本知识；④ 自行设计出各项参数可控的简易血压测量电路。

9.2 血压测量原理

血压是指血液在血管内流动时对血管壁单位面积产生的侧压力，它是推动血液在血管内流动的动力。通常所说的血压是指体循环的动脉血压。心脏收缩时泵出血液形成的血压称为收缩压（高压）；心脏舒张时血液流回心脏产生的血压称为舒张压（低压）。收缩压与舒张压是判断人体血压正常与否的两个重要生理参数。

血压的高低不仅与心脏功能、血管阻力和血容量密切相关，还受年龄、季节、气候等多种因素的影响。不同年龄的血压正常范围有所不同，成人在安静状态下的正常血压范围为收缩压 90～139mmHg、舒张压 60～89mmHg；新生儿的正常血压范围为收缩压 70～100mmHg、舒张压 34～45mmHg。在一天中的不同时间段，人的血压也会有波动，一般正常人每日血压波动范围为 20～30mmHg，血压的最高点一般出现在上午 9 至 10 时及下午 4 至 8 时，最低点出现在凌晨 1 至 3 时。

临床上采用的血压测量方法有两类，即直接测量法和间接测量法。直接测量法采用插管技术，通过外科手术将带有压力传感器的探头插入动脉血管或静脉血管，这种方法具有创伤性，一般只用于重危患者。间接测量法又称为无创测量法，它从体外间接测量动脉血管中的压力，更多地用于临床，目前常见的间接测量法有柯氏音法、示波法和光电法等，其中示波法有较强的抗干扰能力，能较可靠地测定血压。

本实验通过袖带对人体的肱动脉进行加压和减压，利用压力传感器获取袖带压力和脉搏波幅值信息，将压力测量转化为电学量测量。然后，通过上位机对测量的电学量进行计算，得到实际的血压值。下面依次介绍压力传感器和示波法测量血压的原理。

9.2.1 压力传感器 MPS3117

本实验选用 MPS3117 作为压力传感器，其实物图如图 9-1 所示。MPS3117 是硅压阻式压力传感器，基于压阻效应设计。压阻效应是指材料在受到机械应力时电阻发生变化的现象。

当压敏电阻受压后,其电阻值发生变化,通过放大器放大这一变化并采用标准压力标定,即可实现压力检测。

大多数金属和半导体材料都具有压阻效应,其中半导体材料的压阻效应远大于金属材料。由于硅是集成电路的主要原材料,用硅制作而成的压阻元件的应用具有重要意义。MPS3117是一种标准的低成本、无补偿压力传感器,可根据需求添加外部温度补偿和信号调理电路,具有长期稳定性和卓越的性能,广泛应用于数字血压计、数字压力表、环境监测、医疗仪器等领域。

MPS3117 内部电路概要图如图 9-2 所示,其制作基于集成电路工艺技术,在硅片上制造出 4 个等值的薄膜电阻,并组成惠斯通电桥电路。当没有外加压力作用时,电桥处于平衡状态(称为零位),无电压输出;当传感器受压后,电阻值发生变化,电桥失去平衡。若给电桥施加恒定电流或电压,电桥将输出与压力对应的电压信号,从而将电阻变化转换为压力信号输出。

图 9-1 MPS3117 实物图

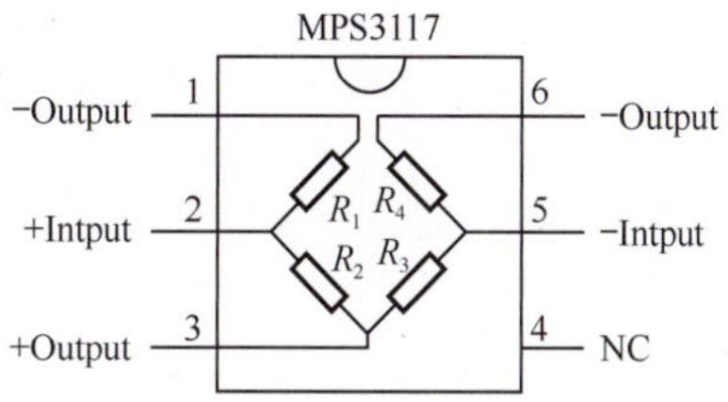

图 9-2 MPS3117 内部电路概要图

MPS3117 具有以下特性:① 价格优势,采用表面贴片封装;② 工作温度范围为-40~85℃;③ 具有固态可靠性;④ 易于使用;⑤ 易于集成到设备中;⑥ 为表压型式(1psi[①]、5.8psi、15psi)。

根据 MPS3117 的数据手册,当测试条件为 5V 驱动电压、1mA 驱动电流、25%~85%相对湿度时,MPS3117 所承受压强与输出电压的关系如图 9-3 所示:当 MPS3117 所承受压强为 1psi 时,输出电压的典型值为 30mV;当承受压强为 5.8psi 时,输出电压的典型值为 75mV;当承受压强为 15psi 时,输出电压的典型值为 170mV。另外,在 5.8~100psi 范围内,MPS3117 的线性度典型值为 0.05%span。

压强	最小值	典型值	最大值	参数
1psi(MPS3117)	20	30	40	输出电压/mV
5.8psi(MPS3117)	50	75	100	
5.8psi(MPS3113、MPS3118)	20	45	70	
15psi(MPS3117)	130	170	210	
15psi(MPS3113、MPS3118)	70	100	130	
30psi(MPS3118)	80	110	140	
100psi(MPS3118)	70	120	170	
1psi(MPS3117)	−0.7	0.15	0.7	线性度/%span
5.8psi、15psi、30psi、100psi(MPS3117)	−0.3	0.05	0.3	

图 9-3 压强与输出电压的关系

---

① psi 是英制压强单位,p 表示 pound,s 表示 square,i 表示 inch,换算关系为 1atm = 101.325kPa = 14.696psi = 760mmHg。

9.2.2 示波法

示波法，也称为测振法，其基本原理是，充气时利用充气袖带阻断动脉血流，然后在放气过程中记录袖带内气压随动脉压力波动而产生的脉搏波。脉搏波的幅值随袖带压的减小呈现由弱变强再逐渐减弱的趋势，具体过程如图 9-4 所示：① 当袖带压大于收缩压时，动脉被完全关闭，此时因近端脉搏的冲击，振荡波较小；② 当袖带压小于收缩压时，动脉部分开放，振荡波幅值逐渐增大；③ 当袖带压等于平均动脉压时，动脉壁处于去负荷状态，振荡波幅值达到最大值；④ 当袖带压小于平均动脉压时，振荡波幅值逐渐减小；⑤ 袖带压小于舒张压后，动脉管腔在舒张期已充分扩张，管壁刚性增加，振荡波幅值维持在较低水平。

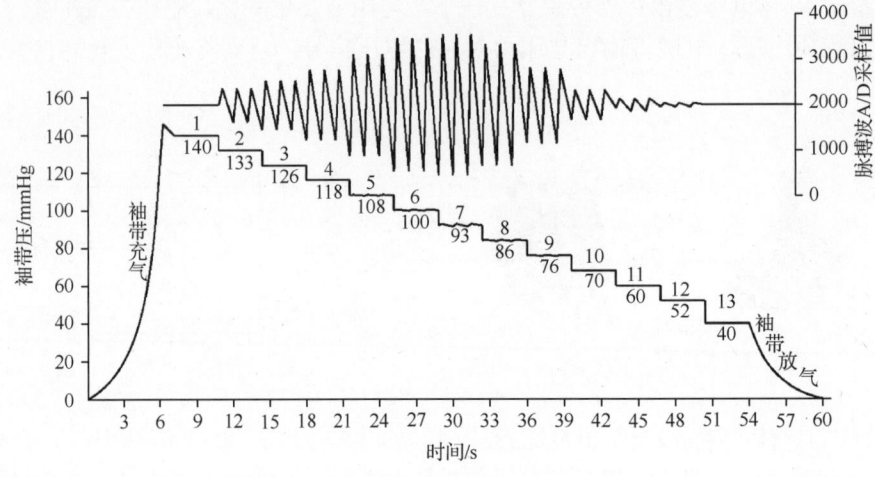

图 9-4 示波法原理图

示波法通过同时记录袖带压力和脉搏波来测量血压。其核心在于分析放气过程中脉搏波的包络及其与动脉血压之间的关系。

基于放气过程的血压测量原理图如图 9-5 所示，一开始气泵对袖带快速充气，直至充气压（P_b）高于收缩压（P_s）约 30mmHg 后开始缓慢放气，脉搏波从无到有，其包络呈钟形，当检测不到脉搏波时，袖带快速放气。

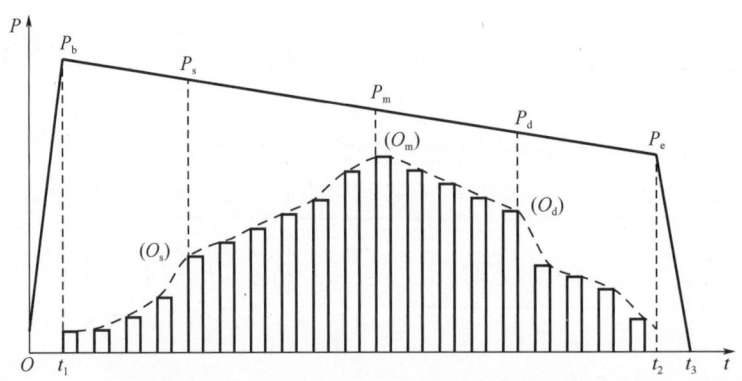

图 9-5 基于放气过程的血压测量原理图

测量的关键是有效地控制 $[t_1, t_2]$ 段袖带的放气速度，以适应不同的个体。

目前，示波法主要通过以下两种方法从脉搏波包络中提取血压值。

固定比率计算法：放气过程中连续记录的脉搏波包络的最大幅值与平均动脉压有相对应的关系，即袖带内振荡波幅值达到最大值时对应的袖带压力为平均压。具体步骤（见图9-5）如下：首先寻找脉搏波钟形包络的顶点 O_m，其对应的袖带压力即为平均压；然后在包络线上升沿确定点 O_s，在下降沿确定点 O_d，分别对应收缩压（P_s）和舒张压（P_d）。经验公式如下：

$$\frac{O_s}{O_m} = k_1 \tag{9-1}$$

$$\frac{O_d}{O_m} = k_2 \tag{9-2}$$

在临床实际测量中，经验常数 k_1、k_2 的取值范围较大，k_1 为 0.3～0.75，k_2 为 0.45～0.9，具体取值由大量临床样本统计确定。

突变点准则法：根据脉搏波包络 O_s、O_d 点的变化陡度最大而 O_m 变化最小的特点，对脉搏波包络进行微分，从而得到对应的收缩压（P_s）、舒张压（P_d）和平均压（P_m）。图9-6所示为脉搏波包络的微分曲线，其中，舒张压（P_d）对应微分曲线的正向突变点，平均压（P_m）对应微分曲线的零点，收缩压（P_s）对应微分曲线的负向突变点。注意，背景噪声和个体差异可能对特征点的确定造成干扰。

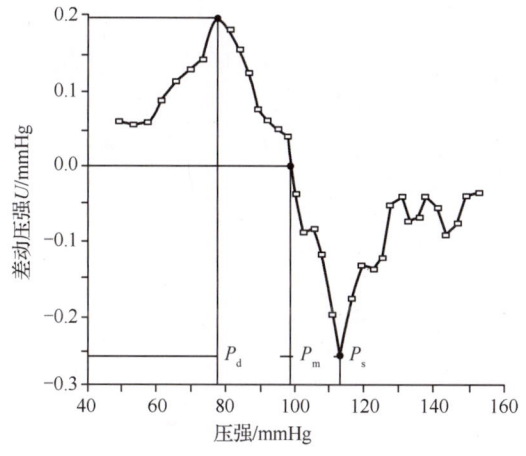

图 9-6　脉搏波包络的微分曲线

目前的血压测量设计中主要采用固定比率计算法，即由平均压结合经验公式［式（9-1）、式（9-2）］推算收缩压和舒张压。但由于公式中的固定比率是统计量，个体差异可能导致显著的误差。

9.3　血压测量电路设计

9.3.1　血压测量电路设计思路

血压测量电路主要由仪器仪表放大电路、有源低通滤波电路、反相比例运算电路、分压电路和无源低通滤波电路等组成，电路结构图如图 9-7 所示。

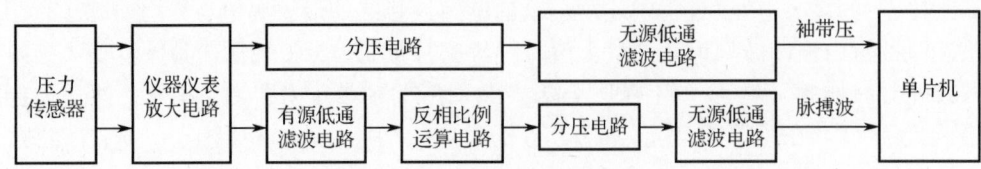

图 9-7　血压测量电路结构图

下面对各部分电路进行简要介绍。

仪器仪表放大电路：当压力传感器检测到压力时，输出一对差分信号，由于生理信号具有幅值小、频率低、内阻高等特点，且存在较强的背景噪声和干扰，放大电路应具有高共模抑制比，以及高增益、低噪声和高输入阻抗的特性，并具有合适的通频带宽和动态范围。因此，采用仪器仪表放大电路进行信号放大处理。从压力传感器输出的血压信号包含袖带压信号和脉搏波信号，其中袖带压信号的幅值远大于脉搏波信号，经过仪器仪表放大电路后，可以提取袖带压信号，虽然其中仍夹杂着脉搏波信号，但是其影响可忽略。

分压电路：由于放大后的信号电压可能超过单片机 I/O 引脚的耐压值，因此信号在输入单片机之前要先进行分压处理。

无源低通滤波电路和有源低通滤波电路：信号经放大后，其中的干扰信号也会被放大，因此需要通过低通滤波电路滤除干扰信号。

反相比例运算电路：用于进一步放大脉搏波信号。在血压测量原理图中可以看到在有源低通滤波电路和反相比例运算电路之间连接了一个电容，袖带压信号虽然为交流信号，但其频率远低于脉搏波信号，所以袖带压信号会被滤除，而脉搏波信号经反相比例运算电路进一步放大。

9.3.2　电源电路

血压测量电路的电源转换电路包含 6V 转 5V 电路和 5V 转 2.5V 电路。电源转换电路的具体分析可参见 2.1 节。

9.3.3　基准电压电路

基准电压电路如图 9-8 所示，它为信号测量电路提供所需的基准电压值。由于 U_{REF1} 和 U_{REF2} 连接的是运放输入端，输入阻抗极大，可视为断路。而 U_{REF3} 连接的电路可能对基准电压产生影响，因此采用电压跟随器来减小后级负载对基准电压的影响。

U_{REF3} 的电压为

$$U_{REF3} = \frac{R_{115}}{R_{114}+R_{115}} \times 2.5V = \frac{20k\Omega}{30k\Omega+20k\Omega} \times 2.5V = 1V \tag{9-3}$$

U_{REF1} 的电压为

$$U_{REF1} = \frac{R_{113}}{R_{112}+R_{113}} \times 2.5V = \frac{40.2k\Omega}{10k\Omega+40.2k\Omega} \times 2.5V \approx 2V \tag{9-4}$$

因此 U_{REF2} 的电压为

$$U_{REF2} = U_{REF1} = 2V \tag{9-5}$$

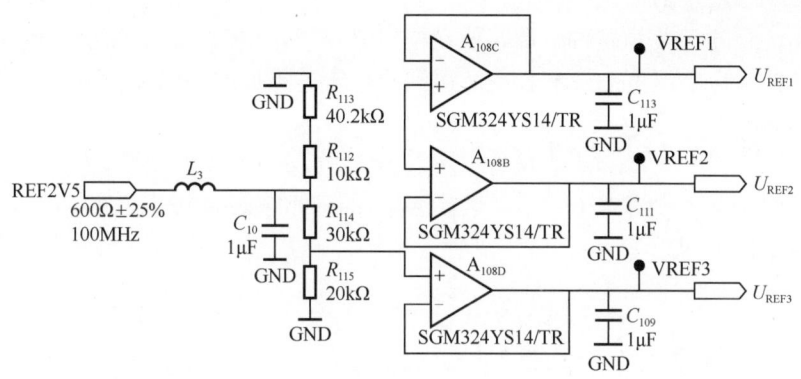

图 9-8 基准电压电路

9.3.4 压力传感器驱动电路

压力传感器驱动电路如图 9-9 所示，MPS3117 的单晶硅膜片上集成了 4 个电阻应变片，构成惠斯通电桥：当没有外加压力作用时，电桥处于平衡状态，无电压输出；当硅膜两边存在压力差时，硅膜发生弹性形变，电桥失去平衡，此时若给电桥的供电端 V+和 V-施加恒定电流或电压，电桥将输出与压力成正比的电压差信号 MPX+和 MPX-。注意，MPS3117 压力传感器在 LY-E501 医学电子学开发平台内部，不在血压电路板上。

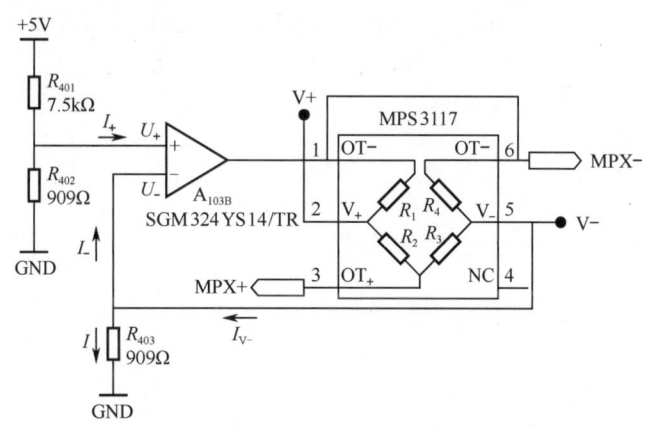

图 9-9 压力传感器驱动电路

对于由运放 A_{103B} 组成的驱动电路，根据运放负反馈的"虚短""虚断"特性有

$$I_+ = I_- = 0 \tag{9-6}$$

$$U_+ = U_- = \frac{5R_{402}}{R_{401} + R_{402}} \tag{9-7}$$

通过电路分析可得

$$I_{V-} = I_- + I = I \tag{9-8}$$

$$I = \frac{U_-}{R_{403}} = \frac{5R_{402}}{R_{403}(R_{401} + R_{402})} \tag{9-9}$$

整理公式可得

$$I_{V-} = I \approx 595\mu A \tag{9-10}$$

不难看出，I_V-电流是恒定的，即该驱动电路是以恒定电流的方式来驱动的，在这种驱动方式下，电桥的输出受温度的影响较小，得到的电压差更加准确。

9.3.5 仪器仪表放大电路

仪器仪表放大电路如图 9-10 所示，运放 A_{102C} 的同相输入端电压值即为 U_{MPX-}，运放 A_{102D} 的同相输入端电压值即为 U_{MPX+}。

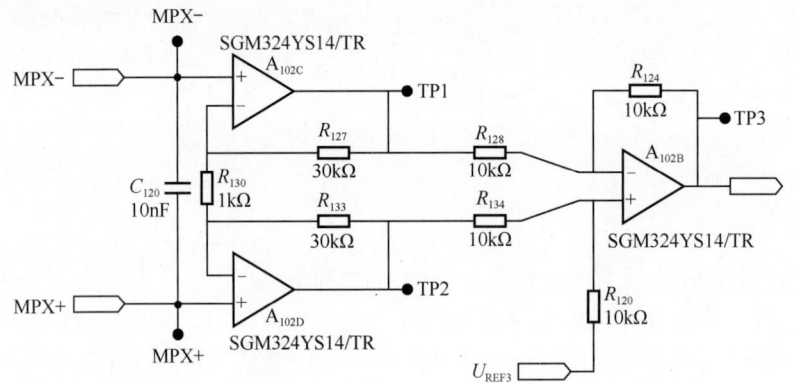

图 9-10 仪器仪表放大电路

根据运放负反馈的特点有

$$\frac{U_{TP1} - U_{MPX-}}{R_{127}} = \frac{U_{MPX-} - U_{MPX+}}{R_{130}} = \frac{U_{MPX+} - U_{TP2}}{R_{133}} \tag{9-11}$$

化简得到

$$U_{TP1} = \frac{R_{127}}{R_{130}}(U_{MPX+} - U_{TP2}) + U_{MPX-} \tag{9-12}$$

$$U_{TP2} = U_{MPX+} - \frac{R_{133}}{R_{130}}(U_{MPX-} - U_{MPX+}) \tag{9-13}$$

设 A_{102B} 同相输入端、反相输入端的电压分别为 u_+、u_-，根据"虚短"特性有

$$u_+ = u_- \tag{9-14}$$

同样，根据运放负反馈的特性有

$$\frac{U_{TP1} - u_-}{R_{128}} = \frac{u_- - U_{TP3}}{R_{124}} \tag{9-15}$$

由叠加定理可得

$$u_+ = \frac{R_{120}}{R_{120} + R_{134}} U_{TP2} + \frac{R_{134}}{R_{120} + R_{134}} U_{REF3} \tag{9-16}$$

整理式（9-11）～式（9-16），可得

$$U_{TP3} = U_{TP2} - U_{TP1} + U_{REF3} = 61(U_{MPX+} - U_{MPX-}) + U_{REF3} \tag{9-17}$$

由图 9-8 可知，参考电压 U_{REF3} 由 R_{114} 和 R_{115} 对 2.5V 分压得到，即

$$U_{REF3} = 2.5V \times \frac{R_{115}}{R_{114} + R_{115}} = 1V \tag{9-18}$$

结合式（9-16）和式（9-17）可得

$$U_{TP3} = 61(U_{MPX+} - U_{MPX-}) + 1V \tag{9-19}$$

9.3.6 无源低通滤波电路

由 R_{117} 和 C_{114} 组成无源低通滤波电路，如图 9-11 所示，其截止频率为

$$f_H = \frac{1}{2\pi RC} = \frac{1}{2\pi \times R_{117} \times C_{114}} = 3.39\text{Hz} \tag{9-20}$$

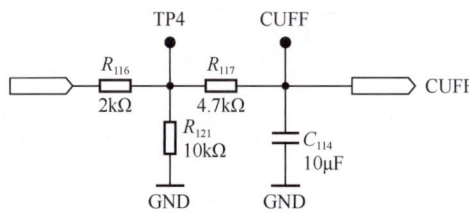

图 9-11 无源低通滤波电路

9.3.7 有源低通滤波电路

有源低通滤波电路如图 9-12 所示，其截止频率为

$$f_H = \frac{1}{2\pi RC} = \frac{1}{2\pi \times R_{125} \times C_{115}} = 8.75\text{Hz} \tag{9-21}$$

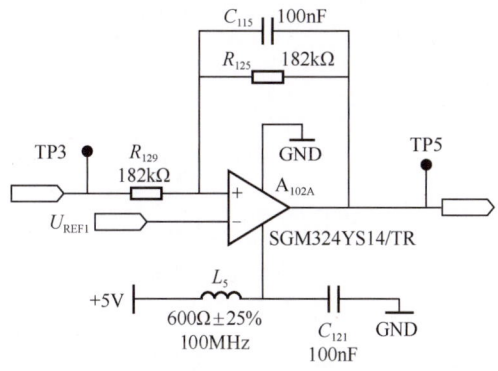

图 9-12 有源低通滤波电路

9.3.8 反相比例运算电路

反相比例运算电路如图 9-13 所示，运放 A_{103C} 和 A_{103D} 的同相输入端连接的 U_{REF2} 为参考电压，在实际电路中主要起抬高基线的作用。信号经过 A_{103C} 和 A_{103D} 两级放大器被放大两次。

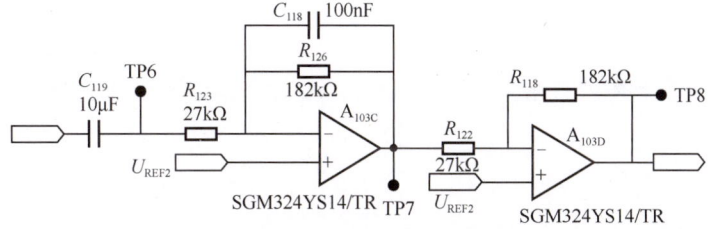

图 9-13 反相比例运算电路

下面以 A_{103D} 放大器为例,介绍信号放大的计算过程。设参考电压为 U_{REF2},A_{103D} 反相输入端电压为 U_-,因为"虚短",$U_-=U_{REF2}$,则有

$$\frac{U_{TP8}-U_-}{R_{118}}=\frac{U_--U_{TP7}}{R_{122}} \tag{9-22}$$

化简上式可得输出电压为

$$U_{TP8}=\left(1+\frac{R_{118}}{R_{122}}\right)U_- -\frac{R_{118}}{R_{122}}U_{TP7} \tag{9-23}$$

即

$$U_{TP8}=7.74U_{REF2}-6.74U_{TP7} \tag{9-24}$$

9.4 血压测量电路仿真

9.4.1 基准电压电路仿真

基准电压电路的仿真电路图如图 9-14 所示,仿真结果如图 9-15 所示。测得的三个基准电压分别为 2.015V、2.015V 和 1.015V,与理论计算值相近。搭建该电路,将万用表 XMM1、XMM2 和 XMM3 测得的电压值记录在表 9-1 中,并与理论计算值进行对比分析。

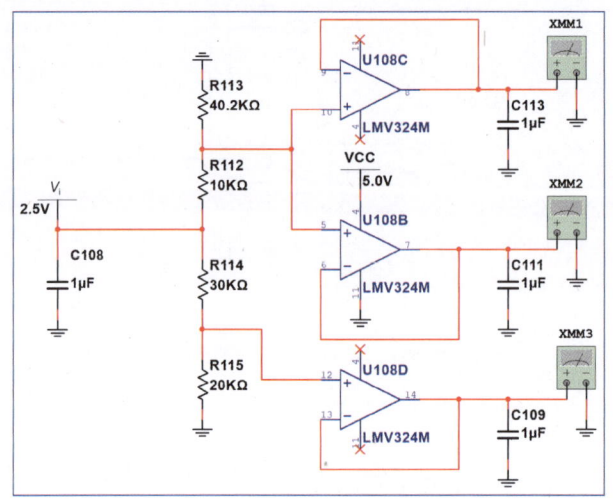

图 9-14 基准电压电路的仿真电路图

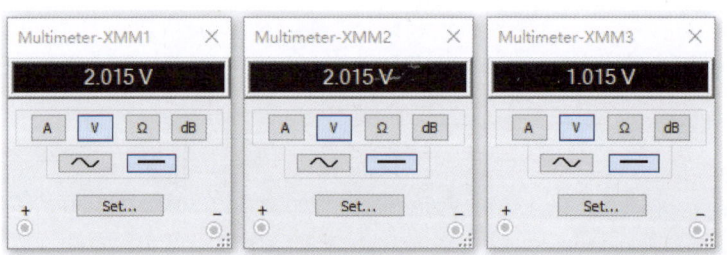

图 9-15 仿真结果

表 9-1　万用表测得的电压值

序　号	1	2	3
万用表	XMM1	XMM2	XMM3
电压值/V			

9.4.2　压力传感器驱动电路仿真

压力传感器驱动电路的仿真电路图如图 9-16 所示，通过可变电阻 R_x 和电阻 R_1、R_2、R_3、R_4 搭建惠斯通电桥来模拟压力传感器，仿真结果如图 9-17 所示。当 R_x 为最大值的 0%时，XMM1 测得的电流值为 601.082μA；当 R_x 为最大值的 100%时，XMM1 测得的电流值为 601.081μA。这说明改变 R_x 阻值并不会影响输出电流的大小，即该电路具有恒流的特点，且电流值与理论计算值相近。

搭建该电路，用万用表 XMM1 记录压力传感器的电流，用万用表 XMM2 记录电桥输出的电压差，将结果记录在表 9-2 中，并与理论计算值进行对比分析。

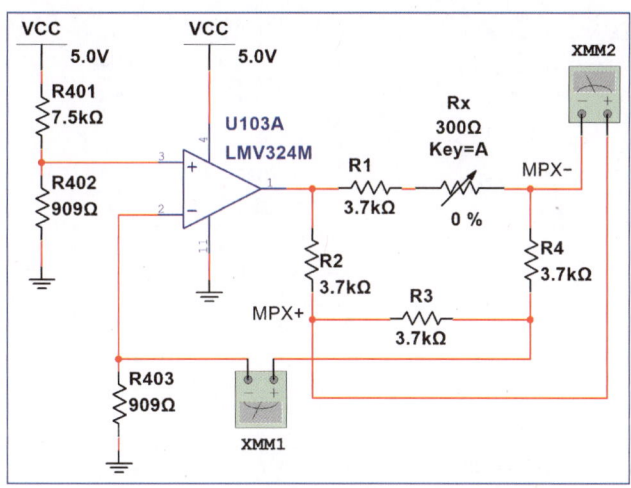

图 9-16　压力传感器驱动电路的仿真电路图

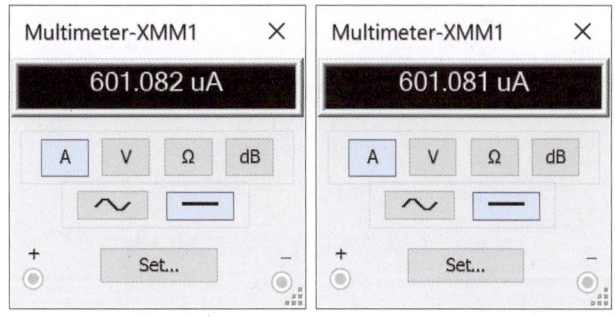

图 9-17　仿真结果（左：R_x 为最大值的 0%；右：R_x 为最大值的 100%）

表 9-2 R_x 为不同阻值时的万用表测量值

序 号	1	2	3	4	5	6	7	8	9	10	11
R_x 占其最大值比例/%	0	10	20	30	40	50	60	70	80	90	100
XMM1/μA											
XMM2/mV											

9.4.3 仪器仪表放大电路仿真

仪器仪表放大电路的仿真电路图如图 9-18 所示，仿真结果如图 9-19 所示。当 R_x 为最大值时，输入电压差为 44.517mV，输出电压为 3.738V，放大倍数与理论计算值相近。搭建该电路，记录万用表 XMM1 和 XMM2 测得的电压值，填入表 9-3 中，计算它们之间的关系，并与理论计算值进行对比分析。

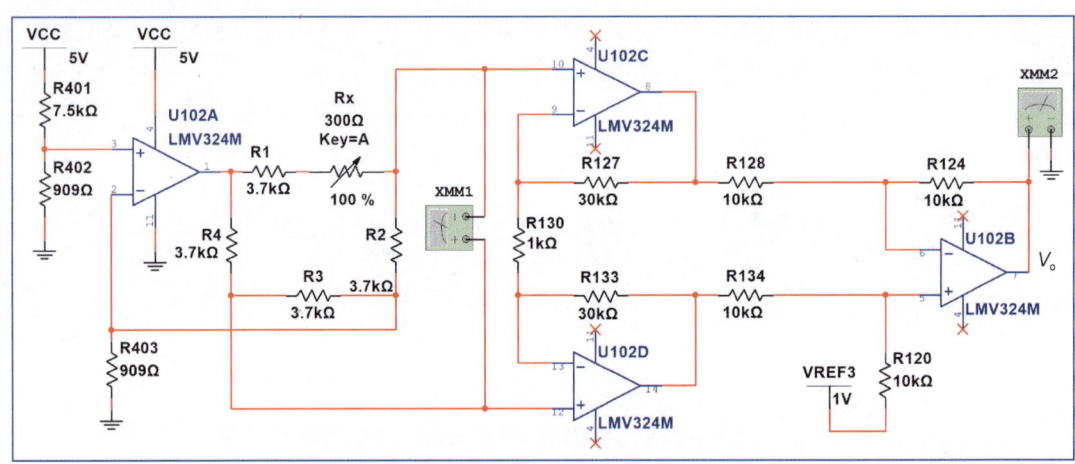

图 9-18 仪器仪表放大电路的仿真电路图

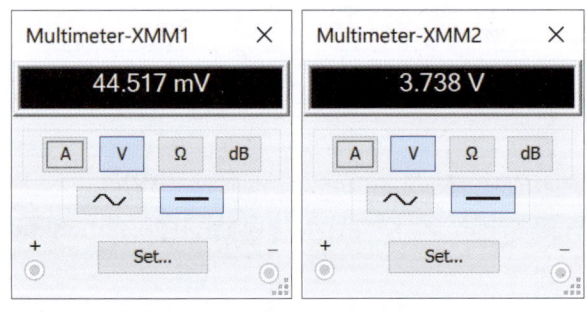

图 9-19 仿真结果（R_x 为最大值）

表 9-3 R_x 为不同阻值时的万用表测量值

序 号	1	2	3	4	5
R_x 占其最大值比例/%	0	25	50	75	100
XMM1/V					
XMM2/V					

9.4.4 无源低通滤波电路仿真

无源低通滤波电路的仿真电路图如图 9-20 所示，仿真结果如图 9-21、图 9-22 所示。当输入信号频率为 3.39Hz 时，输入信号幅值为 9.924mV，输出信号幅值为 6.967mV，衰减值与截止频率下的衰减值相当，说明截止频率约为 3.39Hz；从波特图可以看出，当放大电路的增益下降 3dB 时，信号频率为 3.378Hz，与理论计算结果相近。

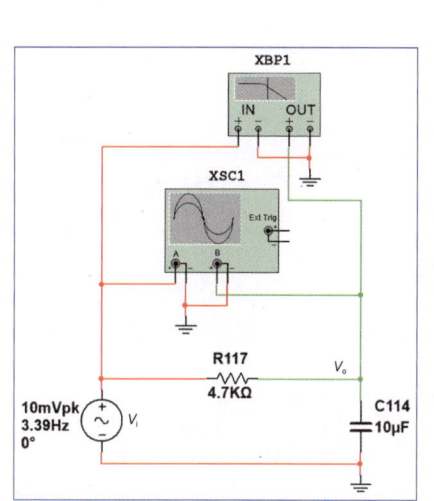

图 9-20　无源低通滤波电路的仿真电路图

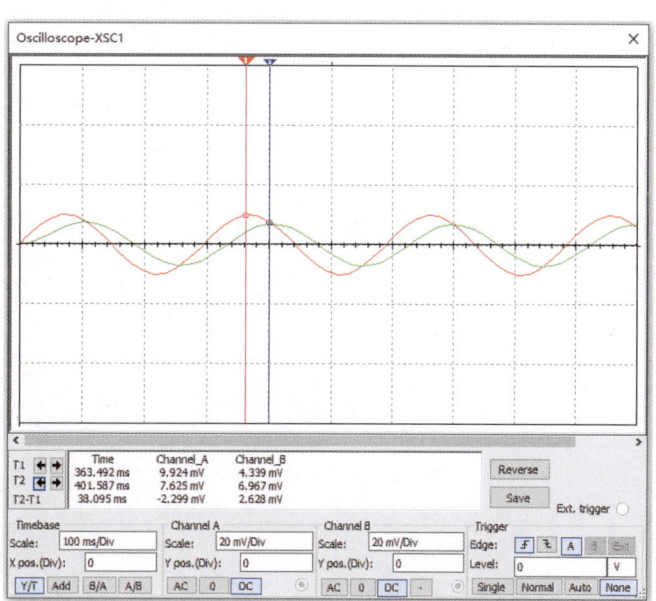

图 9-21　XSC1 仿真结果

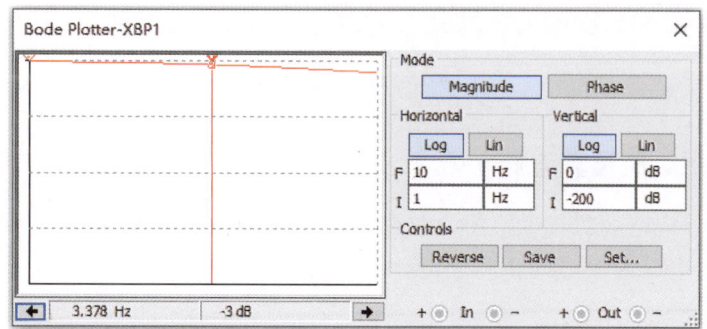

图 9-22　XBP1 仿真结果

9.4.5 有源低通滤波电路仿真

有源低通滤波电路的仿真电路图如图 9-23 所示，仿真结果如图 9-24、图 9-25 所示。当输入信号频率为 8.75Hz 时，输入信号幅值为 9.912mV，输出信号幅值为 7.011mV，衰减值与截止频率下的衰减值相当，说明截止频率约为 8.75Hz；从波特图可以看出，当放大电路的增益下降 3dB 时，信号频率约为 8.727Hz，与理论计算结果相近。

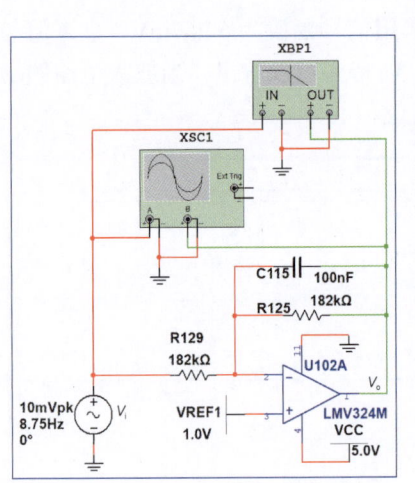

图 9-23　有源低通滤波电路的仿真电路图

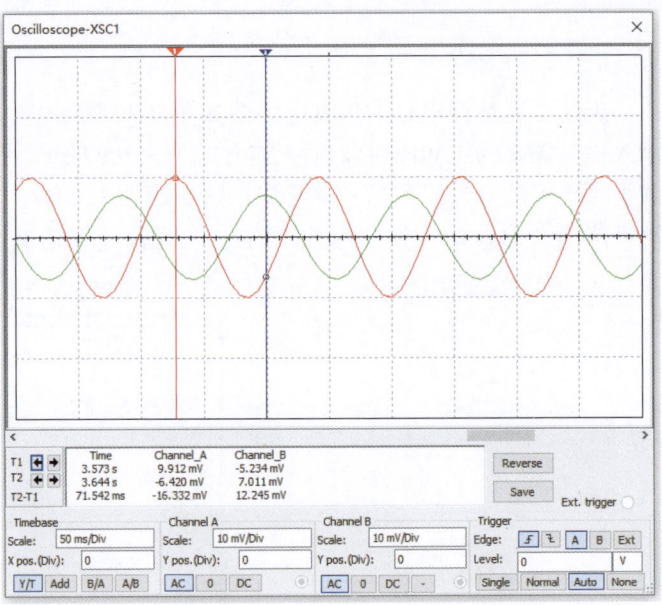

图 9-24　XSC1 仿真结果

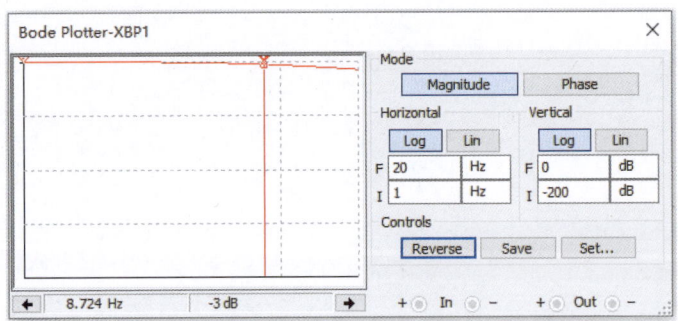

图 9-25　XBP1 仿真结果

9.4.6　反相比例运算电路仿真

反相比例运算电路的仿真电路图如图 9-26 所示，仿真结果如图 9-27 所示。当输入电压为 1.8V 时，输出电压为 3.402V，与理论计算值相近。

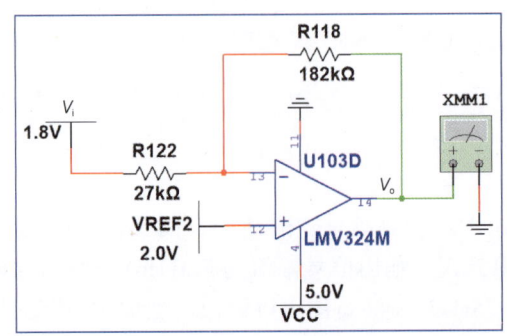

图 9-26　反相比例运算电路的仿真电路图

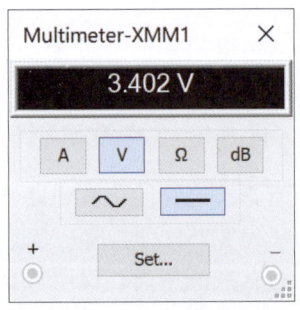

图 9-27　仿真结果（R_{122} 为 27kΩ，R_{118} 为 182kΩ）

9.5 血压测量电路实测分析

9.5.1 电源电路实测分析

如图 9-28 所示,将血压电路板插入 LY-E501 医学电子学开发平台的插槽中,将血压软管接入设备的 NIBP 接口,使用 B 型 USB 连接线将设备与计算机连接,再通过 DC 12V/2A 电源适配器为设备供电,观察血压电路板上的和 5V_LED 是否正常点亮。

用万用表测量血压电路板上的测试点 5V 和 6V 的电压,将测得的电压值填入表 9-4 中。

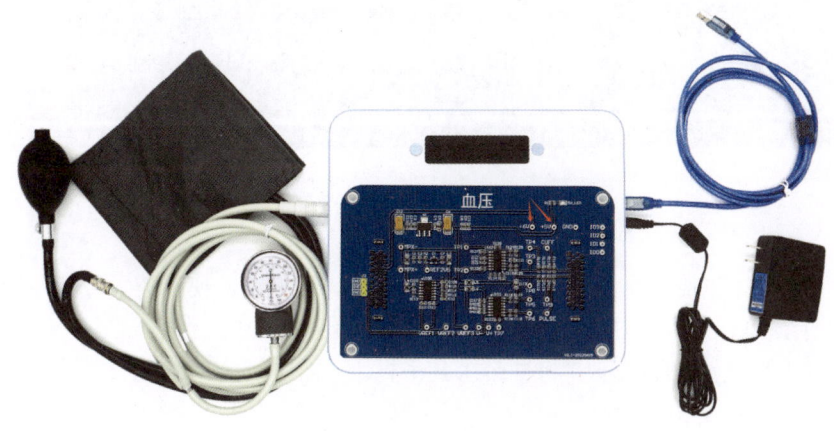

图 9-28 血压实测连接图

表 9-4 血压电路板电源电压测量

序 号	1	2
测 试 点	5V	6V
电压值/V		

9.5.2 基准电压电路实测分析

用万用表测量测试点 REF2V5、VREF1、VREF2 和 VREF3 的电压,并将测得的电压值填入表 9-5 中。测量完成后,将测量值与理论计算值对比,观察两者是否相符。

表 9-5 基准电压测量

序 号	1	2	3	4
测 试 点	REF2V5	VREF1	VREF2	VREF3
电压值/V				

9.5.3 LY-E501 医学信号采集软件(血压模块)

打开 LY-E501 医学信号采集软件,软件自动跳转到血压模块界面,如图 9-29 所示。血压模块用于采集袖带压和脉搏波信号,并在软件界面显示。

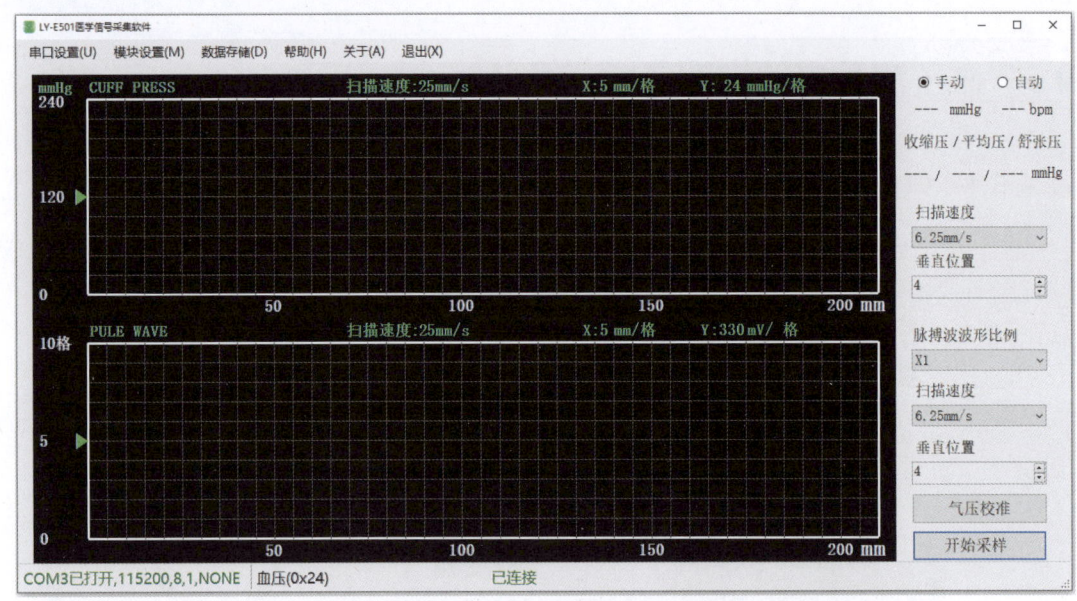

图 9-29　血压模块设置

开始测量之前，先检查血压表指针是否在"0"位，若偏移，使用扳手将其调整至"0"位，如图 9-30 所示，确保加压后指针反应灵敏且能回位至"0"位。

下面进行气压校准，注意不要将袖带绑到手臂上，而是绑到一个圆柱体水杯上。单击"气压校准"按钮，如图 9-31 所示。

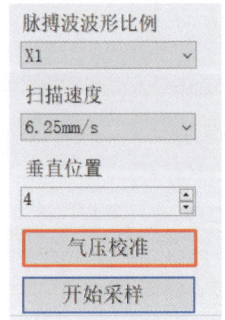

图 9-30　"0"位校准　　　　　　　图 9-31　气压校准步骤 1

保持气压为 0mmHg，单击"开始采样"按钮，如图 9-32 所示，对应的 AD 采样值约为 1045，然后单击"停止采样"按钮。

使用橡胶球充气至 100mmHg，单击"开始采样"按钮，如图 9-33 所示，此时对应的 AD 采样值约为 2024，然后单击"停止采样"按钮。可以在"自动测量初始值设置"中设置初始充气压强值和停止测量压强值，此处保持默认，最后单击"确定"按钮。随后打开橡胶球的放气阀，使气压回到 0mmHg。

血压测量方式有两种：① 手动测量，即通过捏橡胶球手动充气和放气，这种方法难以把握放气的时机和速度，但可以自由控制实时袖带压值，常用于实测分析中；② 自动测量，即充气和放气由设备内部的单片机程序控制泵阀完成。下面分别详细介绍。

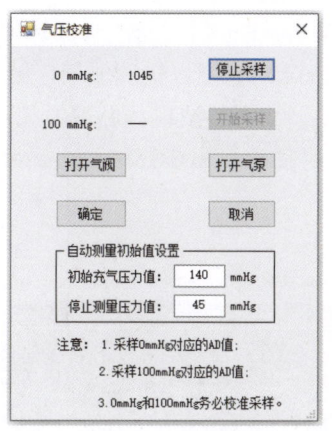

图 9-32　气压校准步骤 2

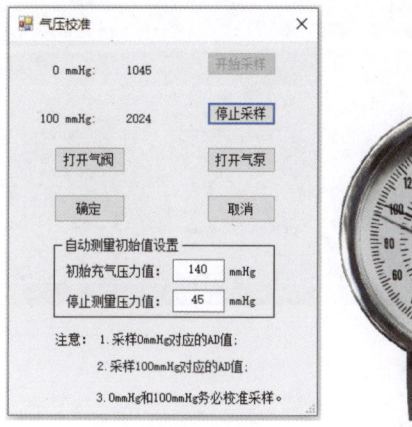

图 9-33　气压校准步骤 3

（1）手动测量：选择"手动"选项，单击菜单栏中的"数据存储(D)"按钮，然后将袖带绑到手臂上，单击"开始采样"按钮，如图 9-34 所示。

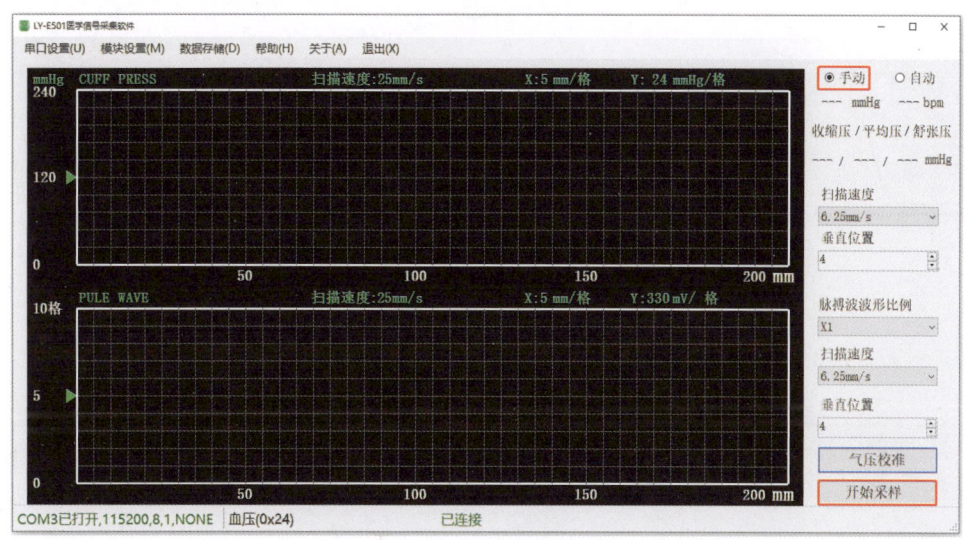

图 9-34　手动测量步骤 1

然后手动捏橡胶球进行充气，当气压为 140mmHg 后，松动橡胶球的放气阀缓慢放气，放气速度约为 2~6mmHg/s，至气压约为 45mmHg 时，可以快速放气，最后单击"停止采样"按钮。测量过程中，软件界面实时显示袖带压值、袖带压波形和脉搏波波形，如图 9-35 所示。注意，采用手动测量时，测量结束后软件不会自动计算出最终结果，需要使用存储的数据进行算法处理。

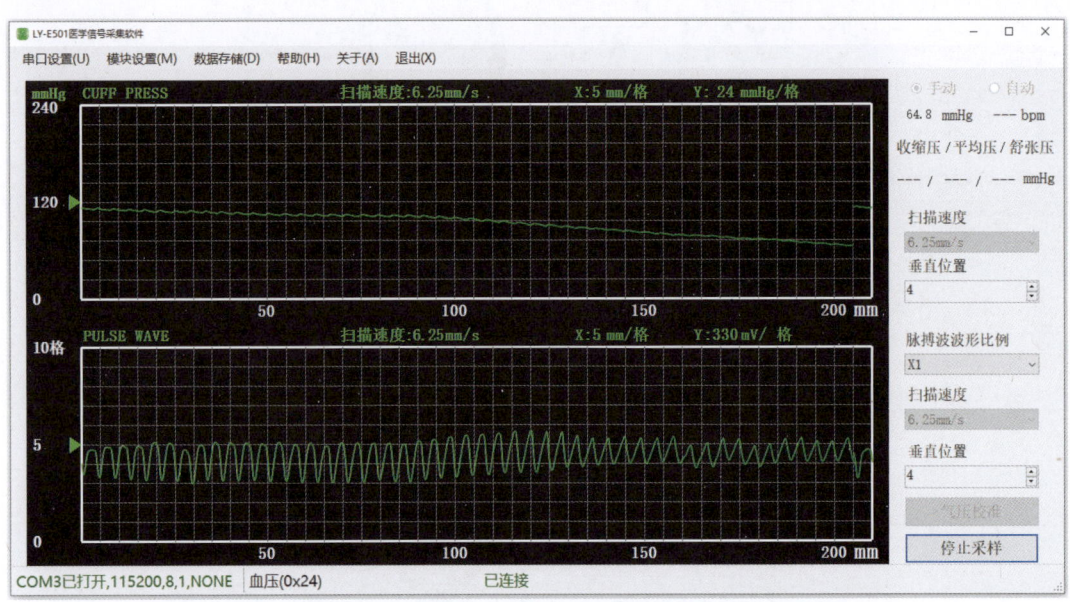

图 9-35 手动测量步骤 2

用袖带压数据绘制的折线图如图 9-36 所示，用脉搏波数据绘制的折线图如图 9-37 所示。

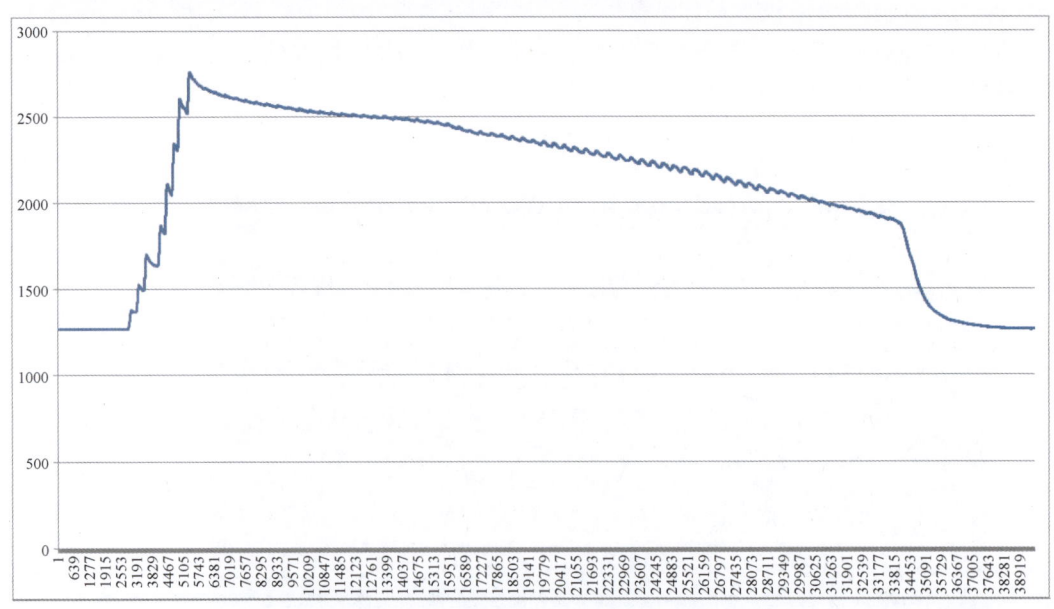

图 9-36 袖带压数据折线图（手动测量）

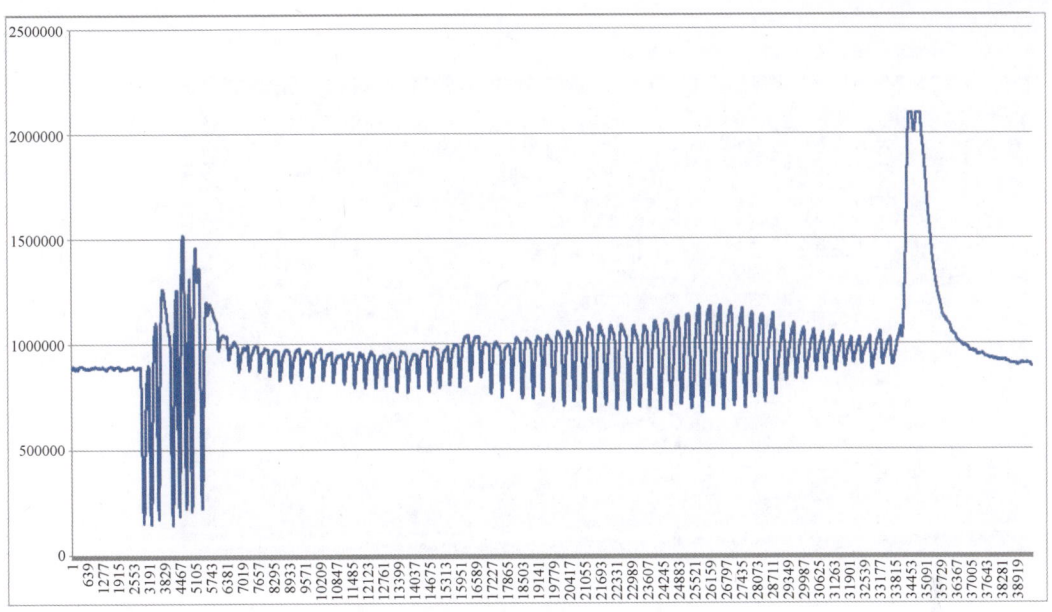

图 9-37 脉搏波数据折线图（手动测量）

（2）自动测量：选择"自动"选项，单击"开始测量"按钮，如图 9-38 所示。

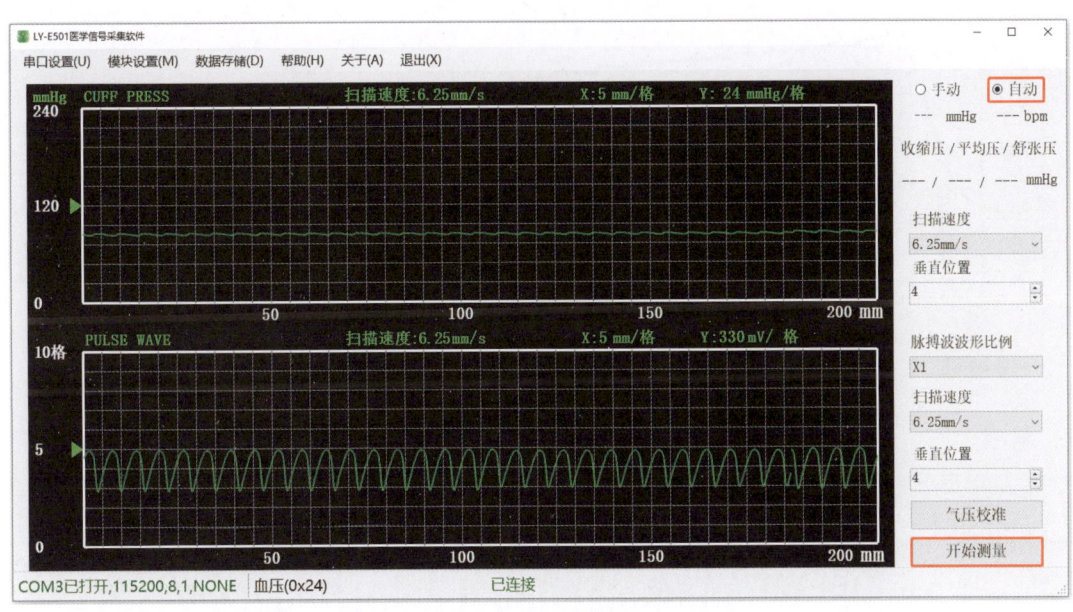

图 9-38 自动测量步骤 1

可以听到医学电子学设备里的泵启动充气的声音，气压升高至一定值后，阀自动打开并开始放气。自动测量完成后，软件会显示脉率、舒张压、收缩压和平均压值，如图 9-39 所示。

用袖带压数据绘制的折线图如图 9-40 所示，用脉搏波数据绘制的折线图如图 9-41 所示。

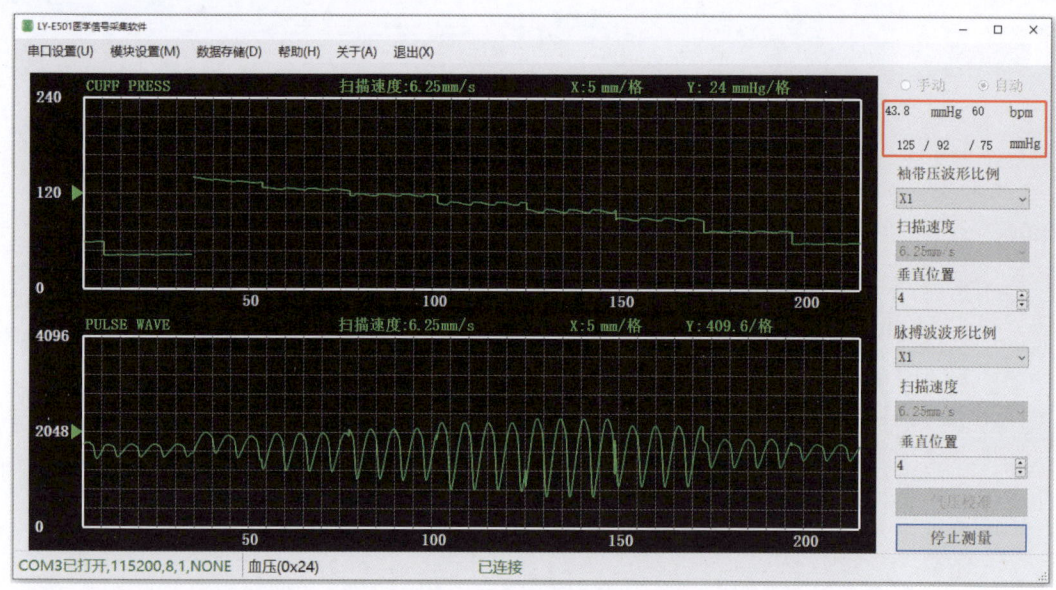

图 9-39　自动测量步骤 2

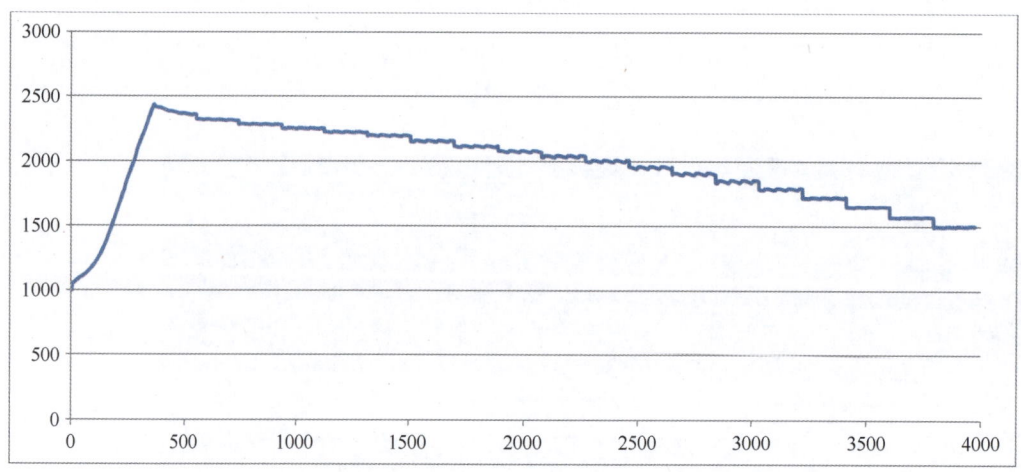

图 9-40　袖带压数据折线图（自动测量）

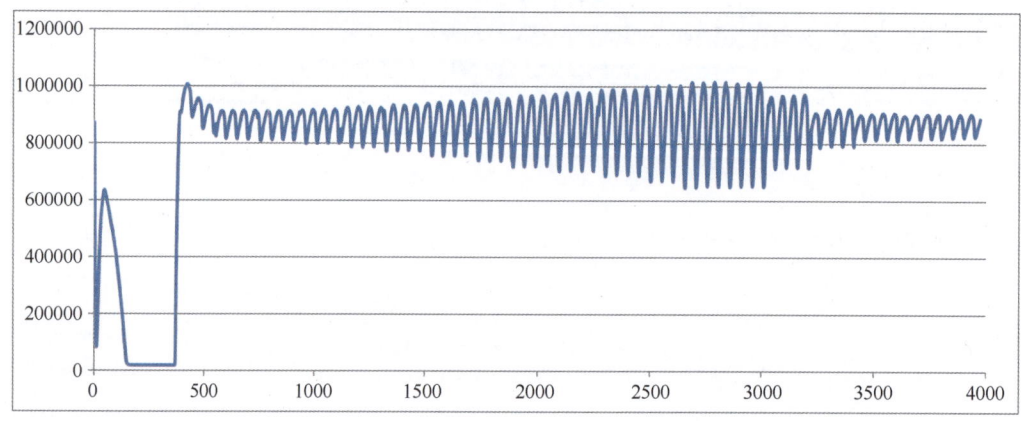

图 9-41　脉搏波数据折线图（自动测量）

9.5.4 仪器仪表放大电路实测分析

为保护受试者，使用生理参数模拟器来代替手臂。连接生理参数模拟器需要使用三通管和软管，连接图如图 9-42 所示。

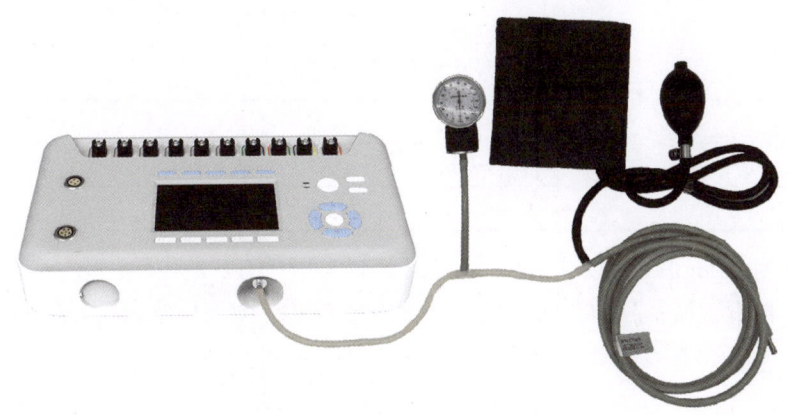

图 9-42　生理参数模拟器与各配件连接图

当未向传感器施加压力时，用万用表测量测试点 MPX- 和 MPX+ 的对地电压，理论上二者都有一个静态基准电压（约为 2V）；用万用表测量测试点 TP3 的对地电压，此时电压为 1V（与 MPX- 和 MPX+ 的差值有关，不同设备之间可能会有差异）。将测得的数据填入表 9-6 中，分析数据与理论计算值是否相符。

表 9-6　MPX- 和 MPX+ 的静态基准电压与 TP3 的电压测量值

序　号	1	2	3
测 试 点	MPX+	MPX-	TP3
电压值/V			

打开 LY-E501 医学信号采集软件，选择手动测量模式。注意，只有在手动测量模式下单击"开始采样"按钮后，单片机才会将气阀关闭，充气过程中不会漏气。设置生理参数模拟器模拟血压为 120/80mmHg，将袖带绑在杯子上，使用橡胶球进行充气至 80mmHg，此时生理参数模拟器开始工作。

保持压强为 80mmHg，测量测试点 MPX- 和 MPX+ 的电压，MPX+ 会产生微小正电压，MPX- 会产生微小负电压；再测量测试点 TP3 的电压，此时电压会上升。将 MPX-、MPX+、TP3 的电压测量值填入表 9-7 中，并将实测的数据与理论计算值进行对比。

表 9-7　MPX-、MPX+ 和 TP3 的电压测量值

压强/mmHg	80
MPX+ 的电压值/V	
MPX- 的电压值/V	
TP3 的电压值/V	

9.5.5 袖带压实测分析

保持压强为 80mmHg，用万用表测量测试点 TP4 和 CUFF 的电压，TP4 的电压由 TP3 的电压分压所得，理论上 CUFF 的电压与 TP4 相等，将测量值填入表 9-8 中，与理论值进行对比。

表 9-8　TP4 和 CUFF 的电压测量值

序　号	1	2
测试点	TP4	CUFF
电压值/V		

保持压强为 80mmHg，用示波器测量测试点 TP4 和 CUFF 的电压，设置耦合方式为交流，可以看到实时袖带压信号有微弱的变化，如图 9-43 所示。改变压强值，观察袖带压信号波形的变化。

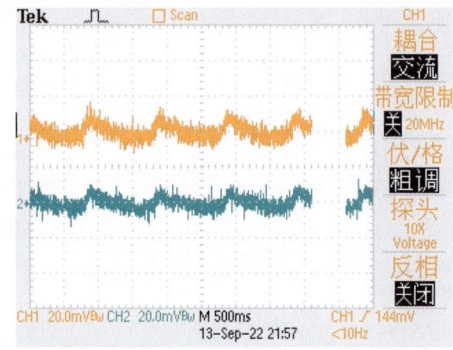

图 9-43　TP4（黄）与 CUFF（蓝）的信号波形

9.5.6 反相比例运算电路实测分析

保持压强为 80mmHg，测量测试点 TP6 和 TP7 的电压，波形如图 9-44 所示，TP7 的信号与 TP6 的信号相比，幅值被放大，相位反相，且滤除了部分干扰信号。

测量测试点 TP7 和 TP8 的电压，波形如图 9-45 所示，TP8 的信号与 TP7 的信号相比，幅值再次被放大，且相位反相，干扰信号也被滤除。

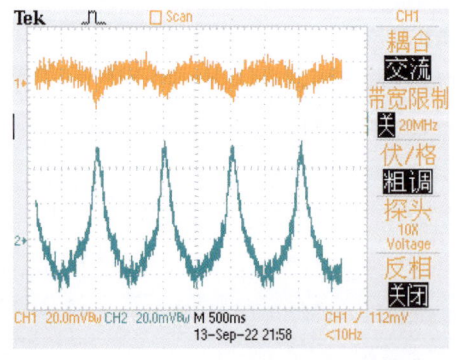

图 9-44　TP6（黄）与 TP7（蓝）的信号波形

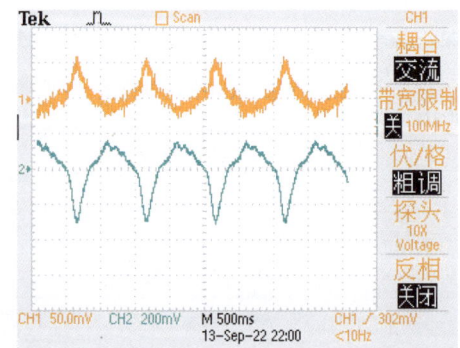

图 9-45　TP7（黄）与 TP8（蓝）的信号波形

测量测试点 TP8 和 PULSE 的电压，波形如图 9-46 所示，脉搏波信号由 TP8 信号分压得到。

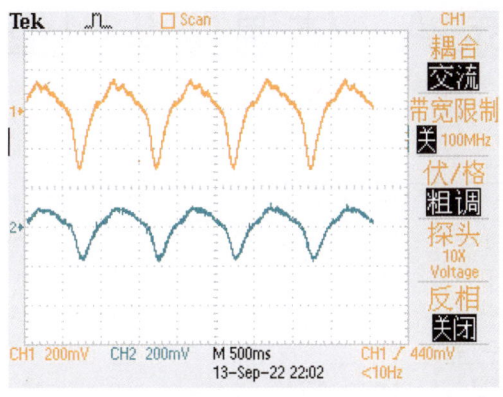

图 9-46　TP8（黄）与 PULSE（蓝）的信号波形

本章任务

1. 根据示波法原理，通过 LY-E501 医学信号采集软件测量袖带压和脉搏波波形，得到测量血压的充气、慢放气和快放气过程的波形图，然后找出特征点，从而得到收缩压、舒张压和平均压。

2. 参考本章的血压测量电路，选用其他型号压力传感器，自行设计一套血压测量系统。设计电路板并测试验证。

本章习题

1. 简述无创血压测量原理。
2. 简述 MPS3117 传感器的特性。
3. 简述 MPS3117 传感器的工作原理。为什么要用恒定电流源进行驱动？
4. 在基准电压电路中，为什么在输出基准电压之前需要加一个电压跟随器？

本章学习资源

附录 A 体温探头阻值表

表 A-1 体温探头阻值表

温度/℃	阻值/Ω	温度/℃	阻值/Ω	温度/℃	阻值/Ω	温度/℃	阻值/Ω	温度/℃	阻值/Ω	温度/℃	阻值/Ω
0.1	7355	3.8	6101.8	7.5	5083.8	11.2	4253.1	14.9	3572.1	18.6	3012.1
0.2	7317.5	3.9	6071.4	7.6	5059.1	11.3	4232.8	15	3555.5	18.7	2998.4
0.3	7280.3	4	6041.2	7.7	5034.5	11.4	4212.7	15.1	3539	18.8	2984.8
0.4	7243.3	4.1	6011.2	7.8	5010	11.5	4192.7	15.2	3522.6	18.9	2971.3
0.5	7206.4	4.2	5981.3	7.9	4985.7	11.6	4172.8	15.3	3506.2	19	2957.8
0.6	7169.8	4.3	5951.6	8	4961.5	11.7	4153	15.4	3490	19.1	2944.4
0.7	7133.4	4.4	5922.1	8.1	4937.5	11.8	4133.3	15.5	3473.8	19.2	2931
0.8	7097.2	4.5	5892.8	8.2	4913.6	11.9	4113.7	15.6	3457.7	19.3	2917.8
0.9	7061.2	4.6	5863.6	8.3	4889.8	12	4094.2	15.7	3441.7	19.4	2904.5
1	7025.5	4.7	5834.5	8.4	4866.1	12.1	4074.8	15.8	3425.8	19.5	2891.4
1.1	6989.9	4.8	5805.7	8.5	4842.6	12.2	4055.5	15.9	3409.9	19.6	2878.3
1.2	6954.5	4.9	5776.9	8.6	4819.2	12.3	4036.4	16	3394.2	19.7	2865.3
1.3	6919.3	5	5748.4	8.7	4795.9	12.4	4017.3	16.1	3378.5	19.8	2852.4
1.4	6884.3	5.1	5720	8.8	4772.8	12.5	3998.3	16.2	3362.9	19.9	2839.5
1.5	6849.6	5.2	5691.8	8.9	4749.7	12.6	3979.5	16.3	3347.4	20	2826.7
1.6	6815	5.3	5663.7	9	4726.8	12.7	3960.7	16.4	3332	20.1	2814
1.7	6780.6	5.4	5635.8	9.1	4704.1	12.8	3942	16.5	3316.6	20.2	2801.3
1.8	6746.4	5.5	5608	9.2	4681.4	12.9	3923.5	16.6	3301.3	20.3	2788.7
1.9	6712.4	5.6	5580.4	9.3	4658.9	13	3905	16.7	3286.2	20.4	2776.2
2	6678.6	5.7	5552.9	9.4	4636.5	13.1	3886.6	16.8	3271	20.5	2763.7
2.1	6645	5.8	5525.6	9.5	4614.2	13.2	3868.3	16.9	3256	20.6	2751.3
2.2	6611.6	5.9	5498.5	9.6	4592	13.3	3850.2	17	3241.1	20.7	2739
2.3	6578.4	6	5471.5	9.7	4570	13.4	3832.1	17.1	3226.2	20.8	2726.7
2.4	6545.3	6.1	5444.6	9.8	4548.1	13.5	3814.1	17.2	3211.4	20.9	2714.5
2.5	6512.5	6.2	5417.9	9.9	4526.3	13.6	3796.2	17.3	3196.7	21	2702.3
2.6	6479.8	6.3	5391.3	10	4504.6	13.7	3778.4	17.4	3182	21.1	2690.2
2.7	6447.3	6.4	5364.9	10.1	4483	13.8	3760.7	17.5	3167.5	21.2	2678.2
2.8	6415	6.5	5338.7	10.2	4461.5	13.9	3743.1	17.6	3153	21.3	2666.2
2.9	6382.9	6.6	5312.5	10.3	4440.2	14	3725.6	17.7	3138.5	21.4	2654.3
3	6350.9	6.7	5286.6	10.4	4418.9	14.1	3708.2	17.8	3124.2	21.5	2642.5
3.1	6312.9	6.8	5260.7	10.5	4397.8	14.2	3690.9	17.9	3109.9	21.6	2630.7
3.2	6287.6	6.9	5235	10.6	4376.8	14.3	3673.6	18	3095.7	21.7	2618.9
3.3	6256.2	7	5209.5	10.7	4355.9	14.4	3656.5	18.1	3081.6	21.8	2607.3
3.4	6224.9	7.1	5184.1	10.8	4335.1	14.5	3639.4	18.2	3067.6	21.9	2595.7
3.5	6193.9	7.2	5158.8	10.9	4314.4	14.6	3622.5	18.3	3053.6	22	2584.1
3.6	6163	7.3	5133.7	11	4293.9	14.7	3605.6	18.4	3039.7	22.1	2572.6
3.7	6132.3	7.4	5108.7	11.1	4273.4	14.8	3588.8	18.5	3025.9	22.2	2561.1

附录 A 体温探头阻值表

续表

温度/°C	阻值/Ω	温度/°C	阻值/Ω	温度/°C	阻值/Ω	温度/°C	阻值/Ω	温度/°C	阻值/Ω	温度/°C	阻值/Ω
22.3	2549.8	26.6	2110.2	30.9	1754.2	35.2	1464.9	39.5	1229.3	43.8	1035.7
22.4	2538.4	26.7	2101	31	1746.8	35.3	1458.9	39.6	1224.3	43.9	1031.6
22.5	2527.2	26.8	2091.9	31.1	1739.4	35.4	1452.9	39.7	1219.4	44	1027.6
22.6	2515.9	26.9	2082.9	31.2	1732	35.5	1446.9	39.8	1214.5	44.1	1023.5
22.7	2504.8	27	2073.8	31.3	1724.7	35.6	1440.9	39.9	1209.7	44.2	1019.5
22.8	2493.7	27.1	2064.9	31.4	1717.4	35.7	1435	40	1204.8	44.3	1015.5
22.9	2483.6	27.2	2055.9	31.5	1710.1	35.8	1429.1	40.1	1200	44.4	1011.6
23	2471.6	27.3	2047	31.6	1702.9	35.9	1423.2	40.2	1195.2	44.5	1007.6
23.1	2460.7	27.4	2038.2	31.7	1695.7	36	1417.4	40.3	1190.4	44.6	1003.7
23.2	2449.8	27.5	2029.4	31.8	1688.6	36.1	1411.6	40.4	1185.6	44.7	999.7
23.3	2439	27.6	2020.6	31.9	1681.5	36.2	1405.8	40.5	1180.9	44.8	995.8
23.4	2428.2	27.7	2011.9	32	1674.4	36.3	1400	40.6	1176.1	44.9	991.9
23.5	2417.5	27.8	2003.3	32.1	1667.3	36.4	1394.3	40.7	1171.4	45	988.1
23.6	2406.8	27.9	1994.6	32.2	1660.3	36.5	1388.6	40.8	1166.8	45.1	984.2
23.7	2396.2	28	1986	32.3	1653.3	36.6	1382.9	40.9	1162.1	45.2	980.4
23.8	2385.6	28.1	1977.5	32.4	1646.4	36.7	1377.2	41	1157.4	45.3	976.5
23.9	2375.1	28.2	1969	32.5	1639.5	36.8	1371.6	41.1	1152.8	45.4	972.7
24	2364.7	28.3	1960.5	32.6	1632.6	36.9	1366	41.2	1148.2	45.5	968.9
24.1	2354.3	28.4	1952.1	32.7	1625.8	37	1360.4	41.3	1143.6	45.6	965.2
24.2	2343.9	28.5	1943.7	32.8	1619	37.1	1354.9	41.4	1139.1	45.7	961.4
24.3	2333.6	28.6	1935.4	32.9	1612.2	37.2	1349.4	41.5	1134.6	45.8	957.7
24.4	2323.4	28.7	1927.1	33	1605.4	37.3	1343.9	41.6	1130	45.9	954
24.5	2313.2	28.8	1918.8	33.1	1598.7	37.4	1338.4	41.7	1125.5	46	950.3
24.6	2303	28.9	1910.6	33.2	1592	37.5	1333	41.8	1121.1	46.1	946.6
24.7	2292.9	29	1902.4	33.3	1585.4	37.6	1327.6	41.9	1116.6	46.2	942.9
24.8	2282.9	29.1	1894.3	33.4	1578.8	37.7	1322.2	42	1112.2	46.3	939.3
24.9	2272.9	29.2	1886.2	33.5	1572.2	37.8	1316.8	42.1	1107.8	46.4	935.6
25	2262.9	29.3	1878.1	33.6	1565.6	37.9	1311.4	42.2	1103.4	46.5	932
25.1	2253	29.4	1870.1	33.7	1559.1	38	1306.1	42.3	1099	46.6	928.4
25.2	2243.1	29.5	1862.1	33.8	1552.6	38.1	1300.8	42.4	1094.6	46.7	924.8
25.3	2233.3	29.6	1854.2	33.9	1546.2	38.2	1295.6	42.5	1091.3	46.8	921.2
25.4	2223.6	29.7	1846.3	34	1539.7	38.3	1290.3	42.6	1086	46.9	917.7
25.5	2213.9	29.8	1838.4	34.1	1533.3	38.4	1285.1	42.7	1081.7	47	914.1
25.6	2204.2	29.9	1830.6	34.2	1527	38.5	1279.9	42.8	1077.4	47.1	910.6
25.7	2194.5	30	1822.8	34.3	1520.6	38.6	1274.7	42.9	1073.2	47.2	907.1
25.8	2185	30.1	1815	34.4	1514.3	38.7	1269.6	43	1068.9	47.3	903.6
25.9	2175.5	30.2	1807.3	34.5	1508	38.8	1264.5	43.1	1064.7	47.4	900.1
26	2166	30.3	1799.6	34.6	1501.8	38.9	1259.4	43.2	1060.5	47.5	896.6
26.1	2156.6	30.4	1791.9	34.7	1495.6	39	1254.3	43.3	1056.3	47.6	893.2
26.2	2147.2	30.5	1784.3	34.8	1489.4	39.1	1249.2	43.4	1052.2	47.7	889.8
26.3	2137.9	30.6	1776.7	34.9	1483.2	39.2	1244.2	43.5	1048	47.8	886.3
26.4	2128.6	30.7	1769.2	35	1477.1	39.3	1239.2	43.6	1043.9	47.9	882.9
26.5	2119.4	30.8	1761.7	35.1	1471	39.4	1234.2	43.7	1039.8	48	879.5

续表

温度/℃	阻值/Ω	温度/℃	阻值/Ω	温度/℃	阻值/Ω	温度/℃	阻值/Ω	温度/℃	阻值/Ω	温度/℃	阻值/Ω
48.1	876.2	48.5	862.8	48.9	849.7	49.3	836.8	49.7	824.1	50.1	811.3
48.2	872.8	48.6	859.5	49	846.5	49.4	833.6	49.8	821	50.2	807
48.3	869.5	48.7	856.2	49.1	843.2	49.5	830.5	49.9	817.9		
48.4	866.1	48.8	853	49.2	840	49.6	827.3	50	814.8		

参 考 文 献

[1] 余学飞,叶继伦. 现代医学电子仪器原理与设计[M]. 4 版. 广州:华南理工大学出版社, 2018.
[2] 李刚. 生物医学工程实验:电子工程方向[M]. 北京:人民卫生出版社,2019.
[3] 贺忠海. 医学电子仪器设计[M]. 北京:机械工业出版社,2014.
[4] 李刚,林凌. 生物医学电子学[M]. 北京:北京航空航天大学出版社,2014.
[5] 陈仲本. 医学电子学基础[M]. 北京:人民卫生出版社,2010.
[6] 陈仲本. 医学电子学基础学习指导[M]. 北京:人民卫生出版社,2010.
[7] 永远,常向荣,韩奎. 生物医学电子学——医疗诊断[M]. 北京:科学出版社,2014.
[8] 童诗白,华成英. 模拟电子技术基础[M]. 5 版. 北京:高等教育出版社,2014.
[9] 邱关源. 电路[M]. 5 版. 北京:高等教育出版社,2006.
[10] 王成. 医疗仪器原理[M]. 上海:上海交通大学出版社,2008.
[11] 鲁雯,郭明霞,王晨光,等. 医学电子学基础[M]. 北京:人民卫生出版社,2016.
[12] 朱定华. 电子电路实验与课程设计[M]. 北京:清华大学出版社,2009.
[13] 周开邻,王彩君,杨睿. 模拟电路实验[M]. 北京:国防工业出版社,2009.
[14] 王鲁云,于海霞. 模拟电路实验综合教程[M]. 北京:清华大学出版社,2017.
[15] 武林. 电子电路基础实验与课程设计[M]. 北京:北京大学出版社,2013.
[16] 钱培怡,任斌. 电路与电子基础实验教程[M]. 北京:中国石化出版社,2017.
[17] 胡体玲,张显飞,胡仲邦. 线性电子电路实验[M]. 2 版. 北京:电子工业出版社,2014.
[18] 朱力恒. 电子技术仿真实验教程[M]. 北京:电子工业出版社,2003.
[19] 方建中. 电子线路综合实验[M]. 杭州:浙江大学出版社,2007.
[20] 葛汝明. 电子线路实验与课程设计[M]. 济南:山东大学出版社,2006.
[21] 梅开乡,梅军进. 电子电路实验[M]. 北京:北京理工大学出版社,2010.
[22] 于蕾. 模拟电子技术设计与实践教程[M]. 哈尔滨:哈尔滨工程大学出版社,2014.
[23] 邢冰冰,宋伟,蒋惠萍. 电路电子技术实验教程[M]. 北京:中国铁道出版社,2016.
[24] 杨飒,张辉,樊亚妮. 电路与电子线路实验教程[M]. 北京:清华大学出版社,2018.
[25] 张娜. 模拟电子技术仿真与实验实训教程[M]. 北京:北京理工大学出版社,2014.
[26] 路勇. 电子电路实验及仿真[M]. 北京:清华大学出版社,2004.
[27] 张令通. 电子电路实验教程[M]. 北京:北京理工大学出版社,2013.
[28] 周鸣籁. 模拟电子线路实验教程[M]. 苏州:苏州大学出版社,2017.
[29] 周润景,邢婧. 医用电子电路设计及应用[M]. 北京:电子工业出版社,2017.